테마와 스토리가 있는

세계여행

유럽편

테마와 스토리가 있는
세계여행

유럽편

초판 1쇄 발행 2016년 3월 30일
초판 3쇄 발행 2018년 12월 12일
지은이   권미혜·김선아·김예지·김한솔·박혜나·
          윤창희·이두현·임선린·전혜인·함애령
펴낸이   김선기
펴낸곳   (주)푸른길
출판등록 1996년 4월 12일 제16-1292호
주소   (08377) 서울특별시 구로구 디지털로 33길 48 대륭포스트타워 7차 1008호
전화   02-523-2907, 6942-9570~2
팩스   02-523-2951
이메일   purungilbook@naver.com
홈페이지 www.purungil.co.kr
ISBN   978-89-6291-348-4 04980
ISBN   978-89-6291-346-0 (세트)

© 권미혜 외, 2016

선생님과 함께하는 교과서 밖 세계여행 이야기

테마와 스토리가 있는

세계여행

유럽편

권미혜 · 김선아 · 김예지 · 김한솔 · 박혜나 ·
윤창희 · 이두현 · 임선린 · 전혜인 · 함애령 지음

푸른길

머리말

일상에서 나를 내려놓다

여행을 뜻하는 영어 단어 'travel'은 '고통, 고난'을 의미하는 'travail'에서 유래했다고 합니다. 여행은 결코 낭만이 아니었다는 것이 단어 속에 숨어 있습니다. 그렇다면 우리는 어떨까요? 여행(旅行)의 한자를 풀어 보면 '나그네 려'에 '갈 행'입니다. 사전에는 여행의 뜻이 '사는 곳을 떠나 객지를 두루 돌아다니다'로 되어 있습니다. 세계 공통으로 과거에 여행은 걷거나 말을 타고 힘든 여정을 가는 고통과 고난의 길이었습니다. 여행이 고통과 고난으로부터 자유로워진 것은 교통수단이 발달한 데서 원인을 찾을 수 있습니다. 그럼에도 우리나라는 1970년대까지 해외여행은 꿈에 가까웠지만, 1988년 서울올림픽 이후로 완만한 성장세를 이룹니다. 21세기에 접어들어 우리나라의 경제 소득이 높아지고 교통수단이 비약적으로 발달하면서 최근에는 한 해에 2,500만 명 이상이 해외여행을 가고 있습니다. 우리에게도 해외여행이 대중화되었다는 의미겠지요.

그렇다면 지금을 살아가는 사람들에게 여행이란 무엇일까요? 사람마다 서로 다른 정의를 가지고 있겠지만, 모두의 공통점은 그저 꿈꾸는 것만으로도 설렘이 가득하고 행복감을 주는 단어라는 점입니다. 왜냐하면 지금의 여행은 과거와 달리 배움과 힐링의 개념이 강하기 때문입니다. 우리는 성장하는 과정에서 가족 여행이나 수학여행 등을 가족 또는 친구들과 다녀왔습니다. 여러분이 다녀왔던 '여행'이 어땠는지 떠올려 봅시다. 여행을 떠나기 전, 계획하는 단계부터 여러분은 여행이라는 것 자체에 대해 무척이나 설레는 마음으로 큰 기대를 했을 것입니다. 일상에서 벗어나 새로운 지역에서 새로운 문화를 경험할 수 있다는 것은 매우 흥미진진한 일이니까요. 그러므로 여행은 어디를 갈 것인가 고민하는 그 순간 시작되는 것입니다. 그동안 일에 지쳤던 나를 재충전하기 위해, 또는 생활 전선에서 고군분투하다가 고갈되어 버린 나만의 지식 창고를 새롭게 리모델링하기 위해 여행은 필요한 것입니다.

여행을 떠나기 전 우리는 무엇을 준비하고 고민해야 알찬 여행을 할 수 있을까요? 실패하지 않는 여행을 하기 위해 무엇을 고민해야 할까요? 의미 있는 여행을 완성하기 위한 첫 단추는 철저한 계획과 정보입니다. 여행에 관한 책자, 블로그, 카페 등에 정보는 넘쳐나기 때문에, 계획을 짜고 정보를 얻는 것은 노력하면 충분히 할 수 있습니다. 문제는 여행지에 대한 지나친 감동이나 기대를 갖는 것입니다. 사실 여러분이 여행을 떠나게 될 '새로운 지역, 다른 나라'라는 장소는 어떤 곳일까요? 그곳을 살아가고 있는 누군가에게는 지금 이 순간에도 평범한 일상이 펼쳐지고 있는, 단지 '사람이 사는 곳'에 불과할 수도 있습니다. 그래서 겉모습만 보고 판단하기에는 그 감동이 덜할 수 있는 것이지요. 사진으로 본 모습과 똑같거나 사진보다 별로 예쁘지 않은 '일상생활 공간'에 불과할 수 있습니다. 그렇기 때문에 기대가 크면 실망도 크게 됩니다. 마음을 내려놓고 나오는 조금 다른 삶을 살아가는 사람들의 모습을 관찰하기 위해 여행을 간다는 가벼운 마음으로 준비하면 됩니다. 물론 세계 문화유산, 세계적 명소, 역사가 숨 쉬는 멋진 곳에 가면 감동으로 잠을 이루지 못할 수도 있습니다.

여행은 세상과 나를 알아 가는 과정

세계 곳곳을 여행하는 과정은 무척이나 흥미로운 일이지만, 무엇보다도 중요한 것은 여행을 통하여 자기 자신을 새롭게 발견할 수 있다는 것입니다. 그러나 많은 사람들이 여행을 꿈꾸지만 쉽게 다가가지 못하는 것도 현실입니다. 그래서 여행을 사랑하는 사람들은 한결같이 말합니다. "떠나라! 낯선 곳으로." 이렇게 말하는 이유는 과감한 결단으로 잠자는 나를 깨우고, 여행하는 동안 직접 경험을 통해 배우고 느끼며, 그로 인해 보는 눈이 달라지고 자신도 모르게 성장해 있기 때문입니다. 지금의 일상으로부터 나를 내려놓고 세상을 품을 수 있는 넉넉한 마음으로 배낭을 꾸려 보기 바랍니다. 이 책에는 자칭 '여행의 달인'이라고 생각하는 선생님들이 모여 각자의 구상과 방식으로 틀에 얽매이지 않고 자유로운 여행을 하면서, 본인의 스타일과 시각으로 바라본 세상을 담으려 했습니다. 세상은 교과서이고 역사이며 삶이라는 틀을 과감히 버리고, 새로운 눈으로 '다름'을 확인하기 위해 용기를 가지고 세상 속으로 뛰어들었습니다. '틀에 구속되지 않은 진정한 여행의 참의미를 실현한다'는 모토로 시작한 이번 여행은 다양한 시각과 다양한 생각 때문에 자칫 정형화된 틀 밖에 있는 것처럼 보일 수 있습니다.

재미, 행복, 배움 - 여행

『테마와 스토리가 있는 세계여행』은 독자들에게 재미있는 여행, 행복한 여행, 배움이 있는 여행 등 여행을 풍부하게 해 줄 수 있도록 생생한 여행 경험담을 들려주고자 많은 노력을 기울였습니다. 또한 여행을 꿈꾸는 사람들에게 길잡이가 되기 위해 다양한 정보를 하나의 모습이 아닌 다양한 시각으로 볼 수 있도록 했습니다. 이를 위해 다음과 같은 점에 중점을 두고 책을 구성했습니다.

첫째, 청소년뿐만 아니라 일반 독자들이 흥미를 가질 수 있는 나라 및 여행지를 선정하고, 최대한 쉽게 내용을 전개하여 관심도를 높일 수 있도록 하였습니다.
둘째, 단순한 지식 전달에만 치우친 딱딱한 책이 아닌, 일상생활에서 경험할 수 있는 에피소드를 바탕으로 실제 여행에 도움을 주는 가이드북이 되도록 생생한 여행 이야기를 담고자 하였습니다.
셋째, 단순히 보고 즐기기만 하는 여행이 아니라 우리 삶에 여러 각도로 적용해 볼 수 있도록, 다양한 테마와 스토리를 선정하여 재미와 지식을 균형 있게 전달하고자 하였습니다.

각자의 여행지를 누비는 이야기 속에는 각기 다른 테마와 스토리가 '따로, 또 같이' 어우러져 있습니다. 세계 곳곳의 문화를 직접 경험한 선생님들이 독자들과 함께 손잡고 걸으며 그 지역을 소개해 주듯, 쉽고 재미있는 설명이 어우러진 여행 이야기를 담았습니다. 이 책을 통해 독자들이 세계 곳곳의 문화를 보다 풍성하게 느끼며, 더 많이 즐기고, '여행' 자체를 오래오래 가슴속 깊이 추억했으면 좋겠습니다.
이제 일상을 뒤로하고 홀가분히 세계여행을 떠날 준비가 되셨습니까? 이 책은 그 어느 때보다 더 흥미진진한 테마와 스토리로 여러분의 여행이 더욱 행복하고 풍성해지도록 안내할 것입니다. 이 책과 함께 즐겁고 행복하게 여행을 즐기세요.

여행을 사랑하고 즐기는 선생님들이 모여 독자들에게 여행의 진정한 매력을 전해 주고 싶은 간절한 마음에서 이 책은 시작되었습니다. 또한 집필진 선생님들의 수많은 고민과 회의, 수정 작업을 거쳐 완성되었습니다. 쉽지 않은 여정 속에 책을 집필하고 출간하는 데 함께 열정을 더해 주신 선생님들과 (주)푸른길에 깊은 감사의 마음을 전합니다.

2016년 3월, 늘 여행 같은 일상을 꿈꾸며

저자 일동

차 례

세계여행

전통과 미래가 공존하는 나라

영국 - 런던

'police public call box'라는 전화 부스를 타임머신 삼아 타임 워프 하며 여행하는 주인공의 이야기를 그린 '닥터 후'는 미드에 조금 관심 있다 하는 사람이면 누구나 한 번쯤은 들어 봤을 유명한 드라마이다. 어딘가 어설퍼 보이지만 중요한 순간에 지적이고 샤프한 모습을 보이는 주인공 닥터와 그의 파트너인 매력적인 여주인공의 조합은 미드에 갓 입문한 나의 시선을 끌기에 충분했다. 단지 재밌어서 보기 시작했던 이 매력적인 드라마는 내가 생각한 것보다 더 큰 의미를 지니고 있었다. '닥터 후'는 1963년 11월 23일에 첫 방영된 후 기네스북에서 인정한 세계에서 가장 오랫동안 방영되고 있는 SF 드라마 시리즈이자, 시청률과 DVD 판매량, 책 판매량 분야에서도 역대로 가장 성공한 드라마라고 한다.

사실 이번 여행을 계획하게 된 이유 중에는 '닥터 후'의 고향인 영국을 직접 보고 싶었던 마음도 있었다. 특히 닥터가 타고 다니는 '타디스!' 그것이 비록 옛날 영국 경찰들이 사용했던 낡아빠진 전화 부스라 할지라도 내 눈으로 직접 보고 싶었다. 80년대 촌스런 포즈로 사진을 찍을지언정 그 앞에서 멋들어지게 V자를 날리며 사진을 찍어 보고 싶었다.

전통과 미래가 공존하는 곳, 영국

영국 사람들은 전통과 옛것을 사랑한다. 몇백 년 동안 대려오는 전통 의식을 당연하다는 듯 고수하는 것이 그렇고, 거리를 돌아다니면 어렵지 않게 볼 수 있는 오래된 건물들이 그렇다. 그러면서도 그들은 미래에 빠르고 유연하게 대처할 줄 안다. 그렇기 때문에 영국은 전통과 미래가 공존하는 매력적인 도시이다.

영국은 잉글랜드, 웨일스, 스코틀랜드가 있는 그레이트브리튼(본토)과 아일랜드섬 북부에 자리잡은 북아일랜드로 나뉜다. 수도인 런던을 중심으로 70개 이상의 도시와 주, 별도 자치구로 구성되어 있는 섬나라이다. 흔히 영국을 단일 국가라고 생각하겠지만 사실은 잉글랜드, 웨일스, 스코틀랜드, 북아일랜드 4개 지역이 연합한 연합 왕국이다. 따라서 영국의 정식 국호는 그레이트브리튼 및 북아일랜드 연합 왕국(United Kingdom of Great Britain and Northern Ireland), 일반적으로 영국 연합 왕국(United Kingdom)이라고 한다. 줄여서 UK라고 부르는 것은 바로 여기에서 나온 명칭이다. 우리가 영국을 'England'라고 부르는 까닭은 잉글랜드가 영국 연합 왕국 중 땅이 가장 넓고 인구도 많은 대표적인 왕국이었기 때문이다.

또 영국을 'Great Britain'이라고도 표현하는데, 이는 잉글랜드, 스코틀랜드, 웨일스로 이루어진 그레이트브리튼섬이 영국을 이루는 큰 섬이기 때문에 붙여진 이름이다.

섬나라답게 영국은 전형적인 서안 해양성 기후를 나타낸다. 그렇기 때문에 1년 내내 온화한 편이지만 일일 기후의 변화가 매우 심하다. 아침에 맑았다가 어느 순간 흐리고 비가 오는 것은 예삿일이다. 여름에도 햇볕을 피해 그늘로 들어가면 서늘하기 때문에 얇은 긴소매 겉옷을 준비하는 것이 필요하다. 또한 겨울임에도 비가 자주 내리기 때문에 우산을 준비하는 것이 좋다. 영국은 유럽의 다른 나라에 비해 흐린 날씨가 지속되는 날이 많은 지역이므로 여행하는 동안 옷차림에 신경을 써야 한다.

우리가 잘 알고 있는 트렌치코트도 이런 날씨 때문에 생겨났다. 버버리의 창립자인 토머스 버버

오늘날에도 그대로 유지되고 있는 전통적인 건물 모습

영국의 대표적인 전통 문화인 홍차

리가 코튼 개버딘이라는 소재로 만든 레인코트가 바로 우리가 즐겨 입는 트렌치코트의 시초이다.

1,000년의 역사와 오늘날의 화려함이 함께 숨 쉬는 도시, 런던

낮에 보는 런던아이의 위풍당당한 모습

　런던아이(London Eye), 이름 그대로 런던을 보는 눈이다. 런던아이에서 바라보는 런던의 야경은 정말 아름답다고 알려져 있다. 나 역시 아름다운 야경으로 반짝이는 런던의 밤 모습을 보고 싶었다. 하지만 135m 하늘에서 바라보는 런던의 전경을 시작으로 런던 여행을 시작하고 싶은 마음이 더 컸기에, 과감하게 밤의 런던아이를 포기하고 낮에 가기로 결심했다. 다행히 내 의견을 따라 준 친구 덕에 우리는 여행의 시작을 런던아이에서 할 수 있게 되었다.

　런던의 새로운 명물로 자리 잡은 런던아이는 2000년 밀레니엄 시대를 맞이하여 제작된 것으로, 360° 회전하면서 시내 전체를 관람할 수 있도록 유리 캡슐 모양으로 만들어졌다. 바퀴에 관광용으로 설치된 총 32개의 캡슐 안에는 난방 시설뿐만 아니라 안전용 카메라 등 첨단 장치가 마련되어 있고, 약 30분간의 운행으로 날씨가 좋은 날에는 외곽까지도 볼 수 있다고 한다. 런던아이의 전체 모습을 사진에 담고 싶다면 웨스트민스터 다리를 건너 국회의사당 쪽에서 찍으면 멋진 사진을 얻을 수 있다.

　이렇게 런던아이를 출발점으로 시작된 우리의 런던 여행은 종착점인 타워브리지에서 또 하나의 장관을 볼 수 있었다.

　배가 지날 때마다 여덟팔(八) 자 모양으로 변하는, 런던의 대표적인 상징물인 타워브리지는 영국이 최대의 전성기를 누리던 빅토리아 여왕 시대에 건축된 다리이다. 타워브리지가 설치된 템스강은 밀물과 썰물 때의 수위 차이가 6m나 된다고 한다. 그래서 원활한 배의 이동을 위해 이와 같이 모습이 변하는 다리가 필요했다. 당시에는 1년에 무려 6,000회 정도 다리를 들어 올렸던 타워브리지였지만 시간이 지나고 현재는 연 200회 정도만 들어 올린다고 한다.

　그래도 우리는 운이 좋았다. 두 눈으로 직접 다리가 들려 올라가는 모습을 보았으니 말이다. 마치 수백 년 동안 잠들어 있던 용이 잠에서 깨어 꿈틀대기 시작한 것처럼 웅장한 소리와 함께 다리가 올라가는데, 그 모습이 너무 멋있어서 연신 카메라 셔터를 눌렀다. 하지만 움직이는 다리의 모습을 담기에 나의 사진 기술은 형편없었다. 결국 두 눈에 멋진 모습을 모두 담아 오기로 마음을 고

❶ 타워브리지는 유럽 최강국이었던 영국의 위엄을 볼 수 있는 건축물 중 하나이다.
❷ 옛날 감옥이나 처형장으로 쓰였던 런던타워

쳐먹고, 창피한 줄도 모르고 '우아' 하는 환호성과 함께 움직이는 타워브리지를 바라보았다.

런던 시내 관광의 하이라이트, 런던타워와 세인트 폴 대성당

런던에서 가장 무서운 장소는 어딜까? 귀신이나 유령이 나오는 장소일까, 아니면 희대의 살인마 잭 더 리퍼가 살았던 곳일까? 사실 그리 큰 의미는 없지만 내 생각에는 바로 눈앞에 있는 런던타워가 아닐까 싶다. 이렇게 아름답고 로맨틱한 고성을 어째서 가장 무서운 장소라고 생각하는 걸까 의아해하겠지만, 런던타워가 만들어진 원래의 목적을 알면 쉽게 수긍이 갈 것이다. 실제로 런던타워는 감옥이나 처형장으로 사용된 곳이었다고 한다. 수많은 왕족과 귀족들이 죽어 간 곳이며, 심지어 타워 안에는 까마귀까지 살고 있다. 사실 까마귀들은 런던타워에서 기르는 것인데, 이유인즉 까마귀가 성 밖으로 나가면 런던타워와 왕국이 망한다는 속설 때문이라고 한다.

런던타워는 런던을 지키기 위해 1066년 노르만의 정복왕 윌리엄이 지은 성으로, 중심에 있는 화이트 타워를 중심으로 증축 및 개축을 거듭하여 지금과 같은 거대하고 위풍당당한 모습으로 발전하였다. 성의 모습으로 증축된 런던타워지만 1529년 헨리 8세 때부터 감옥으로서의 역할이 더 컸던 곳이다. 하지만 오늘날 런던타워는 궁전도 감옥도 아닌, 런던을 대표하는 상징물이자 런던의 역사가 고스란히 남아 있는 명소가 되어 우리 앞에 서 있다.

또 다른 명소인 세인트 폴 대성당은 그 모습을 사진기로 한 번에 담기 힘들 정도로 크고 웅장했

런던 대화재 이전의 세인트 폴 대성당   재건 후의 세인트 폴 대성당

골든 갤러리에서 내려다본 런던의 전경

다. 중세 르네상스 양식으로 지어진 이 성당은 1666
년 런던 대화재 때 완전히 소실되었다가 크리스토퍼
렌 경을 중심으로 35년간의 긴 공사 끝에 재건되어
지금의 모습으로 남아 있다.

  세인트 폴 대성당은 잘 알려져 있듯이 영국 찰스
왕세자와 다이애나 왕세자비가 결혼식을 치른 곳이
다. 한 나라의 왕자가 결혼식을 할 만큼 웅장하고 고
풍스러우며 화려한 곳이었다. 성당은 내부 계단을 통

소리의 파동을 이용해 설계된 휘스퍼링 갤러리

해 돔까지 올라갈 수 있게 설계되어 있었다. 돔 내부를 통해 530개의 계단을 오르는 동안 휘스퍼
링 갤러리, 스톤 갤러리를 거쳐 비로소 성당 꼭대기에 위치한 골든 갤러리에 도착할 수 있는데, 런
던의 전경을 보겠다는 일념 하나로 군말 없이 계단을 올랐다.

  돔의 중간쯤 다다랐을 때 휘스퍼링 갤러리에 도착했다. 이곳은 돔을 띠처럼 두른 링 모양의 복
도였다. 고개를 올려다보면 돔을 더 가까이 볼 수 있고, 아래를 내려다보면 성당의 전체적인 모습
을 볼 수 있다. 그때 어디선가 이상한 소리가 들려 주위를 둘러보니, 여행객들이 벽 쪽에 난 작은
구멍에 입을 대고 무어라 말을 하고 있었다. 크리스토퍼 렌 경이 소리의 파동을 이용해 설계한 이

곳은 벽의 구멍에 대고 속삭이면 반대편에서 그 소리를 들을 수 있게 만들어졌다. 사실 세인트 폴 대성당이 유명해진 계기가 된 것도 이것 때문이라고 했다. 이렇게 재밌는 공간을 그냥 지나칠 수 없다. 친구는 빠르게 반대편으로 뛰어갔고, 우리는 어린 시절로 돌아가 종이컵 전화기를 가지고 노는 것처럼 한참을 신나게 웃고 떠들었다.

끝나지 않을 것 같던 계단의 끝이 보이고, 드디어 골든 갤러리에 도착하였다. 이곳은 런던 아이와 더불어 런던의 전경을 가장 잘 볼 수 있다는 정평이 난 곳답게 영국의 가장 현대적인 모습과 전통적인 모습이 한데 어우러져 기막힌 경관을 보여 주고 있었다. 올라오는 계단이 힘들기도 했지만 성당 꼭대기에서 바라보는 런던의 모습은 우리의 노력을 보상해 주는 듯했다.

세상의 길은 로마로 통하고, 런던의 모든 길은 피커딜리 서커스로 통한다고 할 만큼 런던 최대의 번화가이며 교통의 요지인 이곳은 피커딜리 서커스를 중심으로 사방팔방으로 뻗은 길들이 화려하고도 활기찬 곳이었다. 지하철역을 나서자마자 압도적인 광장의 분위기에

❶ 피커딜리 서커스는 런던 최대의
번화가이며 교통의 요지이다.
❷ 트라팔가르 해전을 기념하여 지어진 트래펄가 광장

한껏 들뜬 우리는 무채색의 차분하고 고풍스러운 건물들과 런던을 대표하는 빨간 버스의 기막한 조화에 감탄하며 피커딜리 서커스의 중심에 있는 에로스 동상을 향해 걸어갔다.

서커스는 광장이란 뜻인데, 그럼 피커딜리란 어디서 온 이름일까? 피커딜리는 중세 시대 여왕이나 귀족의 드레스 목 부분에 다는 화려한 레이스인 '피커딜(piccadil)'에서 유래한 말이다. 피커딜로 엄청난 돈을 번 양복점 주인이 피커딜리 하우스라는 호화 주택을 세워 이곳이 피커딜리 서커스로 불리게 된 것이다. 피커딜리 서커스를 대표하는 에로스 동상은 조각가인 앨프리드 길버트가 아동보호법을 주장했던 자선 사업가인 섀프츠베리 경을 기념하기 위해 세운 것이라 한다. 동

상 아래에는 누군가를 기다리는 사람들도 보이고, 두 손을 꼭 잡고 앉아 한참을 재잘거리며 얘기를 나누는 연인들도 있었다. 이 모든 것들이 조화롭게 어울려 마치 영화 속 한 장면에 들어와 있는 기분이었다.

다음으로 이동한 장소는 피커딜리 서커스에서 500m 남짓 떨어진 곳에 위치한 트래펄가 광장이었다. 트래펄가 광장은 1805년 나폴레옹이 전 유럽을 제패하던 시절 넬슨 제독이 스페인의 트라팔가르 해역에서 프랑스·스페인 연합 함대를 격파한 것을 기념하여 만들어졌다. 그래서인지 광장 중앙에는 한쪽 눈과 팔을 잃은 모습 그대로의 넬슨 제독 동상이 서 있고, 수호라도 하듯 동상을 가운데 두고 광장 네 방향으로 사자상이 들어서 있다.

사실 이 사자상의 포즈에는 흥미로운 이야기가 숨겨져 있다. 왕권을 상징하는 사자의 다리가 크로스가 아닌 일자로 뻗어 있는데, 이것은 싸울 힘이 없어진 무력한 왕권을 뜻한다. 축 늘어진 사자상을 건축한 존 내시가 넬슨 제독을 좀 더 영웅시하기 위해 무력한 왕권의 모습을 극단적으로 표현하고 싶었던 것이다.

런던을 대표하는 빅3 박물관−내셔널 갤러리, 대영 박물관, 테이트 모던

트래펄가 광장 근처에는 영국 최초의 국립 미술관인 내셔널 갤러리가 자리하고 있다. 대영 박물관이나 독특한 외형으로 유명한 테이트 모던보다는 잘 알려져 있지 않지만, 내셔널 갤러리는 영국에서 손꼽는 빅3 박물관 중 하나이다. 게다가 더 매력적이었던 것은 2,000여 점이나 되는 방대한 미술품들이 상설로 전시되고 있는 곳이라는 것이다.

영국에 있고 내셔널이라는 단어가 붙은 미술관이라 영국 작가들의 작품으로만 구성되어 있을까 하는 궁금증을 가지고 찾아간 내셔널 갤러리에는 살면서 한 번쯤은 들어 봤을 법한 유명한 작가들의 작품이 전시되어 있었다. 예를 들어 빈센트 반 고흐의 '해바라기'(1888년), 라파엘로의 '알렉산드리아의 성녀 카트리나'(1508년경), 얀 반 에이크의 '조반니 아르놀피니와 그의 부인의 초상'(1434년경), 페테르 파울 루벤스의 '삼손과 델릴라' 등등. 미술에 일가견이 있는 것은 아니었지만 TV나 책 등에서 보아 온 작품들이 실제로 눈앞에 펼쳐지니 한동안 넋을 잃고 바라볼 수밖에 없었다.

1250년부터 1900년까지 유럽 대가들의 작품을 시대순으로 전시해 놓은 내셔널 갤러리는 규모가 매우 방대하여 모든 작품을 보고 느끼기에는 시간이 너무 부족했다. 그래서 내셔널 갤러리에서 공식적으로 집필한 묵직한 안내서를 한 권 사들고 꼭 봐야 할 그림들을 찾았다. 한국어로 된 작품 설명 MP3를 준비해 간 것이 나름 도움이 되었을까? 우리는 각자 MP3를 귀에 꽂고 아나운서

❶ 대영 박물관 입구. 14m에 달하는 그리스식 기둥이 44개나 세워져 있으며,
　건물 상단에는 1852년 조각가 웨스트마코트가 만든 '문명의 진보'라는 조각을 볼 수 있다.
❷ 런던의 현대 미술관 테이트 모던

목소리의 안내를 들으며 거대한 내셔널 갤러리의 작품을 다리가 아픈 줄도 모른 채 하나씩 감상하였다.

다음으로 들른 곳은 대영 박물관이었다. 대영 박물관은 1753년 한스 슬론 경의 수집품을 중심으로 개관한 세계 3대 박물관 중 하나이다. 전 세계 각 문명권의 역사 문화를 한곳에 모아 둔 이곳의 700만 점에 달하는 수많은 소장품들은 관람객들의 두 눈을 사로잡는다.

영국을 대표하는 박물관답게 고풍스럽고 오래된 멋이 느껴지는 외관과 달리 대영 박물관의 실내는 현대적이고 관람객들의 편의를 고려한 흔적을 볼 수 있었다. 특히 박물관 바닥에는 'and let thy feet millenniums hence be set in midst of knowledge(그대의 천년을 걷게 하여 지식의 중앙에 자리 잡게 할 것이다)'라는 유명한 글귀가 적혀 있다.

테이트 모던은 2000년에 화력 발전소를 개조하여 만든 세계 최대 규모의 현대 미술관이다. 총 7층의 높이로, 지금은 3~5층까지만 전시실로 이용되고 있다. 영국을 대표하는 3대 박물관 중 하나로 대영 박물관, 내셔널 갤러리와 더불어 꼭 한번 들러 볼 만한 곳이다. 기능을 상실한 철도역을 허물지 않고 최고의 미술관으로 탈바꿈한 파리의 오르세 미술관처럼 테이트 모던 역시 화력 발전소를 허물지 않고 영국 최고의 미술관으로 재탄생시켰다. 이 두 미술관을 보면서 유럽 사람들의 전통을 사랑하는 마음이 얼마나 큰지 새삼 느껴졌다. 무조건 새것을 추구하는 것보다 전통과 현대가 적절히 조화를 이룰 때 그 파급 효과가 더욱 크리라는 생각이 들었다.

뉴욕에 브로드웨이가 있다면, 런던엔 웨스트엔드가 있다

피커딜리 서커스에서 코벤트 가든까지 이어지는 거리에 50개 이상의 극장이 모여 있는 웨스트엔드는 뉴욕 브로드웨이와 더불어 세계 유명 뮤지컬을 공연하는 명실상부한 뮤지컬 지구이다. 공

연이 시작되는 저녁 시간이면 수많은 인파로 북적이는 이곳은 뮤지컬을 좋아하는 사람이라면 반드시 거쳐 가는 필수 코스로 인식된 지 오래다.

런던에서의 첫 뮤지컬로 '오페라의 유령'을 선택하였다. 내가 처음 본 뮤지컬이기도 했고, 런던에 오페라의 유령 전용 극장이 있다 하여 결정한 것이다. 우려했던 것처럼 명당자리는 이미 매진이었다. 표를 예매하고 왔으면 좋았겠지만, 사정이 여의치 않아 당일 표를 구해 보려 했다. 안내원이 친절하게도 할인된 가격으로 볼 수 있는 자리가 있다고 했다. 당일 표에 심지어 공연 시작하기 한두 시간 전에 할인된 표가 있다니, 자리가 매우 의심스러웠지만 시간이 부족했기에 두 자리를 예매했다.

그럼 그렇지, 싼 데는 이유가 있었다. 우리가 앉은 자리는 극장 가운데 위치한 커다란 기둥 바로 뒤였다. 정면을 바라보면 시야가 기둥을 중심으로 둘로 나뉘어 보였다. 왠지 속았다는 생각이 들었지만 공연은 이미 시작하였고, 우리는 아쉬운 마음으로 다음 공연은 꼭 예매를 하리라 다짐하며 '오페라의 유령'을 관람했다.

❶ 영국을 대표하는 뮤지컬 지구 웨스트엔드
❷ '오페라의 유령' 전용 극장인 여왕 폐하의 극장(Her Majesty's Theatre)

TIP 알고 가면 좋을 공연 예매

- TKTS: 당일 티켓을 반값으로 할인해 주는 할인 매표소이다. 레스터 광장에 위치하고 있으며, 유명한 뮤지컬은 금방 매진되니 서둘러 가는 것이 좋다(월~토 10:00~19:00, 일 12:00~15:00).
- 티켓 에이전시: 극장까지 가지 않고도 표를 구할 수 있는 장점 때문에 많이 이용한다. 레스터 광장이나 코벤트 가든 근처에 수많은 티켓 예매소를 볼 수 있다.
- 극장 매표소: 수수료 없이 좌석을 확인하고 구할 수 있다.
- 인터넷 예매: 국내에서 미리 좋은 좌석을 확인하고 예매할 수 있다.

'오페라의 유령' 포스터

비록 자리는 만족스럽지 않았지만 전용 극장에서 본 '오페라의 유령'은 탄성이 절로 나올 정도로 만족스러웠다. 한국에서 이미 영화로든 OST로든 자주 접한 공연이었지만 런던에서 보는 '오페라의 유령'은 새로운 감회를 느끼기에 충분했다.

의회제 민주주의의 상징, 국회의사당과 빅 벤

의회제 민주주의를 실현한 영국의 국회의사당이 갖는 의미는 남다르다. 찰스 배리 경의 설계로 1867년 런던 템스 강변에 고딕 양식으로 지어진 이 건축물은 총면적만 해도 33,000m³나 된다.

영국의 모든 건물이 국회의사당처럼 생긴 줄 알았던 만큼 우리가 쉽게 접할 수 있는 건축물이었고, 외관 또한 웅장하고 고풍스러웠다. 국회의사당에는 두

국회의사당과 빅 벤의 모습

개의 탑이 있다. 남쪽으로는 국기가 게양되는 빅토리아 타워가 있고, 북쪽에는 하원 시계탑의 대형 시계인 빅 벤이 우뚝 서 있다.

1861년 설치된 빅 벤은 당시 건설을 담당한 벤저민 홀 경의 이름을 따서 붙여졌으며, 2012년에 엘리자베스 타워로 개명되었다. 높이가 무려 95m나 되고 시계 분침 길이만 해도 4.2m라고 하니 규모가 엄청나다. 또 빅 벤 안에는 13톤 무게의 종이 있는데, 우리나라에서 새해에 보신각종을 치듯 영국에서는 1월 1일이 되면 빅 벤의 종소리를 기다린다고 한다.

세기의 결혼식을 올린 곳 웨스트민스터 대성당, 런던 최고의 공원 세인트제임스 파크

유네스코(UNESCO) 세계 문화유산으로 지정된 웨스트민스터 대성당은 영국 왕실의 결혼식, 장례식, 대관식 등 주요 행사가 열리는 곳이기도 하다. 1947년 현재의 엘리자베스 영국 여왕의 결혼식이 거행되었으며, 2011년 4월 세기의 커플로 불리는 윌리엄 왕자와 케이트 미들턴의 결혼식이 성대히 치러진 곳이다. 국회의사당과 같은 고딕 양식으로 건축된 이 대성당은 3,000여 명의 유명 인사가 묻힌 곳으로도 잘 알려져 있다. 또한 제1차 세계대전 때 희생된 자들을 위한 '무명전사의 묘'를 비롯한 600여 기의 비석이 있다고 한다.

이어서 도착한 곳은 런던에서 가장 오래된 왕립 공원인 세인트제임스 파크이다. 이곳은 원래 습지였는데 헨리 8세가 물을 빼내고 사냥터로 썼던 곳이다. 그 후 찰스 2세가 재정비하여 일반인들이 쉴 수 있는 지금의 공원 모습으로 변모하였다. 길게 뻗은 운하 사이로 굽어 있는 커브 길, 아름다운 꽃과 나무 등 전형적인 영국식 정원을 볼 수 있다.

공원에서 가장 놀라웠던 광경은 동물과 사람이 한데 어울려 공존하는 모습이었다. 우리나라에서는 새나 동물을 보려면 동물원을 찾아가야 하는데, 이렇게 바로 가까이에서 편안히 동물을 볼 수 있다는 것 자체가 신선한 충격이었다. 마치 함께하되 서로의 영역을 인정하고 존중한다는 느낌이 들었다.

공원 잔디에 누워 한 폭의 그림 같은 하늘을 바라보며 만끽한 잠깐 동안의 휴식은 바쁜 여행 일정 와중에 꿀맛처럼 달콤함을 선사했다. 재충전하고 다시 떠나야 했기에 아쉬움을 뒤로한 채 공원을 나섰다.

'노팅힐' 영화 촬영지, 포토벨로 마켓

노팅힐은 런던을 대표하는 쇼핑가이다. 휴 그랜트와 줄리아 로버츠가 주연한 영화 '노팅힐'의 촬영지로도 유명하다. 특히 세계적으로 유명한 포토벨로 마켓 덕분에 수많은 여행객들의 발길을 사로잡는다.

포토벨로 마켓에는 앤티크한 상품들이 많다. 장신구며 오래된 사진기, 찻잔과 재봉틀까지, 우리나라로 치면 남

웨스트민스터 대성당

노팅힐에 위치한 포토벨로 마켓   영화 '노팅힐'에 나온 여행 서점을 연상시키는 서점 모습

대문시장쯤 되는 것 같다. 가격도 기념품 판매점보다 저렴하니 활용해 보는 것도 좋다. 평소에 한적한 노팅힐이 토요일만 되면 골동품이 가득한 이 매력적인 시장 덕분에 활기를 되찾는다.

영국 왕실의 상징, 근위병 교대식

피커딜리 서커스를 지나 길을 따라 가다 보면 영국 왕실을 상징하는 버킹엄 궁전이 있다. 영국 왕족이 실제 거주하는 집이자 국빈을 맞이하는 공식적인 장소인 이 궁전에서는 매일 근위병 교대식이 열린다.

버킹엄 궁전 앞에는 벌써 수많은 사람들이 교대식을 보려고 모여들었다. 교대식이 진행되기 전 말을 탄 경찰들이 시민들의 안전을 위해 이리저리 분주하게 돌아다니고 있었다. 인파 속에서 잘 보이는 곳에 서기 위해 자리를 잡고 있는데, 한 경찰이 우리 쪽으로 다가왔다. 굳은 표정으로 다가오기에 살짝 긴장했는데, 교대식 중에 소매치기가 많다며 짐을 잘 간수하라는 말을 건넸다.

영국의 근위병 교대식은 오전 11시 30분부터 시작된다. 보통 5~7월은 매일, 8~4월은 격일에 진행되는데, 왕실의 주요 행사가 있거나 국빈이 궁전에 머무르는 경우 일정이 바뀌기도 하므로

앤티크한 상품들과 갖가지 먹거리로 가득한 포토벨로 마켓

군악대의 웅장한 음악에 맞춰 행진하는 근위병 교대식   영국의 명물 이층 버스

미리 확인해야 한다. 교대식은 1시간 정도 진행되었다. 어릴 적 동화책에서 보던 기다란 모자를 쓰고 행진하는 근위병들의 모습이 늠름하고 멋있었다.

근위병 교대식은 '해가 지지 않는 나라'로도 불렸던 영국의 왕실의 위엄 있는 모습을 볼 수 있는 경험이었다. 해가 지지 않는다는 것은 영국이 식민지로 소유했던 나라가 너무 많아 해가 언제나 대영 제국의 어딘가를 비추고 있다는 의미였다고 한다.

근위병만큼이나 영국을 대표하는 명물 중 빨간색 이층 버스를 빼놓을 수 없다. 한 번에 100명 정도를 태울 수 있는 이층 버스는 지금 이 모습을 60년 넘도록 고수하고 있다고 한다. 전통과 현대가 조화를 이루며 공존하는 영국인들의 모습을 여기서도 느낄 수 있었다.

이번 런던 여행을 통해 전통을 사랑하고 그것을 지키기 위해 노력하는 영국인들을 보면서 깊은 인상을 받았다. 언젠가부터 현대적이고 미래적인 것들에만 가치를 두고 사는 우리의 모습을 되돌아보고 반성하는 기회가 된 것 같다. 비록 영국의 작은 일부분을 보고 온 여행이었지만 그들의 삶에서 멋과 여유를 엿볼 수 있는 의미 있는 시간이었다.

TIP 노팅힐 카니발

유럽에서 가장 큰 규모의 거리 축제인 노팅힐 카니발은 영국 런던의 노팅힐과 인근 지역에서 매년 8월 마지막 주 토요일, 일요일, 월요일에 열린다. 예부터 노팅힐 지역에 거주하던 아프로-카리브 (Afro-Caribbean) 이민자들이 자신들의 전통과 문화를 알리고자 1964년 처음 시작한 축제로, 세계 10대 축제에 포함될 만큼 유명하다.

노팅힐 카니발의 가장행렬

노팅힐 카니발은 단순히 즐기는 축제를 넘어 사회적으로 이슈가 되고 있는 유색인 이주민들의 문화를 축제로 승화시켜 소속감을 높이고, 다문화에 대한 관심을 높였다는 데 큰 의미가 있다.

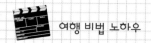 여행 비법 노하우

여행 계획 · 일정 세우기

런던은 대중교통이 잘 짜여 있는 도시로 편리한 이동을 할 수 있지만, 트래블 존에 따라 교통 요금의 차이가 많기 때문에 계획적인 이동이 필요하다. 짧은 시간 내에 런던 시내를 둘러보고 싶다면 런던 투어 버스를 추천한다. 대표적인 투어 버스로는 오리지널 버스 투어가 있는데, 4개의 시티투어 코스를 제공한다. 목적에 맞는 코스를 선택하여 여행하는 것도 좋은 방법이다. The Original Tour(http://www.theoriginaltour.com)

교통 · 숙박 · 음식

☞ 교통...영국 히스로 공항에 도착하여 런던 시내로 들어가기 전 가장 먼저 해야 할 일은 오이스터 카드(Oyster Card)를 구입하는 것이다. 오이스터 카드란 런던에서 사용할 수 있는 충전식 교통 카드로, 편리하고 할인도 되니 런던 여행 전에 미리 구입하는 것이 좋다. 런던의 대중교통은 거리에 따라 1~9존까지 9개의 트래블 존으로 구성되어 있어 이에 따라 가격도 달라지므로 현금보다 오이스터 카드를 사용하는 것이 훨씬 절약적이다.

☞ 숙박...무조건 1존에 숙박 시설이 위치한 것이 좋다고 생각할 수도 있겠지만, 역과 가깝고 주변 시설이 잘 갖추어진 곳이라면 2존에서도 가격, 편리성, 안전성을 모두 만족시킬 수 있는 숙소를 고를 수 있다. city mapper 앱을 사용하여 숙소와 역의 위치를 확인하는 것도 좋은 방법이다. 또 checkmyarea(http://www.checkmyarea.com) 사이트에서 숙소가 위치한 지역이 안전한지의 여부를 파악할 수도 있다.

☞ 음식...영국 사람들의 홍차 사랑은 대단하다. 다양한 종류의 홍차와 케이크, 스콘 등을 애프터눈 티타임(afternoon tea time)으로 즐겨 보는 것도 좋다. 또 영국을 대표하는 유명한 음식인 '피시 앤 칩스(fish and chips)'는 생선튀김에 감자, 콩을 곁들여 먹는 음식이다.

 참고문헌

· 박찬영 · 엄정훈, 2012, 세계지리를 보다 2, 리베르스쿨.
· 시공사 편집부, 2007, 저스트고 런던, 시공사.
· 최은숙 Alice, 2012, 런던에 미치다, 조선앤북.
· 패션전문자료사전편찬위원회, 1997, 패션전문자료사전, 한국사전연구사.
· 황현희 · 유진선 · 박정은 · 박현숙, 2013, 프렌즈 유럽, 중앙books.

02

잉글랜드의 색다른 명소

웨일스와 스코틀랜드

영국의 대표적인 명소는 잉글랜드와 수도인 런던이지만, 최근에는 이 밖의 다른 지역들도 주목을 받고 있다. 대표적인 지역은 바로 웨일스와 스코틀랜드이다. 두 지역을 여행하며 영국이라는 큰 틀의 국가에 대해 자세히 알 수 있으며, 그 나라 문화와 역사를 몸소 느낄 수 있다. 웨일스 여행에서는 켈트(Celt) 문화의 역사를 체험할 수 있으며, 스코틀랜드에서는 전반적인 영국 역사와 함께 여러 건축물 탐방을 통해 새로운 경험을 할 수 있다.

켈트 문화를 느낄 수 있는 곳, 웨일스

웨일스는 영국 서남부에 있는 지방으로 기원전 5세기 무렵부터 켈트족이 거주했던 지역이다. 인구의 대부분이 남부에 거주하며, 특히 주도인 카디프 및 스완지, 뉴포트 등을 포함한 도시 주변에 밀집되어 살고 있다.

웨일스가 어떻게 켈트 문화의 근원지가 되었는지는 과거 잉글랜드에 합병되기 전으로 거슬러 올라간다. 그레이트브리튼섬에서 거주하던 켈트인은 노르만과 앵글로·색슨족에게 끊임없는 침략을 받으면서 위태롭게 살아가던 중, 웨일스가 독특한 지형과 자연적 특성 때문에 안전한 지역임을 깨닫고 이곳에 삶의 터전을 마련했다. 이때부터 웨일스에서 그들만의 독자적인 문화를 펼치며 오늘날까지 많은 흔적을 남기고 있다.

웨일스의 주도, 카디프

카디프는 산업혁명 이후 석탄 수출로 큰 부를 축적한 도시로 웨일스의 주도이다. 이후에도 공업 도시의 면모를 유지하며 2000년을 기념하는 밀레니엄 도시로 선정되면서 빠른 속도로 발전되어 갔다. 그래서인지 역에 내리는 순간부터 도시적인 느낌이 적지 않다. 웨일스 하면 빠질 수 없는 여행지인 카디프는 주도여서 굉장히 크리라고 생각하지만 사실상 중심지는 한곳에 모여 있어 걸으면서 편안히 여행할 수 있다. 조금만 걸으면 스타디움, 쇼핑센터, 박물관, 기념관, 성 등이 밀집되어 있어 1~2시간이면 시내를 둘러볼 수 있다. 카디프 시내를 도는 오픈톱 버스나 카디프 베이에 있는 크루즈를 이용해 투어를 하면 이 도시를 더 잘 느껴 볼 수 있다.

친구와 함께 카디프에 도착하자마자 빨리 이곳저곳 가 보고 싶어서 신이 났다. 여기저기 거리를 걸으면서 주민들에게 물어보니 한결같이 이곳을 추천한다. 바로 카디프성이다. 카디프에 오면 꼭 들러 보아야 할 곳 가운데 가장 손꼽히는 곳은 단연 카디프성인데, 입장료를 끊고 영어로 된 오디어를 신청하여 투어를 하면 설명을 들을 수 있어 유용하다. 카디프를 대표하는 카디프성은 1세기 중반 로마 시대에 요새 겸 교역소로 설계되었으며, 현재의 건물은 19세기에 재건된 것이다. 빅토리아 양식에 금박과 대리석으로 멋스러움을 자아내며 독특한 장식 무늬가 포인트이다.

카디프성

카디프 국립 박물관과 미술관   밀레니엄 스타디움

다음으로 들른 곳은 카디프 국립 박물관과 미술관이었다. 이곳의 외관은 신고전주의 양식으로 이루어져 있어 느낌이 웅장하다. 1층에는 웨일스의 자연사와 동식물을 다룬 전시관으로 꾸며져 있는데, 대부분의 생물이 박제되어 잘 보관된 상태로 전시되어 있다. 특히 박쥐, 거북, 상어 등 해양 생물의 박제가 신기하며 생동감이 넘치고 보는 재미가 쏠쏠하다. 2층은 주로 미술 작품이 전시되어 있는데 유럽 회화, 사실주의와 추상주의, 모네와 르누아르 등의 작품들이 걸려 있다.

다음은 웨일스를 대표하는 스타디움인 밀레니엄 스타디움에 가 보았다. 인터넷 창에 웨일스를 검색해 보면 웨일스 스포츠 경기가 굉장히 유명함을 알 수 있다. 웨일스 럭비 국가 대표팀의 홈 구장인 밀레니엄 스타디움 앞에는 태스커 왓킨스 경이라는 웨일스 럭비연합회장의 조형물도 놓여 있다. 이곳이 우리나라 사람들에게 알려진 이유는 2012 런던 올림픽 당시 이 밀레니엄 스타디움에서 대한민국 축구 대표팀이 홈팀인 영국을 물리치고 4강에 진출한 곳이기 때문이다.

역사가 숨쉬는 곳 스코틀랜드, 주도 에든버러

스코틀랜드는 웨일스와 마찬가지로 영국, 즉 그레이트브리튼 및 북아일랜드 연합 왕국에 속해 있다. 주도인 에든버러를 중심으로 글래스고, 퍼스, 하일랜드 등 여행할 곳이 다양하다. 에든버러는 영국 역사를 이야기할 수 있을 만큼 역변의 시기를 많이 겪은 스코틀랜드의 중심 도시이다. 옛 스코틀랜드 왕국의 수도였기 때문에 홀리루드하우스 궁전, 에든버러성 등 다양한 역사적 유적지가 많다.

에든버러 여행에서 꼭 가 보아야 할 곳 중 하나는 에든버러성이다. 국립 미술관을 지나 에든버러 대학교가 나오고, 계속 오르면 에든버러성에 도착한다. 이 성은 에든버러 중심에 위치한 특성답게 시내를 한눈에 감상할 수 있는 전망 좋은 곳이다. 과거에 성이 구축되기 이전부터 요새로 이용되었다고 전해지며, 바위산 위에 있어 동화 속에 온 듯한 착각이 절로 든다. 새벽부터 많은 관광객들이 줄지어 있을 만큼 매우 인기 있는 곳이다. 1707년 영국에 병합되었지만 켈트족의 전통, 문화 등의 독자성을 느껴 볼 수 있으며, 잉글랜드와의 격렬한 투쟁사가 담겨 있다. 언덕길을 지나 다양한 유물과 유적들을 보고 성 위로 올라가면서 내려다보는 에든버러 타운의 모습은 고전적인 예스러움이 물씬 풍겨난다.

성안에는 유명한 건축물들이 많은데, 대표적인 건축물은 크라운 스퀘어의 주변에 자리하고 있다. 전몰자 기념당, 그레이트 홀, 왕궁, 세인트마거릿 예배당 등이 볼만하다. 에든버러성 맨 꼭대기에 위치한 세인트마거릿 예배당은 1076년에 왕비 마거릿이 성안에 세웠다고 한다.

다음으로 방문한 곳은 홀리루드하우스 궁전이다. 이곳은 지금까지도 스코틀랜드의 영국 황실 궁전이라고 한다. 1128년에 건축된 성당을 1498년 제임스 4세가 명하여 궁전으로 지었다. 도중

TIP 스코틀랜드 전통 의상 살펴보기

스코틀랜드 남자들이 전통적으로 입는 의상이 있다. 바로 킬트(kilt)이다. 외형은 여성의 스커트와 유사하지만, 의상학적으로는 다르게 여겨지는 독특한 구조로 이루어져 있다. 실제로 이를 입었을 경우에는 스커트 형식이지만, 직사각형의 천을 허리에 두르는 식이라고 한다. 킬트의 재료는 울이어서 매우 무겁고, 가격 역시 굉장히 고가로 킬트 하나만 200파운드 정도, 옷을 한 세트로 사려면 약 700~1,000파운드 이상 든다고 한다. 앞부분에 차는 둥그런 가죽 주머니는 스포란(sporran)이라고 하는데, 킬트 의상이 주머니가 없으므로 주머니 대신의 용도로 쓰인다. 또한 킬트는 색상이나 무늬에 따라 여러 다른 문양이 있는데 이것을 타탄체크라고 하며, 문양 하나하나가 스코틀랜드 각 전통 가문의 문양이라고 한다. 킬트에는 스코틀랜드만의 역사가 담겨 있다고 볼 수 있다.

스코틀랜드 역사의 현장인 에든버러성   홀리루드하우스 궁전의 바깥 전경

에 화재 등 여러 고난스러운 일들도 겪었는데, 그중에서도 스코틀랜드 여왕인 메리에 얽힌 에피소드가 많이 남아 있는 곳이다. 메리 여왕은 후에 엘리자베스 1세에 의해 처형당한 불운의 여왕이다.

홀리루드하우스 궁전의 실내는 촬영이 금지되어 있어 사진으로 남기기는 어렵다. 메리 여왕의 방과 수도원이 볼만하다. 수도원에는 역대 스코틀랜드 왕인 데이비드 2세, 제임스 2세, 제임스 5세 등이 매장되어 있다. 궁전 바깥쪽에는 메리 여왕이 태어난 집이라는 작은 건물이 있는데, 그녀에 관한 역사가 담겨 있는 곳임을 한눈에 느낄 수 있다.

다음으로 향한 곳은 칼턴 힐이다. 칼턴 힐은 에든버러성, 아서 시트(Arthur's Seat) 등과 더불어 에든버러 시내를 한눈에 감상할 수 있는 전망 좋은 언덕이다. 칼턴 힐 정상으로 올라가는 곳곳은 아기자기한 볼거리가 많다. 언덕으로 향하는 길 또한 잘 조성되어 있고 생각보다 높지 않아 그다

내셔널 기념탑

지 힘들지 않다. 언덕을 오르면서 틈틈이 에든버러를 내려다보면 참으로 운치 있고, 시원한 바람에 송골송골 맺힌 땀이 절로 잊혀진다.

칼턴 힐 정상에 오르면 저 멀리 그리스 로마 시대의 건축물처럼 보이는 큰 조형물이 세워져 있는데 바로 넬슨 기념탑이다. 1805년 넬슨이 이끄는 영국 함대가 스페인·프랑스 연합 함대와의 트라팔가르 해전에서 승리한 것을 기념하여 1815년에 세워진 기념탑으로, 매우 고풍스런 풍치가 느껴진다. 이 외에도 구천문대와 내셔널 기념탑 등 여러 가지 기념탑이 멋지게 조성되어 있다. 내셔널 기념탑은 아테네의 파르테논 신전과 모습이 비슷한데, 나폴레옹 전쟁 당시 전몰자를 기념하기 위한 건축물이다.

영국 스코틀랜드에서 가장 큰 규모를 자랑하는 에든버러 동물원

다음에 들른 곳은 에든버러 동물원이다. 에든버러 동물원의 주인공은 펭귄인데, 동물원 표지판 역시 펭귄으로 아기자기하게 꾸며져 있다. 스코틀랜드 최대의 동물원으로 개구리, 하마 등 1,000여 종의 동물들이 있다. 여기서 방문객들을 위해 펼쳐지는 펭귄쇼가 인기 있는데, 뒤뚱뒤뚱 길거리를 걷는 모습, 펭귄들이 서식하는 모습 등을 실감나게 볼 수 있다. 펭귄들의 퍼레이드를 구경하면서 우리는 동심으로 돌아가 즐거운 시간을 보냈다.

펭귄 퍼레이드

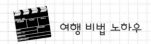 여행 비법 노하우

☞ 항공...웨일스와 스코틀랜드 모두 잉글랜드의 한 부분이므로 영국에 가서 이동을 해도 좋다. 또는 바로 스코틀랜드나 웨일스 인근에 있는 공항으로 연결되는 항공을 이용한다. 영국을 여행한다면 이동 거리 및 시간, 어느 지역으로 이동할지 등 미리 계획을 잘 세워 지역에서 지역별로 비행기나 기차, 버스 등을 이용해 이동하면 된다.

☞ 숙박...관광객을 위해 모든 유형의 숙박 시설이 잘 정비되어 있다. 하지만 중심지보다는 외곽에 많은 편이므로 중심지 숙박 시설을 이용하려면 사전 예약이 필수적이다. 저렴하게 이용하고 싶다면 게스트하우스를 예약해도 좋다.

☞ 음식...다양한 음식 문화가 발달되어 있으며, 레스토랑에서 일본, 터키, 영국 요리 등도 맛볼 수 있다.

주요 체험 명소

1. 에든버러성: 에든버러의 전경을 한눈에 볼 수 있는 곳, 천연의 요새로 이용
2. 카디프성: 빅토리아 양식으로 지어진 카디프의 대표적인 명소
3. 칼턴 힐: 정상에 넬슨 기념탑, 내셔널 기념탑, 구천문대 등 조형물

주요 축제

에든버러의 대표적인 축제는 세계 예술제인 에든버러 국제 페스티벌, 여름의 시작을 알리는 재즈 & 블루스 페스티벌이다. 또한 연말연시의 대표 축제인 에든버러스 호그마니가 있다.

이곳도 함께 방문해 보세요

따뜻한 항구 도시, 펜잰스
영국 남해안 지방의 콘월반도 끝에 위치한 항구 도시이다. 도시 자체가 그리 크지 않고 연중 내내 온난한 기후를 유지하고 있어, 관광지로서 많은 리조트가 들어서 있다. '성스러운 산허리'를 뜻하는 지명을 가진 펜잰스에는 선사 시대의 유적뿐 아니라 녹색빛 정원 안에서 느껴 보는 예술관이 있어 자연에 몸을 맡긴 채 편안한 시간을 보내기에 좋다.

6개의 다리로 만들어진 도시, 뉴캐슬어폰타인
노섬브리아주에 위치한 잉글랜드 북부 최대의 도시이다. 도시의 역사는 무려 2,000년 전부터 시작되었으며 밀레니엄 브리지, 타인 브리지, 스윙 브리지, 하이레벨 브리지, 퀸엘리자베스 2세 브리지, 킹에드워드 브리지 등이 연결되어 있어 이동이 매우 편리하다. 도시의 중심부와 키사이드, 게이츠 헤드 3곳에 볼거리가 풍성하다.

 참고문헌

· 김갑수, 2011, 영국에서 한국까지 18인치 여행, 마트.
· 세계를간다 편집부, 2013, 세계를 간다-영국, 알에이치코리아.
· 이동진, 2014, 커버 영국, 안그라픽스.
· 잉글리, 2015, 영국 혼자 떠나도 괜찮아, 중앙생활사.
· 카트린 지타, 박성원 역, 2015, 내가 혼자 여행하는 이유, 걷는나무.

나를 영화 속의 주인공으로 만들어 주는 곳

프랑스

프랑스, 특히 '파리'라 하면 낭만적인 향기가 불 것 같은 느낌이다. 어려서 보았던 만화 『베르사유의 장미』부터 '라따뚜이', '아멜리에', '비포 선셋' 등 스크린에서 보이는 그곳의 모습은 나에게 프랑스에 대한 환상을 갖게 하기에 충분했다.

'파리'라는 단어에 왜 로맨틱이라는 수식어가 붙는지는 파리의 거리를 잠깐만 걸어 봐도 금세 알아차릴 수 있다. 표지판에서, 건물에서, 나무에서 느껴지는 파리의 정취는 분명 우리나라에서 봐 오던 것들과 사뭇 다른 분위기를 띠기 때문이다.

처음 프랑스 여행의 목적은 하나였다. 파리에 가서 라따뚜이가 바라본 에펠 탑, 센강과 파리 시내의 모습을 눈에 담아 오는 것. 문제는 그 첫 프랑스 여행이 크리스마스 시즌이었다는 것이다. 가뜩이나 아름다운 파리에 크리스마스 분위기가 더해지니 나는 그야말로 파리에 매료되어 버린 것이다.

한국에 돌아와서도 파리를 잊지 못하던 차에 이듬해 여름, 프랑스 여행을 한 번 더 가게 되었다. 파리를 비롯하여 인근 지역인 CF 촬영지로 유명한 몽생미셸, 마리 앙투아네트와 오스칼이 그리워지는 베르사유와 프랑스 남부 누드비치로 유명한 니스까지. 약 일주일 동안 모든 것을 잊고 그저 프랑스에 젖어 있는 영화 속 주인공이 되어 보자는 생각으로 프랑스행 비행기에 올랐다.

TIP 파리 여행 전 꼭 봐야 할 파리 배경 영화들

아멜리에(2001년)

많은 아티스트의 뮤즈인 오드레 토투 주연의 '아멜리에'는 마음껏 행복해지라고 우리에게 속삭이는 프랑스 영화이다. 영화의 주요 배경은 이름만 들어도 설레는 곳, 로맨틱함의 대명사 격인 몽마르트르 언덕과 아멜리에 카페이다. 파리를 여행하기 전 아멜리아를 감상하고 간다면 파리 몽마르트르 언덕과 아멜리에 카페가 더욱 사랑스러워 보일지도!

비포 선셋(2004년)

로맨스의 명작. 비포 시리즈의 두 번째 이야기인 영화 '비포 선셋'은 9년 만에 만나 또다시 깊은 내면의 대화를 나누는 제시와 셀린느의 이야기를 그려 낸다. 영화 내내 무심한 듯 스쳐 지나가는 파리의 일상적인 모습이 인상 깊은 영화다. '비포 선셋'에서 두 주인공이 만나는 오래된 서점, 셰익스피어 앤드 컴퍼니 서점은 여러 영화에도 등장한 명소 중의 명소이므로 꼭 한번 들러 보자.

미드나잇 인 파리(2011년)

파리를 배경으로 한 영화 중 베스트 오브 베스트! 현실과 허구를 넘나들며 로맨틱한 파리를 더욱 로맨틱하게 그려 낸 영화로, 우디 앨런 감독의 작품이다. 영화 내내 나오는 파리의 관광 명소들은 영화를 보고 난 후 마치 파리를 여행한 듯한 느낌이 들게 한다. 아카데미 감독상, 각본상의 단골 수상자인 감독 우디 앨런이 풀어 낸 영화사상 가장 매혹적인 파리를 여행 전 꼭 만나 보고 가기를 추천한다!

라따뚜이(2007년)

주인공 생쥐 요리사 레미에겐 재능이 있고 꿈이 있고 열정이 있다. 그리고 우연은 그를 새로운 세상으로 인도한다. 대단한 재능을 발휘하는 레미, 곤경에 처한 소년과 친구가 되어 서로 도와 가는 과정, 그리고 유쾌한 해피엔드. 진부할 수 있는 스토리지만 이 애니메이션이 빛을 발할 수 있었던 것은 아름다운 도시 파리의 모습 덕분이다. 실사보다 더욱 빛나게 묘사되는 파리의 모습을 꼭 확인하고 개선문과 노트르담 성당으로 올라가 보자. 영화 속에서 레미가 느끼는 감정이 그대로 전해질 것이다.

프랑스 승리의 상징, 에투알 개선문

  나의 파리 여행은 개선문에서 시작되었다. 파리 하면 가장 먼저 생각날 법한 곳이다. 메트로를 타고 샤를드골 에투알 역에서 내리면 출구로 나오자마자 길 한복판에 개선문이 보인다. 파리의 명물이든, 얼마나 유구한 역사를 가지고 있든 상관없다는 듯 주위로 차들이 씽씽 달리고 있는 것은 우리나라 숭례문이나 광화문과 똑같다.

  정식 명칭인 에투알 개선문은 세계적으로 유명하며 에펠 탑과 함께 파리를 상징하는 대표적인 관광지이다. 나폴레옹 1세의 명으로 프랑스군의 승리를 기념하기 위해 건립된 것으로, 로마의 티투스 황제 개선문을 모태로 하여 만들어졌다. 프랑스 또한 우리나라가 광복을 이룬 1945년, 4년간의 독일 지배에서 벗어나 샤를 드골 장군이 이 개선문 아래로 당당히 행진했다고 한다. 높이 약 50m, 너비 약 45m로, 개선문 외부 부조는 나폴레옹 1세의 공적을 모티브로 제작되었다. 개선문에 오르면, 개선문을 중심으로 길게 늘어진 멋진 거리 모습을 볼 수 있다.

  '에투알'의 의미는 무엇일까? 에투알 광장에 자리 잡고 있어서 에투알 개선문이라고 부르기도 하지만, 개선문을 중심으로 12개의 대로가 방사선 형태로 뻗어 있기 때문에 별 모양이 연상되어 에투알(별)이라 부른다고 한다. 즉, 개선문 전망대에 오르면 사방으로 12개의 대로 뷰(view)를 볼

나폴레옹 1세가 승전을 기념하기 위해 만든 에투알 개선문

개선문 전망대에서 바라본 샹젤리제 거리(왼쪽)와 에펠 탑(오른쪽).
구글맵, 로드뷰에서 본 것과는 비교가 되지 않을 만큼 멋지다.

수 있다는 것!

밖에서 보면 금방 올라갈 줄 알았는데, 개선문을 오르는 길은 은근히 힘들었다. 계단이 좁고 쉴 수 있는 공간이 없어 사람이 많으면 계속 올라가야 하니 다리가 더 아팠다.

헉헉거리며 언제쯤 꼭대기에 다다를 수 있을까 한숨이 나올 때쯤 전망대에 도착했다. 빽빽이 서 있는 사람들 사이를 요리조리 파고들어 비로소 파리의 전경과 마주했다. 파리의 상징인 에펠 탑이 우뚝 서 있고, 아래로는 네모 납작한 건물들과 길이, 위로는 두텁게 쌓인 구름 틈새로 파란 하늘이 살짝 얼굴을 내보이고 있었다. 회백색의 건물과 싱그러운 초록색 가로수가 펼쳐진 장관에 숨이 턱 막힐 지경이었다.

'아, 내가 파리에 있구나…'

뼈아픈 역사의 현장 콩코르드 광장과 여행자의 쉼터 튀일리 정원

샹젤리제 거리에서 튀일리 정원 사이에 위치한 콩코르드 광장은 1770년 루이 16세와 마리 앙투아네트가 결혼식을 올린 장소이면서, 프랑스 혁명 후 단두대가 놓이면서 두 사람이 처형당한 곳이기도 하다. 당시에는 파리 시민들이 광장 근처에 가길 꺼려 무척 황량한 느낌이었다는데, 지금

❶ 콩코르드 광장. 프랑스 사람들이 세계에서 가장 아름다운 광장이라 자부하는 곳이지만, 프랑스 혁명 당시 설치되어
   루이 16세와 마리 앙투아네트 등 수많은 사람들이 단두대의 이슬로 사라진 뼈아픈 역사의 현장이기도 하다.
❷ 튀일리 정원을 지나면 웅장한 루브르와 그 앞에 뾰족한 다이아몬드 같은 입구, 피라미드가 나온다.

은 유명한 관광지가 되어 많은 사람들이 찾아와 사진을 찍느라 분주하다.

1795년 공포 정치가 끝나고 광장의 이름은 화합을 뜻하는 '콩코르드'로 바뀌었으며, 단두대가 있던 자리에는 분수대가 생겼다. 그리고 광장 중심에는 이집트로부터 기증받은 오벨리스크가 우뚝 솟아 있다. 이 오벨리스크는 이집트 총독이 프랑스의 루이 필리프 국왕에게 룩소르 신전의 오벨리스크를 기증한 것이라고 한다. 오벨리스크 밑에는 프랑스 대혁명 당시 루이 16세와 마리 앙투아네트의 처형을 기록한 판이 있다. 원래 이곳에는 루이 15세의 기마상이 있어서 루이 15세 광장으로 불리다가 프랑스 혁명 때 이 상이 파괴되면서 혁명 광장으로 개칭되었고, 루이 16세와 마리 앙투아네트가 처형된 이후 '화합'을 의미하는 콩코르드 광장으로 개칭된 역사를 품고 있는 장소이다. 프랑스 대혁명 기간 동안 처형된 인원만도 1,000여 명이 넘는다니, 이곳 이름을 '화합'으로 정한 이유도 왠지 납득이 간다.

콩코르드 광장에서 루브르 박물관 사이에는 왕비 카트린 드메디시스가 꾸몄다는 아름다운 튀일리 정원이 있다. 화려하면서도 여유로운 이 정원은 파리 여행자나 파리지엔들의 휴식처이다. 개선문–샹젤리제 거리–콩코르드 광장을 거쳐 튀일리 정원으로 들어가면 낙원과도 같은 편안한 분위기에 잠시 쉬어 가지 않을 수가 없다.

튀일리 정원과 콩코르드 광장 사이에는 대관람차가 있다. 이 관람차를 타면 파리가 한눈에 다 보인다고 한다. 튀일리 정원에는 예쁜 모양의 나무도 많고, 별난 포즈의 동상도 많다. 이런 동상들 옆에서 재미있는 포즈로 사진을 찍으면 훗날 좋은 추억으로 남지 않을까?

명작의 집합소, 루브르 박물관

댄 브라운의 소설 『다빈치 코드』의 처음과 마지막을 장식하는 주요 무대인 루브르 박물관과 그 상징인 유리 피라미드의 야경. 그 배경이 눈앞에 펼쳐지는 순간 나는 입을 다물지 못했다.

"고대 로슬린 아래에 성배는 기다리노라. 그녀의 입구를 지키는 칼날과 잔. 대가들이 사랑하는 예술로 치장한 그녀가 누워 있노라. 별이 가득한 하늘 아래 마침내 그녀는 안식을 취하노라."

소설 속 마지막에 성배의 위치를 나타내는 암시를 담은 문장, 이는 피라미드를 가리킨다. 파리 로즈라인을 따라 이동하던 로버트 랭던(주인공)은 이윽고 루브르 박물관에 이르고, 칼날(△)과 잔 (▽)을 의미하는 이 성배의 형태와 같은 피라미드와 역피라미드의 접점에까지 이르게 된다. 그리고 그곳에 내가 있는 것이다!

명실상부한 루브르의 상징이 된 이 피라미드는 1989년 루브르 박물관 앞에 세워졌다. 당시 루브르 박물관에 인공적인 피라미드를 세우는 것은 큰 반향을 불러일으켰다. 문화재 보전을 주장하는 쪽에서는 인공적인 피라미드의 건축과 배치가 루브르 박물관의 가치를 훼손한다고 했고, 문화재 창조를 주장하는 쪽에서는 피라미드의 건축이 루브르 박물관에 새로운 가치를 가져다준다고 대응했다. 엄청난 반대를 무릅쓰고 세워진 피라미드에 대한 평가는 냉엄했다. 연일 루브르 피라미드에 대한 대중의 비난과 문화평론가들의 독설이 매체를 도배하면서 그 존립 자체가 위험해 보였다. 그러나 20여 년이 지난 지금 루브르 박물관 입구의 피라미드는 박물관을 대표할 만한 상징물로 자리했다.

세계 3대 박물관의 하나인 루브르 박물관은 약 40만 점에 이르는 작품을 소장하고 있어 한 작품에 1분씩 관람한다 해도 4개월을 꼬박 보내야 할 만큼 방대한 것으로 알려져 있다. 루브르 박물관은 루브르 궁전 내부에 위치해 있다.

예술에 관심과 남다른 조예가 있지 않은 이상 루브르에서는 유명한 작품 몇 개만 눈에 담아 가기로 하고 박물관 탐방을 시작하였다. 레오나르도 다빈치의 대표작 〈모나리자〉, 생각보다 크지 않고 사진과 너무나도 똑같아서 조금은 실망스러웠다. 루브르 박물관에는 사진 촬영 제한이 없다. 그야말로 '카메라 전쟁'이다. 그림을 보러 온 것인지 사진을 남기러 온 것인지 모를 정도로 붐비는 인파 속에 나 또한 섞여 있음을 깨닫고 피식 웃음을 지어 본다.

작가 미상인 〈밀로의 비너스〉 조각상은 팔이 없다는 사실로 더 유명해졌는데, 반쯤 입은 옷 때문에 비너스라고 여겨졌다. 약 2m 높이로 두 팔 없이 비스듬히 몸을 비틀고 서서 신비한 미소를 짓는 여신의 모습이다. 〈밀로의 비너스〉는 고전 양식과 헬레니즘 양식이 적절히 조화를 이루고 정교한 세부 묘사와 부드러운 표정 묘사가 특징이다.

"니케다 니케! 나이키!"

친구가 날개 달린 여자의 몸 조각을 보고 말했다. '나이키(Nike)' 브랜드명의 유래가 '니케 (Nice)'이고, 니케상의 날개를 형상화한 모양이 나이키의 로고가 되었다는 것은 언뜻 들어서 알고

❶ 루브르 박물관의 대표작인 〈모나리자〉. 도난과 훼손을 막기 위해 관람객의 접근을 제한하고 있다.
❷ 양팔이 없는 〈밀로의 비너스〉 조각상. ❸ 〈승리의 여신 니케〉 조각상

있었다.

〈승리의 여신 니케〉, 사모트라케섬에서 발견되어 〈사모트라케의 니케〉 여신상이라고도 불린다. 한 장의 사진만으로는 확인하기 힘들지만 조각 전체를 보니 승리의 기원과 사기 증진을 위해 설치한 뱃머리 장식품이라는 것을 알 수 있다.

사람 반, 유물 반. 전 세계인이 즐겨 찾는 루브르 박물관에서는 사람들이 너무 붐벼 제대로 된 관람을 하진 못했지만 그곳에 있는 것 자체만으로도 꽤 소중한 경험이 아니었나 싶다.

파리지엔의 감성에 젖어 센강을 거닐며

센강을 따라 시테섬에 있는 노트르담 대성당까지 산책을 하기로 했다. 낭만의 파리를 만드는 것이 바로 이 센강이다. 많은 사람들이 처음으로 센강을 접하면 엄청 좁은 폭 때문에 실망을 한다고 한다. 하지만 센강 좌우로 펼쳐진 고풍스런 건물들, 에펠 탑, 노트르담 대성당 등이 아름다운 경

시테섬 방향의 센강 풍경

관을 만들어 내고 아름답게 치장된 다리들은 센강의 가치를 배가시킨다. 파리의 유적지뿐만 아니라 센 강변도 유네스코 세계 문화유산으로 등록되어 있다.

센강 한쪽 길을 따라 노점상들이 줄지어 있다. 이곳은 그저 단순한 노점상이 아니라, 센 강변에서 오랜 세월 중고책, 고서적, 골동품을 팔아 온 나름의 전통과 역사가 있는 상점들로 통틀어 '부키니스트'라고 한다. 센강을 따라 약 3km 거리로 늘어선 이 900여 개의 상점들은 유네스코 세계 문화유산에도 등재되어 있다고 한다. 중고 서적 판매는 16세기 작은 행상인들에 의해 시작되었다. 그러다가 센 강변에 행상들이 하나둘 자리 잡은 후로 파리 시의 억압에도 불구하고 계속 융성해져서 1859년 제한된 지점에 한 해 영업이 공식적으로 허용되었다.

센 강변으로 줄지어 들어선 노점상들. 중고품이어서 그런지 더욱 고풍스럽고 고전 영화의 한 장면이 눈에 펼쳐지는 느낌이 든다.

센강에는 영화 '퐁뇌프의 연인들'로 유명해진 퐁뇌프 다리를 비롯하여 37개의 다리가 있다. 퐁뇌프에서 노숙하는 남자와 시력을 잃어 가는 여인의 운명적인 사랑을 담은 이 영화는 바로 퐁뇌프 다리를 배경으로 촬영되었다. 영화 상영 이후 퐁뇌프 다리는 연인들이 사랑을 속삭이기 위해 찾는 명소가 되었다.

그런데 나는 퐁데자르 다리가 더 좋았다. '예술의 다리'라는 별칭답게 다리 위로 그림 그리는 화가들, 악기 다루는 연주자들의 모습이 간간이 보였다. 1802년 착공 당시에는 철골로 만들어진 흉한 다리라고 했으나 지금은 많은 관광객이 사랑하는 아름다운 다리로, 한 여름에는 젊은이들이 모여 와인 파티도 열곤 한다.

퐁뇌프 다리

퐁데자르 다리

TIP 센강 야경을 즐기는 최고의 선택 바토무슈

파리 센강에는 다양한 유람선을 만나 볼 수 있다. 센강의 매력을 더해 주고, 아름다운 야경을 감상할 수 있어 수많은 여행객들이 이용하고 있다. 특히 바토무슈는 센강의 대표적인 유람선으로 해마다 수백만 명이 이용한다. 센강 유람선 바토무슈의 선착장은 퐁드랄마 다리에 있다. 이곳에서 출발하여 1시간 10분 동안 다양한 관광지를 지나며 센강을 유람한다.

〈가격〉
성인: 13.5유로, 어린이: 6유로, 4세 미만: 무료(2015 기준)

〈바토무슈 유람선 루트〉
선착장 – 그랑팔레, 프티발레 – 콩코르드 광장 – 루브르 박물관 – 시테섬 – 노트르담 대성당 – 퐁뇌프 다리 – 오르세 미술관 – 알렉상드르 3세 다리 – 에펠 탑 – 미라보 다리 – 샤요궁– 선착장

무엇보다도 퐁데자르 다리가 인상 깊은 이유는 바로 '사랑의 자물쇠' 때문이다. 예술의 다리 위에는 사랑을 맹세하는 자물쇠들이 가득 달려 있다. 우리나라 서울 남산타워와 같은 모습을 이곳 파리에서도 볼 수 있다는 것이 신기할 따름이다.

파리 여행의 목적을 노트르담 대성당에서 이루다

센 강변을 따라 걸을 때 노트르담 대성당은 일찍부터 눈에 보였다. 이제 조금만 더 가면 되겠거니 했는데 아무리 걸어도 가까워지지가 않는 것이다. 그렇게 걷고 걸어 노트르담 도착! 보자마자 그 웅장한 크기와 화려함에 압도되어 "우아!" 탄성만이 흘러나왔다.

노트르담 대성당은 사방 각도에 따라 다른 모습을 띤다. 강 건너편에서 뾰족한 첨탑이 있는 큰 건물을 보고 사진에서 본 노트르담과 다르다고 생각했는데, 도착하고 정면을 보니 그 성당이 맞았다. 이렇게 성당 전면부와 후면부의 건축 양식이 다른

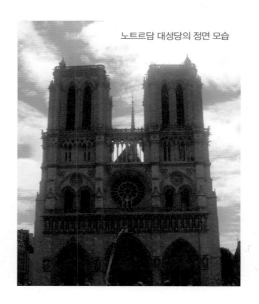

노트르담 대성당의 정면 모습

것은 오랜 기간 건축하였고 또 대보수를 수시로 거쳤기 때문이라고 한다.

지금 파리의 상징이 에펠 탑이라고 한다면, 노트르담 대성당은 그보다 훨씬 오래전에 지어진 파리의 터줏대감이라 할 수 있다. 무려 1163년에 착공하여 1345년에 완공하였다고 한다. 무엇보다도 노트르담 대성당이 대중에게 친숙한 이유는 빅토르 위고의 저명한 소설 『노트르담의 꼽추』와 이를 토대로 만들어진 디즈니 애니메이션 '노트르담의 꼽추'의 배경이 바로 이곳이기 때문일 것이다.

내가 노트르담 대성당에 꼭 오고 싶었던 이유도 애니메이션 '노트르담의 꼽추' 때문이었다. 노트르담의 꼽추가 쳤던 종이 실제로 어떻게 생겼는지 궁금했고, 그와 함께 이야기하고 노래하는 괴물 석상이 진짜 있는지, 어떤 모습으로 어디를 바라보고 어떻게 세워져 있는지 보고 싶었다. 하지만 내가 노트르담 대성당에서 이룬 파리 여행의 목적은 그것이 전부가 아님을 종탑에 오르기 전까지는 몰랐다.

종탑에 오르기 위해서는 빠른 움직임이 필요하다! 사람이 어마어마하게 많기 때문에 아예 새벽 첫 일정부터 노트르담 대성당에 가는 것이 좋다. 많은 관광객이 엄청난 대기 줄에 질려 종탑에 오르기를 포기하지만, 단언컨대 에펠 탑, 개선문, 몽마르트르 언덕 그 어떤 높은 곳에서 보는 것보다 가장 멋진 파리 시내의 전경을 눈에 담을 수 있기 때문에 꼭 올라가 보아야 한다.

성수기에는 1시간 이상 서서 기다리는 곳이 종종 있고, 기다려서 들어가도 뺑뺑이 계단이 미친

노트르담 대성당 종탑 최고 전망대에서 바라본 파리 시내 전경

노트르담 대성당의 괴물 석상들

듯이 이어져 있을 때가 있다. 그럴 때를 대비해 튼튼한 다리와 편한 신발을 권한다. 열심히 계단을 오르다 보면 중간에 사람들이 멈춰 서는 곳이 있다. 바로 '종'이 있는 곳이다. '노트르담의 꼽추'에서 콰지모도가 쳤던 바로 그 종이다. 무게가 8톤이나 나간다고 한다.

숨을 헐떡거리며 올라온 보람을 느끼는 순간이었다. 조그마한 문을 통과하자마자 눈에 들어오는 파리 전경에 나도 모르게 소리를 지를 뻔했다. 에펠 탑을 중심으로 펼쳐진 파리 시내, 높은 건물이 없어서 그런지 눈에 한가득 찬다.

그토록 만나고 싶었던 노트르담의 괴물들과 마주했다. 생각보다 종류도 많고 다양한 모습이어서 재미있었다. 이 괴물 석상들은 가고일(Gargoyle)이라고 한다. 노트르담 대성당에는 51개의 가고일이 있는데, 그 정체는 처마에 고인 빗물을 내보내는 배수구라고 하니 생김새에 비해 하는 일은 소박한 것 같다. 작은 기능에도 상징적이고 예술적인 미를 생각했던 중세 프랑스 사람들이 대단하다고 해야 할까.

노트르담 대성당의 진정한 하이라이트는 노트르담 대성당 종탑 최고 전망대이다. 계단을 좀 더 오르니 조금 전과는 차원이 다른 풍경이 눈앞에 펼쳐진다. 바로 이 장면, 애니메이션 '라따뚜이'에서 주인공 레미가 건물 꼭대기에 올라 바라보는 아름다운 파리의 모습이 곧 그토록 보고 싶었던, 내가 파리에 온 이유이다!

심장이 쿵쾅쿵쾅 뛰며 코끝이 찡해지고 눈물이 날 것 같았다. 살랑살랑 부는 바람이 꿈이 아님을 알려 주며 내가 파리에 있음을 확인시켜 주었다.

예술가들의 혼이 살아 있는 몽마르트르 언덕

파리에는 산이 없고 온통 평지여서 조금만 높은 곳에 올라도 시가지를 내려다볼 수 있다, 몽마르트르 언덕처럼. 몽마르트르 언덕은 파리에서 가장 높은 해발 고도 129m에 달하는 곳이다. 우리에게는 파리 근대 미술을 촉진시킨 곳으로도 잘 알려져 있다. 고흐 같은 유명한 화가나 시인들이 모여 살면서 입체파, 상징파, 인상파를 이루었다.

몽마르트르 언덕 꼭대기에는 하얗고 예쁜 사크레쾨르 대성당이 자리하고 있다. 1870년대 프랑

스가 혼란을 겪었을 때 가톨릭 신자들의 마음을 달래 주기 위해 지어진 곳이라고 한다. 이 성당까지 올라가면 파리의 시가지를 한눈에 볼 수 있다.

몽마르트르 근처 한 빵집에서 나를 신세계로 안내한 빵들

사크레쾨르 대성당을 바라보고 언덕 왼쪽으로 가면 테르트르 광장, 화가들의 생가, 극장 물랭루주까지 만날 수 있다. 그야말로 프랑스 예술가들의 혼이 담긴 골목들이다. 이곳에서 지도를 접고 친구와 그저 발길 닿는 골목골목을 돌아보기로 했다. 선입견 없이 있는 그대로를 바라보며 그것과 내 생각, 느낌만을 연결 짓는 것도 또 다른 재미를 느낄 수 있는 여행법일 것 같다.

길거리 화가들이 모여 있는 곳은 테르트르 광장이다. 과거에는 처형 장소였지만 19세기부터 화가들이 모여들면서 지금까지 화가의 거리로 불린다. 하지만 요즘에는 예술가라기보다는 주로 초상화를 그려 팔아 생활하는 파리 사람들이 많아졌다.

프랑스에 왔으니 빵은 꼭 먹어 보아야겠다는 마음에 눈에 보이는 빵집으로 들어왔다. 우리나라 것과 모양도 가격도 별 차이가 없었다. 그런데 크루아상을 한입 무는 순간 그 부드러움과 달콤함에 눈이 휘둥그레졌다. 감탄의 감탄을 내뱉으며 몇 개를 먹었는지 모른다. 우리는 간식으로 맛만 보자는 몇 분 전의 대화는 잊은 채 배불리 식사를 하게 되었다.

이 빵집만 맛있는 것인지 궁금하여 여러 군데에서 사 먹어 보았는데, 레스토랑이든 동네 빵집이든 노점상이든 파리의 크루아상 맛은 훌륭했다. 프랑스어로 초승달을 뜻하는 크루아상은 사실 형

가리의 빵이라고 한다. 초승달 모양의 크루아상은 지난 1683년경 헝가리에서 오스트리아로 전해
졌고, 이후 오스트리아 출신 마리 앙투아네트가 루이 16세와 결혼하면서 프랑스에 전해진 것으로
알려진다.

예술 작품의 보고, 오르세 미술관

이 크고 화려한 건물이 원래는 기차역이었다고 한다. 과거 오르세 궁전이 있던 자리에 만국박람
회를 기념하여 새로 기차역을 지었는데, 입지 조건이나 시설 등의 문제로 경쟁력이 없다고 판단
되어 기차역을 폐쇄하고 미술관으로 사용하게 되었다.

파리에는 미술관이 크게 3개로 나뉘는데, 고대의 예술부터 1800년대 중반까지의 예술품은 루
브르 박물관에, 1914년 이후의 예술품은 퐁피두센터와 퐁피두 미술관에 보관되어 있으며, 중간
시기인 1848~1914년까지의 그림들은 오르세 미술관에서 전시하고 있다.

1층 전시장은 높이 32m의 유리 돔 천장으로 자연광을 살리고, 입구에는 기차역이었을 때 있던
커다란 실제 시계가 걸려 있다. 오르세 미술관의 대표적인 화가로는 마네, 모네, 르누아르와 같은
인상주의 작가들과 고흐, 고갱, 세잔 등 후기 인상주의 작가들이 있다. 이 외에도 나와 같은 문외
한은 잘 모르는 수많은 예술가들의 작품이 전시되어 있다. 학창 시절 미술 교과서에서 보았던 작
품과 미술 시험 공부로 열심히 외웠던 작가 이름들을 보니 반갑고 설레는 마음이 들었다.

환상적인 에펠 탑 앞에서 영화 속의 주인공이 되다

에펠 탑은 1889년 프랑스 혁명 100주년을 기념해 개최된 파리 만국박람회 때 세워진 철탑이다.
탑을 세운 프랑스 교량 기술자 구스타브 에펠의 이름을 따서 에펠 탑이라고 이름 붙여졌다. 건설
당시에는 우아한 파리의 모습과는 어울리지 않는 철골 덩어리, 미관을 해치는 흉물이라는 악평과

고흐, 고갱 등 유명한 화가들의 작품이 가득한 오르세 미술관   오르세 미술관의 1층 전시장

함께 많은 예술가와 지식인들의 비판을 받았으나, 지금은 전 세계적으로 사랑받는 파리 최고의 상징물로 자리 잡았다. 자주 볼수록 호감을 갖게 되는 현상을 '에펠 탑 효과'라고 한다 하니, 에펠 탑의 상징성이 얼마나 큰지 알 수 있다.

프랑스 파리를 대표하는 랜드마크 에펠 탑은 파리 여행의 백미라고 해도 과언이 아니다. 사실 파리 시내 곳곳에서 볼 수 있지만 에펠 탑을 정면에서 가장 멋지게 눈에 담을 수 있는 곳은 샤요궁이다. 샤요궁은 트로카데로 궁전을 현대식으로 다시 지은 1937년 만국박람회의 상징적 건물로 내부에 해양 박물관, 인류학 박물관, 건축 문화 유산 박물관, 샤요 국립극장이 있다. 하지만 무엇보다 샤요궁은 에펠 탑을 보기 위한 최적의 장소이다.

샤요궁 앞 광장에 서는 순간, 에펠 탑의 아름다움과 경이로움에 감탄이 절로 나왔다. 해가 지고 하늘이 어슴푸레해졌을 때 에펠 탑의 조명이 켜졌다. 모든 사람들이 "우아!" 감탄사를 내뱉었다. 금빛 에펠 탑은 그야말로 보석 같았다. 밤 10시,

❶ 조명으로 반짝이는 에펠 탑의 야경(10시 조명쇼)
❷ 에펠 탑을 정면에서 가장 잘 조망할 수 있는 샤요궁

11시 정각에는 조명쇼가 벌어지는데, 에펠 탑 조명에 추가로 다른 조명까지 켜져서 반짝반짝 빛난다.

많은 관광객들이 에펠 탑을 배경으로 밝은 표정으로 사진을 찍고 있었다. 다양한 피부색, 다양한 언어. 가족, 연인, 친구와 함께. 나와는 모든 것이 다른 그 많은 사람들이 에펠 탑을 보면서 나와 같은 즐거움과 행복함을 느낀다는 것이 신기하기만 했다.

프랑스의 황금 시대를 보다, 베르사유 궁전

파리 시내 관광을 모두 마치고 다음 날 파리 여행의 일정은 베르사유 궁전 방문이었다. 파리 시내에서 버스나 전철로 30분 정도 걸리는 거리이다. 베르사유 궁전은 베르사유에 있는 바로크 양

❶ 가장 인기 있는 거울의 방
❷ 마리 앙투아네트의 방

식의 궁전으로, 원래는 루이 13세의 사냥용 별장이었다고 한다. 루이 14세의 명령으로 대정원을 착공, 건물 전체를 증축하여 U자형 궁전으로 개축했고, 이후에도 증축을 계속하여 현재 궁전의 모습을 갖추게 되었다. 궁전 내부의 호화로운 방들, 상상할 수 없는 크기의 베르사유 정원 등은 당시 프랑스의 화려함과 위용을 나타내고 있다.

어린 시절 TV 만화 영화 '베르사유 장미'에 푹 빠져 있던 터라 베르사유에 대한 막연한 환상을 가지고 있었다. 약 20년 동안 꿈에 그리던 베르사유를 직접 본다는 설렘에 아침부터 준비를 서둘렀다.

9시 오픈 시간보다 30분 일찍 도착한 우리는 시간적 여유가 있어 베르사유 궁전의 정원을 먼저 둘러보았다. 베르사유 정원은 유럽 정원의 표본으로 알려진 어마어마한 크기의 정원이다. 커다란 분수대에다 다양한 조각상으로 장식되어 있었다. 베르사유 궁전은 오디오 가이드가 무료이다. 이런저런 설명을 자세히 들려주니 반드시 빌려서 베르사유 궁전 관광을 더욱 풍성히 하는 것이 좋다.

베르사유 궁전의 전경

베르사유 궁전에서 가장 화려하다는 거울의 방. 17개의 창문과 578개의 거울이 있는 곳으로 국빈이나 사신이 국왕을 만나러 가는 통로이자 국가의 주요 연회나 행사가 열렸던 곳이다. 우리나라가 독립 선언을 했던 1919년, 제1차 세계대전 후의 평화 조약 체결도 이곳에서 행해졌다고 한다. 거울의 방만큼

베르사유 정원의 소박하고 한적한 곳 '왕비의 촌락'

인기가 많은 방은 바로 마리 앙투아네트의 방이다. 우리가 알고 있는 것과는 달리 마리 앙투아네트는 그리 사치스럽지 않았고, 그 시대 다른 국가의 왕비들보다 더 알뜰하게 궁 살림을 꾸려 나갔다고 한다. 하지만 이 방에서 느껴지는 화려함은 그런 오해를 살 수도 있겠다는 생각이 들게 했다.

베르사유 궁전 내부 탐험을 마치고 아쉬운 마음에 다시 정원으로 향했다. 이리저리 돌아다니다 외곽으로 조금 빠지니 소박한 시골의 모습을 띠고 있는 곳이 보였다. 바로 '왕비의 촌락'이다. 18세기 귀족들 사이에서는 직접 시골 생활을 체험하고 마을을 소유하는 것이 크게 유행했다. 마리 앙투아네트도 이곳에서 낚시, 소젖 짜기, 농작물 재배와 같은 시골 농사일을 경험했다고 한다. 아쉽게 실내에는 들어갈 수 없었지만 프랑스의 농촌 모습을 담고 사진 찍기에 참 좋은 곳이었다.

베르사유 궁전의 규모는 정말 어마어마했다. 그 당시 왕의 권력이 어느 정도였는지 느낌과 동시에 피의 역사 이전의 화려하고 사치스러운 왕족의 모습을 그려 볼 수 있었다. 또한 어린 시절 좋아했던 '베르사유의 장미'를 다시금 떠올리고 그때의 순수한 마음을 느끼게 해 준 베르사유 궁전에 고맙기도 했다.

한 장의 그림엽서 같은 항구 도시, 옹플뢰르

투어 출발 집결지는 에투알 개선문이었다. 소풍 가는 어린아이의 마음으로 도착한 개선문에는 한국인 관광객 몇몇이 모여 있었다. 가이드의 안내에 따라 차에 오르니, 이동하는 내내 이런저런 사진을 보여 주며 설명을 달아 준다.

여러 사람들과 그렇게 즐거운 시간을 보내다 보니 창 밖으로 바다 냄새가 나기 시작했다. 부드러운 바닷바람에 새하얀 돛이 나부끼는 아름다운 항구 도시 옹플뢰르에 도착했다. 옹플뢰르 항구는 16세기 무역 거점으로 번영을 누리다가 19세기에 들어 화가 부댕과 작곡가 사티의 고향으로 많은 예술가들이 사랑하는 도시로 주목받게 된다. '노르망디의 진주'라 불릴 만큼 동화 속 마을같이 아기자기한 마을이다.

실제로 보니 옹플뢰르를 왜 그렇게 많은 예술가들이 사랑했는지 알 것 같았다. 오밀조밀 좁고 높이 세워진 장난감 블록 같은 건물들이 사각형 모양의 항구를 둘러싸고 있고, 파란 하늘에 하얀 요트들이 늘어선 모습은 정말 아름다웠다.

지나가는 길에 캐나다 퀘백의 첫 시장이었던 사뮈엘 드샹플랭의 두상을 발견하였다. 옹플뢰르에 웬 퀘백 시장인가 하면 바로 옹플뢰르 사람들이 퀘백을 발견하고 첫 이주를 했기 때문이다. 캐나다 퀘백주에서 프랑스어를 쓰고, 프랑스 문화가 뿌리내리고 있는 이유도 그 때문이라고 한다.

마을 중앙, 방금 불에 탄 것처럼 금방이라도 쓰러질 듯한 시계탑이 눈에 띄었다. 14세기에 세워진 목조 건물인 성 카트린 성당의 종탑이다. 여러 차례 새로운 양식으로 보수된 성 카트린 성당이지만, 교회 본채와 떨어져 있는 뾰족한 종탑은 처음 만들어진 당시 그대로라고 한다.

성당 건물을 빠져나오니 성 카트린 성당을 그린 화가들에

❶ 500년 넘게 한 자리를 지켜 온 성 카트린 성당. 꼭대기의 수탉 모양이 인상적이다.
❷ 퀘백의 첫 시장 사뮈엘 드샹플랭의 두상

수많은 예술가들의 사랑을 받는 아름다운 항구 도시 옹플뢰르

대한 설명을 곁들인 그림 안내판이 세워져 있었다. 옹플뢰르 출신의 부댕과 그의 제자였던 모네가 그린 성 카트린 성당의 그림이었다. 이렇게 그림과 비교해서 지금의 풍경을 바라보니 색다른 재미가 느껴졌다.

프랑스 하면 빠질 수 없는 것이 바로 '와인'이다. 옹플뢰르는 일조량이 부족해서 포도로 만든 와인이 아닌 사과로 만든 술이 유명하다. 맛도 좋고 가격도 저렴해서 옹플뢰르를 찾는 관광객들에게 쇼핑 1순위라고 한다. 주류 판매점에 들어가면 다양한 술을 종류별로 시음할 수 있도록 도와준다. 짧은 시간 동안 여섯 가지 술을 맛보는데, 이번 투어에서 가장 즐겁고 신나는 시간이기도 했다. 선물용으로 작은 시드르 로제를 구입했다. 새콤달콤하니 도수도 높지 않아 선물용으로 좋을 것 같았다.

❶ 부댕과 모네가 표현한 성 카트린 성당. 예술가들이 사랑할 만한 미적 가치가 있는 곳이다.
❷ 포도주가 아닌 사과주로 유명한 옹플뢰르 술

요트와 항구가 아름다운 옹플뢰르, 해 질 녘 풍경이 아주 멋지다고 한다. 내 머릿속에 담은 옹플뢰르 항구에 주황빛 하늘을 상상해 보며 다음 목적지인 몽생미셸로 향했다.

마법의 성, 몽생미셸

"몽생미셸이 '하울의 움직이는 성', '천공의 성 라퓨타'의 모티브가 된 곳이래!"

프랑스로 오기 전, 여행 책자를 보고 있던 친구의 말에 우리는 무리해서라도 꼭 가야 한다며 목적지에 몽생미셸을 추가했다. 미야자키 하야오 감독의 애니메이션을 무척 좋아하는 나로서는 프랑스에 간 이상 그곳의 분위기를 느끼지 않고 돌아오면 큰 후회를 할 것 같은 기분이 들었다.

몽생미셸은 노르망디 작은 바위섬에 지어진 수도원으로, 완성되기까지는 바위를 깎고 깎아 무려 800년이나 걸렸다고 한다. 조수 간만의 차가 15m에 이르는 이 섬에 수도원이 들어선 것은 8세기. 전설의 주인공은 아브랑슈의 주교인 성 오베르이다. 어느 날 밤 꿈에 천사장 미카엘이 나타나 이 섬에 수도원을 지을 것을 명했지만 성 오베르는 그 꿈을 무시했다. 분노한 천사장은 재차 꿈에 나타났고 손가락을 내밀어 신부의 머리를 태웠다. 꿈에서 깨어나 이마의 구멍을 확인한 후에야

신부는 공사에 착수했다고 한다.

몽생미셸은 그 가치와 아름다움이 인정되어 1979년 유네스코 세계 문화유산으로 지정되었다. 현재는 수도원으로 쓰이고 있지만, 한때는 프랑스 군의 요새 역할도 했고, 프랑스 혁명 때에는 감옥으로 이용되어서 그런지 돌로 만들어진 성벽이 매우 견고해 보였다. 단 한 번도 다른 나라에 뺏기지 않았던 땅이라는 것이 이해되었다.

중세가 고스란히 남아 있는 좁은 길들을 걷고 있자니 '하울의 움직이는 성'의 소피가 된 기분이었다. 골목 사이사이마다 둘러보고 산책하며 걸을 만한 길들이 많았다. 특별한 목적지를 두지 않아도 이곳저곳 걸으며 둘러보기에 딱 좋았다. 물론 효율적으로 둘러보기 위해서는 미리 방향과 길을 정해 놓는 것이 좋겠지만, 느긋한 마음으로 헤매도 좋고 같은 길을 여러 번 걸어도 좋을 만큼 중세 시대의 매력이 곳곳에서 풍겨났다.

한국으로 돌아오는 비행기 안, 하늘에서 아래로 보이는 푸른 프랑스의 모습이 이제는 친숙하게 느껴졌다. 낭만 가득했던 파리, 동화 속 마을 노르망디(옹플뢰르, 몽생미셸), 발길이 머물렀던 프랑스의 모든 곳이 머릿속에 필름처럼 찍혀 지나갔다.

두 번의 프랑스 방문. 프랑스는 모든 시간, 모든 장소에서 나를 영화 속의 주인공으로 만들어 주었다. 스스로를 아름답고 멋진 한 사람이라고 생각하게 해 주었고, 그 어떤 여행보다도 추억거리와 이야깃거리를 가득 안겨 준 프랑스였다.

고마워, 프랑스! Merci beaucoup, France!

프랑스의 명소 몽생미셸.
동화 속에 등장하는 마법의 성을 보는 듯하다.

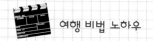 여행 비법 노하우

☞ 항공...프랑스로 들어가는 항공은 직항도 경유편도 많은 편이다. 국내의 대한항공과 아시아나 항공, 프랑스의 에어 프랑스를 직항으로 많이 이용하고 비용 절감을 위해서는 일본항공, 캐세이퍼시픽 항공 등의 경유편을 이용하는 것 도 나쁘지 않다. 환승 시간이 길면 항공사 측에서 그 지역 호텔을 무료로 제공하기도 한다. 또한 스톱오버(stopover) 를 통해 그 지역 여행까지 가능하니 여행 기간이 여유롭다면 생각해 보자.

☞ 숙박...저렴한 호스텔부터 럭셔리 호텔까지 숙소는 다양하지만, 외국인 여행객들과 이야기도 나누고 추억을 만들 수 있는 호스텔을 추천한다. 호스텔닷컴(http://www.hostels.com)에 많은 곳이 있다. 인기 있는 곳은 금방 방이 차니 예약을 서두르는 편이 좋다. 한국인의 정이 그립다면 한인 민박에서 묵는 것도 괜찮은 방법이다. 많은 한인 민박이 아침으로 한식을 제공해 주기 때문에 여행 하루하루를 든든한 아침 식사로 시작할 수 있다.

☞ 음식...프랑스는 단연 '빵'이 예술이다. 동네 곳곳에 있는 조그만 빵집의 빵 굽는 시간을 알아 두자. 음식 문화가 매우 발달되어 있는 프랑스는 맛뿐만 아니라 음식의 비주얼까지 고려하는 나라이다. 다만 양이 좀 적고 가격이 센 편이다.

1. 파리: 에펠 탑, 에투알 개선문, 노트르담 대성당, 루브르 박물관, 라데팡스, 몽마르트르 언덕, 물랭루주, 퐁뇌프 다리, 콩코르드 광장 등
2. 파리 근교: 베르사유 궁전, 프로방, 옹플뢰르, 몽생미셸, 생말로 샹티이성, 퐁텐블로, 바르비종 등
3. 프랑스 중부: 샤르트르, 베즐레, 비엔, 본, 론 알프스, 리무쟁 등
4. 프랑스 남부: 아비뇽, 칸, 니스, 아를, 마르세유, 망통 등

망통 레몬 축제
　매년 2월이면 프랑스를 들썩이게 하는 남부의 대형 축제가 있는데, 그중 하나가 지도상 모나코 옆 망통이라는 작은 도시에서 열리는 레몬 축제이다. 1934년에 시작되어 매년 2월에 열리는 망통 레몬 축제는 해마다 바뀌는 주제를 가 지고 이를 레몬과 오렌지로 장식하고 표현하며, 거대한 퍼레이드를 펼치기도 한다. 오렌지 및 레몬 재배자를 비롯하여 정원사, 화가, 금속 가공업자 등 다양한 업종에 종사하는 사람들이 참여하고 자그마치 50만 개의 고무줄과 130톤에 달하는 오렌지와 레몬이 이 축제에 소요된다고 한다.

 참고문헌

· 김민준 외, 2015, 프랑스 데이, TERRA.
· 세계를간다 편집부, 2012, 세계를 간다 프랑스, 알에이치코리아.
· 시공사 편집부, 2009, 저스트고 프랑스, 시공사.
· 프랑스 관광청(http://kr.france.fr/ko)

04

유럽의 휴양지, 남부 코트다쥐르 여행 ❶

니스

아름다운 자연과 풍부한 문화유산 그리고 그곳에 머무르는 것만으로도 행복해지는 프로방스알
프코트다쥐르는 프랑스에서도 가장 많은 관광객들이 찾는 곳이다. 곳곳에 수천 년을 내려온 풍부
한 예술, 문화유산 흔적들이 남아 있어 풍성한 볼거리를 준다. 지중해의 낭만과 전통, 역사가 깃든
곳에서 언제나 따뜻한 햇살과 여유를 만끽할 수 있는 것도 매력적이다. 니스, 칸을 품은 코트다쥐
르 지방은 프랑스뿐 아니라 유럽의 대표적인 휴양지로 대도시뿐만 아니라 고르드, 에즈, 생폴드

TIP 니스 버스 투어

시티 버스로 둘러보는 도시 투어로 니스의 주요 관광지를 편안하게
둘러볼 수 있다. 7개국 언어(한국어는 이용 불가능)가 가능한 이어폰
가이드를 이용하여 투어를 즐길 수 있으며, 대략 1시간 30분 정도 소
요되고, 매일 운행한다. 프롬나드 데장글레에서 30분 간격으로 운행하
며, 총 17곳의 정류장에서 자유롭게 이용할 수 있다.
· 1일 패스: 어른 20유로, 어린이 10유로(4~10세)
· 2일 패스: 어른 23유로, 어린이 10유로(4~10세)
· 경로 우대, 학생 1일 패스: 18유로

방스와 같이 보석 같은 작은 마을을 산책하는 재미도 즐길 수 있다. 여행자들에게 본능의 도시로 알려진 남프랑스의 이국적인 풍경을 찾아 지금 특별한 여행을 떠나 보자.

프랑스 남부 코트다쥐르, 대표 휴양지 니스

남부 마르세유에서 니스를 거쳐 이탈리아 국경에 이르는 지중해 연안 지역을 일컬어 '코트다쥐르'라고 한다. 이제는 지역명이 되어 버린 코트다쥐르는 프랑스어로 해안을 뜻하는 코트(côte)와 쪽빛을 뜻하는 아쥐르(azur)의 합성어다. 쪽빛, 즉 감청색 해안을 말한다. 바닷빛이 깊고도 깊고 깨끗하고 아름다워야만 이 색을 볼 수 있는데, 이 지역은 그만큼 아름답다는 이야기다. 여름철만 되면 이 쪽빛 해안을 보기 위해 유럽 전역에서 관광객이 이곳으로 모여든다.

쪽빛 가득 넘치는 코트다쥐르를 보기 위해 네덜란드 암스테르담 공항에서 남프랑스 휴양 도시 니스행 비행기를 타고 여행을 떠난다. 아름답기로 소문난 지중해 니스 해변을 거닐며 쪽빛 가득 넘치는 해안에 발을 담그려고 한다. 몇 시간 걸리지 않아 드디어 지중해가 수평선과 맞닿아 있는 모습이 펼쳐지고 눈앞에는 니스 공항 활주로가 보이기 시작한다. 드디어 기대 가득 넘쳤던 니스 땅에 첫발을 내딛는다. 니스 시가지에서 7km 정도 떨어진 이 공항은 남프랑스의 관문으로 프랑스 파리에 있는 샤를드골 국제공항과 오를리 공항에 이어 관광객이 많이 몰리는 것으로 알려져 있다. 그래서 굉장히 큰 공항일 것이라고 생각했는데, 도착하고 보니 제주 공항 정도의 규모이다.

쪽빛, 코발트 블루 빛이 가득한 바다

니스행 버스를 타고 시가지로 이동하는 길, 오른편을 보니 드디어 유럽의 휴양 명소 니스 해변이 펼쳐진다. 이동하는 시간 내내 해변은 끝나지 않고 끝까지 이어진다. 잠시 왼편으로 눈을 돌리면 야자수로 된 가로수와 함께 고풍스런 멋을 내는 호텔들이 자리 잡고 있다. 여기 호텔에서 쉬는 것이 좋겠지만 이미 저렴한 비용으로 예약한 장메드생 거리에 있는 호텔로 이동한다.

니스의 관광지는 크게 세 구역으로 나눌 수 있다. 유럽인들의 휴양지 니스 해변 구역, 시가지의 중심 거리인 메드생 거리와 마세나 광장 구역, 그리고 니스 해변을 볼 수 있는 남동쪽 끝 언덕 위의 성 구역이다.

사색의 해변, 프롬나드 데장글레

유럽의 휴양지 니스는 해마다 휴가철이 되면 유럽인들이 이곳으로 모여든다. 항공기를 이용하는 사람들도 많지만 그에 못지않게 테제베를 이용하는 사람들도 꽤 많다. 니스 역에 내린 사람들은 트램이나 버스를 타고 해변으로 먼저 온다.

천사의 만을 따라 활등처럼 굽은 이 해변의 이름도 따로 있다. 바로 프롬나드 데장글레, 즉 '영국인의 산책로'이다. 장장 3.5km에 달하는 긴 해변이다. 영국인의 산책로라는 이름이 붙은 것은 1820년대 영국인이 겨울에 휴양을 보내기 위해 이곳을 개발하고 도로 이름을 지었기 때문이다. 영국에서조차 한겨울 따사로운 햇살을 쬘 수 있는 곳으로 이곳을 선택했을 정도다. 해변을 따라

프롬나드 데장글레라고 불리는 '영국인의 산책로'

펼쳐지는 야자수 가로수와 해변 백사장이 남국의 분위를 물씬 풍긴다. 해변 반대편에는 네그레스코, 메리디안 등 이름으로만 들어 봤던 고급 호텔들이 줄지어 서 있다. 특히 네그레스코는 프랑스에서 유일하게 사적으로까지 지정된 호텔로 세계 유명 인사들이 자주 찾는 명소다.

바다를 보면 왜 코트다쥐르라는 이름이 붙었는지 알 수 있을 정도로 쪽빛이 가득하다. 하늘과 맞닿은 수평선은 아득히 멀고 바다가 하늘인 양 하늘이 바다인 양 서로를 넘나든다. 저 너머엔 분명히 아프리카 대륙이 있을 텐데…. 이곳의 정취가 마냥 정겹다. 해변에는 이른 아침부터 애완견을 끌고 나와 산책을 하는 사람, 연인과 함께 조깅을 즐기는 사람들이 유난히 많다. 이들은 백사장에서 시간을 보내기보다는 해변 도로 옆으로 만들어진 산책로, 즉 프롬나드 데장글레에서 시간을 보낸다. 벤치에 앉아 온전히 책에 빠져 시간을 보내는 이들도 있다. 거리는 온통 이방인들로 가득하다. 대부분 유럽인들인 가운데 간혹 아시아인들도 눈에 띈다.

따사로운 햇살에 비치는 해변을 걸어 보고, 백사장에 누워 따사로운 햇살이 가득한 니스 하늘을 살짝 실눈을 뜬 채 바라본다. 바다뿐만 아니라 하늘도 쪽빛, 즉 코발트블루 빛이 가득하다.

살레야 광장–마세나 광장(구시가지)

해변의 매력에 흠뻑 빠져 헤어날 쯤 니스의 또 다른 볼거리들이 나를 유혹하기 시작한다. 그 첫 명소는 해변에 맞닿아 있는 구시가지이다. 구시가지에는 꽃시장과 벼룩시장, 레스토랑과 카페들이 있는 살레야 광장과 꼭대기에 니스성의 유적지인 콜린성이 있고, 니스 해변 안쪽으로는 분수와 여러 개의 동상이 세워진 니스의 중심 마세나 광장이 자리 잡고 있다.

마세나 광장은 세계 3대 카니발 중 하나인 니스 카니발이 매년 열리는 화려한 공간이다. 카니발이 열리는 공간이라고 해서 서울광장처럼 클 거라고 생각했지만 그 정도 규모는 아니다. 우리나라 중소 도시에 있는 작은 공원 정도로 보인다. 광장 앞에는 광장을 상징하는 분수대와 그 안에 하얀색 동상이 세워져 있다. 광장을 대표하는 이 동상에 대한 특별한 안내가 없기 때문에 궁금증은

❶ 마세나 광장의 분수대. 이 동상은 '니스에서의 대화'라는 주제로 스페인의 미술가가 세운 작품이다.
❷ 7개의 대륙을 상징하는 조형물. 밤이 되면 운치를 더해 주면서도 음산한 분위기가 연출된다.

더 커진다. 가리발디처럼 니스를 대표하거나 신화에 나오는 인물 정도로 생각하지만 특별히 그런 의미는 없다. 그냥 스페인 미술가가 '니스에서의 대화'라는 주제로 만든 작품이라고 한다.

분수대 앞으로는 특이한 조형물들이 여럿 보인다. 여러 개의 쇠막대기처럼 보이는 봉 위에 사람 모양의 조형물이 무릎을 꿇고 앉아 있는 모습이다. 낮에는 잘 보이지 않지만 밤이 되면 조명까지 들어와 운치를 더해 준다. 그런데 사람들이 별로 없을 때는 조형물로 인해 오히려 음산한 분위기가 연출된다. 이 조형물도 무언가 만든 목적이나 주제가 있을 터인데, 알고 보니 이 7개의 조형물은 전 세계 7개의 대륙을 상징한다고 한다. 전 세계의 평화를 담고 있으면서 니스 카니발이 전 세계적인 축제임을 보여 주기 위함이다.

장메드생 거리로 올라가는 길 왼편에는 거대한 크기의 관람차가 자리 잡고 있다. 축제 기간이 아니어서인지는 몰라도 타는 사람들은 거의 없는 듯하다. 관람차 아래 회전목마도 돌아가고는 있지만 사람들 없이 혼자 돌아가는 모습이 쓸쓸해 보인다.

니스의 중심가 장메드생 거리

마세나 광장에서 니스 역까지 이어진 니스의 중심가가 바로 장메드생 거리다. 이 거리의 길 양쪽으로는 상업 가로가 펼쳐진다. 프랑스여서 그럴까? 1층은 대부분 카페들이 입점하고 있다. 장

TIP 세계 3대 카니발의 명성 니스 카니발

니스 카니발은 브라질의 리우 카니발, 이탈리아의 베네치아 카니발과 함께 세계 3대 카니발 중 하나이다. 매년 100만 명 이상의 관광객들이 이 카니발을 찾는다. 니스 카니발의 역사는 1294년으로 거슬러 올라간다. 이해에 앙주의 공작 샤를 2세가 카니발을 즐기기 위해 니스에 머물렀다는 기록이 남아 있다.

카니발의 전통은 매년 특정 왕을 주제로 진행된다. 크게 만들어진 왕의 수레가 니스의 중심 마세나 광장에 도착하면서 축제가 시작된다. 축제 기간 동안 대형 퍼레이드가 열리는데, 세계 각지에 온 참가자들로 활기가 넘친

니스 카니발(출처: http://www.nicecarnaval.com)

다. 카니발의 백미는 '영국인의 산책로', 즉 프롬나드 데장글레에서 펼쳐지는 꽃마차 퍼레이드이다. 갖가지 복장을 한 아름다운 여인들이 마차 위에서 미모사, 장미, 백합 등을 방문객들에게 던져 준다. 이때 소비되는 꽃이 10톤에 달할 정도이다. 퍼레이드가 진행될 때 거리는 통제되고, 그 옆으로 관람석을 만들어 입장료를 지불한 사람들만 참여할 수 있다.

❶ 마세나 광장에서 니스 역까지 이어진 니스의 중심가가 장메드생 거리다.
❷ 니스의 중심지를 관통하는 트램

메드생 거리 중간중간 골목길에는 마세나 거리처럼 아기자기한 패션 상점들이 입점하고 있다. 니스의 젊은이와 여행객들은 이 조그만 골목길을 찾아 쇼핑을 즐긴다.

거리는 승용차나 버스 등의 차량은 지나갈 수 없고 온전히 사람들만이 지나갈 수 있다. 물론 이 거리의 한가운데로는 니스의 중심지를 관통하는 트램만이 지나간다. 거리 중간중간에 트램 정류장이 보인다. 멀리서부터 트램이 오는 것을 알리는 '땡땡땡' 소리가 들리기 시작한다.

저녁이 되면 거리는 시끌벅적해지고 조금만 밤이 깊어지면 곧 한산해지고 만다. 프랑스 어디든 그렇듯 식당과 상점들은 일찍 문을 닫고 사람들도 일찍 귀가한다. 밤늦게까지 거리를 서성이는 사람들은 술 취한 취객이나 동양인 관광객들뿐이다.

니스에도 노트르담 성당이 있다

장메드생 거리를 걷다 보니 파리에 온 것은 아니지만 파리에 온 듯한 기분이 든다. 그중에서도 파리를 가장 많이 닮은 풍경은 노트르담 성당이다. 우리나라에서는 '노트르담 성당', '노트르담 사원', '노트르담 교회'로 부르거나 원어 그대로 '노트르담 바실리카'라고 부른다. 사실 우리나라 사람들은 대성당으로 해석하는 '카테드랄'과 성당으로 해석하는 '바실리카'를 헷갈려 하는 경우가 많다. 카테드랄은 쉽게 지역 주교의 본산 주교좌 성당을 의미하는데, 우리나라 같은 경우에 명동 대성당이 이에 해당한다고 할 수 있다. 바실리카는 기독교 초기 정방형의 구조를 가진 양식을 가리키는 라틴어로, 양식이기도 하면서 성당을 뜻하는 말이기도 하다.

아무튼 이 성당은 기독교 초기에 세워진 건물은 아니다. 이보다 훨씬 뒤인 19세기에 프랑스의 유명 건축가 루이 르노르망이 설계한 것이다. 당시는 니스가 프랑스로 합병되었던 시기인데, 프랑스의 영유권을 강화하는 방안으로 이탈리아의 바로크 양식은 최대한 배제하고 고딕 양식으로 만든 것이다. 그 모습이 파리의 노트르담 대성당과 유난히도 많이 닮아 있다. 먼저 정면 파사드에

노트르담 성당

서 아래의 아치형 문 3개가 거의 흡사하고, 65m에 달하는 양쪽 종탑도 그 형태가 그대로이다. 그
뿐만 아니라 장미창과 아치형 천장이 노트르담 대성당의 쌍둥이 동생이라고 해도 될 정도로 똑같
다. 당연히 그 규모는 사뭇 다르지만 니스와 제법 잘 어우러지는 모습이다. 아담하면서 그 가운데
펼쳐지는 성당의 야경은 보는 이로 하여금 신비로움마저 들게 할 정도다.

　노트르담은 지역 명을 가리키는 것으로 착각하는 경우가 많다. 아무래도 우리나라 성당 이름들
이 '서울성당', '성남성당' 등 지역 명이 붙기 때문에 그럴 것이다. 하지만 노트르담은 '우리의 어머
니'란 의미로 천주교에서는 성모(거룩한 어머니), 즉 마리아를 의미한다. 프랑스에서는 지역의 중
심에 위치하면서 큰 성당을 성모에게 봉헌하는 의미로 '노트르담'이라고 붙이는 경우가 많다.

색채의 마술사 샤갈을 만나는 곳, 샤갈 미술관

　쪽빛, 에메랄드빛, 감청색 빛, 코발트블루… 이 모든 것이 코트다쥐르를 일컫는 표현이다. 자세
히 보면 비슷한 색깔을 각기 자신에 맞는 색으로 표현한 것이다. 이런 아름다운 코트다쥐르의 풍
경을 작품으로 그린 화가들이 이곳에는 수없이 많았다. 마티스, 샤갈, 보나르, 피카소, 시냐크 등,

그중에서도 이곳을 대표할 수 있는 화가는 단연 마르크 샤갈이다. '색채의 마술사'라고 불리는 샤갈은 이곳에 머무르면서 수많은 작품을 남겼다. 그리고 여러 작품을 기증했고, 그 작품들로 이곳에는 '샤갈 미술관'이 만들어졌다. 이제 샤갈의 작품을 보기 위해 미술관이 있는 시미에 지구로 떠난다.

시미에 지구는 니스에서 가장 소문난 부자 동네이다. 이곳에는 샤갈 미술관 외에도 그 위로 마티스 미술관도 자리 잡고 있다. 버스 정류장에 내려 도로 왼편으로 이어지는 작은 골목에 미술관이 보인다. 담장이 낮은데도 불구하고 미술관 건물은 잘 보이지 않는다. 조그맣게 쓰인 간판과 작품이 이곳이 미술관임을 알려 준다. 미술관은 하나의 작은 공원과도 같다. 야트막한 단층 건물에 이를 둘러싼 작은 나무숲이 서로 어우러진다. 어떤 여행객들은 샤갈의 작품보다 미술관을 둘러싸고 있는 이 조경에만 빠져 작품은 보지 않은 채 쉬었다 가는 경우도 있을 정도란다.

미술관은 샤갈의 작품만 전시하고 있기 때문인지 그리 크지 않다. 샤갈 미술관은 그의 친구였던 앙드레 말로의 건의로 1973년에 만들어졌다. 이곳에는 1966년 샤갈이 기증한 17점의 작품과 이

샤갈 미술관   샤갈 미술관 내에 전시된 샤갈의 작품

후 그의 가족이 기증한 500여 점의 작품이 전시되어 있다. 이곳의 공식 명칭은 '국립 마르크 샤갈 성서 이야기 미술관'이다. 그의 작품은 성경을 주제로 한 것들이 많아 이렇게 이름이 붙여졌다.

사실 샤갈은 러시아 태생의 유대인이었다. 그는 러시아를 떠나 프랑스에서 작품을 그렸다. 빨간색과 파란색 등 원색을 화면에 담아 다채로운 화면 구성을 보여 주는 작품 속에는 사랑이 가득 넘쳐 난다. 하지만 알고 보면 그는 두 차례의 세계대전과 러시아 혁명, 그리고 유대인 학살 등 큰 역사적 사건을 경험하기도 했다. 그런 그가 파리에 머문 시기는 그의 화풍에 엄청난 영향을 미치게 된다. 입체파나 야수파, 오르피즘(들로네로 대표되는 입체주의의 한 분파로 오르픽 큐비즘으로 불림) 등의 새로운 화풍에 영향을 받아 그의 독창적인 예술 세계가 만들어진다. 그래서 그의 작품에는 환상적이면서 공상적인 표현이 들어 있는지 모른다.

아무튼 샤갈의 캔버스에는 '사랑'이라는 주제가 등장한다. 그 역시 "인생과 예술의 의미를 주는 유일한 색채는 바로 사랑이라는 색이다."라고 말할 정도로 사랑에 빠져 있었다. 샤갈의 작품에서 파랑은 신을 경배하는 종교적인 숭배의 색이다. 이 색은 평화의 자유와 우애가 함께해야만 나올 수 있는 색이다. 빨강은 유대인에 대한 형제애를 표현하고, 땅의 색이었고, 녹색과 노랑은 기쁨과 평화를 나타낸 것이다.

유럽의 휴양지, 남부 코트다쥐르 여행 ❷

에즈 마을-생폴드방스

프랑스 남부 하면 에메랄드빛 해안 풍경만을 생각할지 모르지만 내륙 풍경도 그에 못지않을 정도로 아름답다. 이곳이 바로 에즈 마을과 생폴드방스다. 오랜 세월의 풍파 속에서도 굳건히 남아 있는 골목을 산책하는 것만으로도 즐거움이 가득하다. 더구나 고성 골목에는 아기자기한 아틀리에가 자리 잡고 있어 볼거리들로 넘친다. 에즈 마을은 실존 철학의 선구자인 니체가, 생폴드방스는 색채의 마술사 샤갈이 머물렀던 곳이기도 하다. 특히 생폴드방스는 마르크 샤갈이 남은 생애를 보내고 이곳에 묻힌 곳이다. 샤갈과 마티스가 여생을 보냈던 남프랑스 코트다쥐르에 발을 내딛는 순간부터 가슴은 요동치기 시작한다. 남프랑스의 이국적인 풍경을 찾아 지금 특별한 여행을 떠나 보자.

중세 고성, 에즈 마을

니스 가리발디에서 에즈 마을로 가는 112번 버스를 타면 산 중턱을 잘라 만든 도로를 따라 모나코까지 간다. 중간에 마을 이정표를 보거나 기사에게 꼭 물어서 마을에 내려야 한다. 무심코 지나갔다가는 모나코까지 가게 된다. 버스는 산 중턱으로 이어진 길을 따라 해안 절경을 보기에 전혀 부족함이 없다. 되도록 해안과 산비탈을 볼 수 있는 맨 앞쪽 창가에 앉는 것이 좋다. 버스를 타고

가는 내내 거대한 해안 산지와 에메랄드빛 지중해가 펼쳐진다. 30분 정도 지나자 버스 앞 창으로 멀리 고성 하나가 보이기 시작한다. 바로 중세 고성 마을 에즈 마을이다. 정류장에 내리면 그 앞으로 둥근 고성 마을이 한눈에 들어와 금세 에즈 마을임을 알 수 있다.

옛 중세 고성의 모습에 고스란히 남아 있어 그 신비로움에 빠져든다. 도대체 이 고성은 어떻게 만들어진 것일까? 분명히 풍경은 아름답지만 농사를 지으면서 살기에 좋아 보이지는 않는다. 주변에 농사를 지을 만한 땅이 없기 때문이다. 그래서 주민들의 정착도 13세기에 와서야 이루어졌다. 남프랑스를 침략한 로마인을 피하고, 흑사병을 피하기 위해 사람들은 이곳에 성을 쌓아 마을을 만들고 터전을 일구었다. 그 이후로 자연스럽게 주변에 마을이 형성되기 시작하였고, 마을은 세월 속에 지금까지 옛 모습을 지키고 있다.

에즈는 크게 세 구역으로 나누어진다. 하나는 기차역이 있는 에즈 쉬르메르 지역, 다른 하나는 해변을 따라 리조트가 들어선 에즈 보르 드메르 지역, 그리고 마지막으로 이곳 에즈 마을이다. 마을로 들어가는 입구에는 기념품을 판매하는 상점 하나가 보인다. 자세히 보니 프라고나르 간판을

❶ 에즈 마을 안내도
❷ 에즈 마을의 입구, 중세 고성으로 들어가는 듯한 분위기가 펼쳐진다.

단 향수 전문점이다. 이 가게를 지나니 거대한 사이프러스 나무 사이로 마을 입구가 보인다. 고성 문에 들어서면 마치 살아 있는 중세 유럽으로 시간 여행을 떠나는 듯하다. 나도 모르게 조용히 숨을 죽인 채 마을로 들어선다.

독수리 둥지로 묘사되는 에즈

에즈 마을은 워낙 높은 곳에 촘촘히 들어선 마을이라 독수리 둥지로 묘사되곤 한다. 철학자이자 문학가인 니체는 『차라투스트라는 이렇게 말했다』라는 작품을 쓸 때 이곳에서 그 영감을 얻었다고 한다. 니체는 작품 앞부분에 "바닷속에 있는 듯 고독 속에 살았고 그 바다가 품어 주었다."라는 말이 이 마을을 생각해서 쓴 글이라고 했다. 일찌감치 이 마을을 찾았던 스

에즈의 노트르담 성당

웨덴의 윌리엄 황태자는 이곳에 빠져 30년 동안 휴가를 보내기도 했다.

오랜 세월의 흔적 속에 골목길은 그 모습 그대로인 것 같지만 자세히 보면 오랜 풍화로 바랜 흔적이 역력하다. 이런 빛 바랜 주택을 보면 나도 모르게 푸근해지면서 한편으로는 정겹다. 작고 좁은 골목길의 구석구석은 아담하지만 독특한 분위기를 풍기는 아틀리에와 다양한 숍이 자리 잡고 있다. 오래전부터 이 마을의 아름다움에 빠져 이곳에 들어와 정착한 예술가들이 많다. 그들은 이곳에서 작품을 만들어 관광객들을 대상으로 판매도 한다. 물론 옛날부터 이곳에 정착한 주민들도 관광객을 대상으로 아기자기한 상품을 판매한다. 조상들은 힘든 삶을 살았던 곳이지만 그 후손들은 관광객들로 인해 많은 수익을 얻고 있는 셈이다.

이 고성에서 빼놓을 수 없는 것은 바로 고성 안에 위치한 교회다. 고성 입구에서부터 노란색 파사드가 시선을 끈다. 에즈의 노트르담 성당, 즉 우리말로 하면 성모승천 교회이다. 이탈리안 건축

❶ 독수리 둥지로 묘사되곤 하는 에즈 마을의 주택
❷ 좁은 골목길의 아틀리에들

가 안토니오 스피넬리가 1764년 착공하여 1772년 완공한 교회이다. 신고전주의 형식의 파사드를 보여 주는 이 교회는 아담함과 소박함이 마을의 풍경과 잘 어우러진다. 전면이 노란색으로 채색된 것이 꼭 지중해 햇살을 담은 듯하다.

요새화된 에즈에서 골목 산책을 즐기다 보면 길을 잃어버리는 경우가 많다. 가끔씩은 기분 좋은 소리가 들린다. 프랑스어와 영어 일색이던 골목길에 한국어도 종종 들려 온다. 우리나라 사람이라는 것을 알았는지 누가 먼저랄 것도 없이 인사를 건넨다. 어디서 오셨어요? 어디로 가세요? 고향을 물어보며 서로 친근감을 표현한다.

'지중해의 정원' 열대 정원과 고성의 흔적

드디어 에즈 마을 골목들을 지나 조금씩 정상이 보이기 시작한다. 정상은 예전에 고성이 자리 잡고 있는 곳이다. 오르기 전에 먼저 여행객들의 관광 명소인 열대 정원을 들린다. 정상 부근에 자리 잡은 열대 정원은 가지각색의 선인장을 비롯해 독특한 열대 식물들이 서식하는 공간으로 '지중해의 정원'으로도 불린다. 정원에서부터 에메랄드빛의 지중해가 보이기 시작한다.

지중해를 배경 삼아 열대 정원을 그 앞에 두고 이곳 에즈를 카메라 속에 담아 본다. 선인장과 함께 보이는 지중해는 코트다쥐르의 이색적인 풍경을 만들어 낸다. 이렇게 열대 정원을 따라 위로

'지중해의 정원'으로도 불리는 열대 정원

올라가니 드디어 에즈의 정상이다. 무언가 옛 건물이 있었던 같은 풍경이 펼쳐진다. 무너진 고성이 아쉽기도 하지만 이렇게 무너져 내린 현장도 여기서는 하나의 멋진 경관이 되는 듯 하다.

무너진 고성의 정상 부분

높고 험준한 바위산 위에 중세 시대의 흔적을 품은 채 촘촘히 모여 있는 집들과 아름다운 전망은 이 규모가 작은 마을을 많은 여행객들의 발걸음을 머물게 하는 관광 명소로 만들었다. 특히 마을 정상에 자리 잡은 '열대 정원'에서는 독특한 식물들과 함께 에메랄드빛 지중해를 한눈에 내려다볼 수 있어 찾는 수고를 마다하지 않게 만든다. 대부분 무너져 내렸지만 아직까지도 군데군데 무너지지 않고 세월의 흐름 속에도 굳건히 버티고 있는 담장을 보면서 여러 가지 생각을 하게 된다. 그동안 살아온 인생이 무상하다는 생각이 들면서도, 그래도 남아서 조금이라도 버티고 있는 그 속에서 강인함이 느껴진다. 고성 위에서 보는 지중해는 역시 정상이어서 그런지 더욱 아름답게 빛난다. 그사이로 내리쬐는 햇살에 마음은 평온해진다. 그리고 잠시나마 무너진 고성 터에 앉아 에메랄드빛 바다를 마음속 깊이 담아 본다.

샤갈이 그린 마을, 생폴드방스 가는 길

니스에서 20km 정도 떨어진 생폴드방스는 아직까지 16세기의 건축물들이 남아 있는 소박하고 아름다운 중세 도시이다. 파리의 에펠 탑처럼 유명한 상징물이 있는 것은 아니지만, 마을 경관만으로도 여느 도시들보다 찾는 이들이 많다. 휴양이 절정을 달하는 여름철뿐만 아니라 사계절 모두 관광객이 끊이질 않는다.

니스에서 버스로 30분 정도 지났을 무렵, 저 멀리 언덕 위에 성벽으로 둘러싸인 듯한 마을이 보인다. 멀리서 봤을 때는 에즈 마을과 사뭇 비슷하다. 창밖으로는 아직 추운 날씨지만 햇살이 온몸을 감싸 주기에 마을에 도착하기 전에 몸은 따뜻해진다. 길가뿐만 아니라 생폴드방스까지 가는 마을 곳곳에 사이프러스 나무들이 그 멋진 자태를 뽐낸다. 꼬불꼬불 산길을 올라가다 보니 드디어 생폴드방스다. 사실 이 마을은 우리가 잘 알고 있는 파주 헤이리 마을의 본보기가 되기도 했다.

버스에서 내리니 마을이 한눈에 들어온다. 정말 에즈 마을과 너무도 닮아 헷갈릴 정도이다. 일단 에즈 마을보다는 규모가 꽤 크다. 호기심 어린 마음에 마을을 보기 위해 발걸음을 재촉한다. 마

생폴드방스의 전경

을로 들어가는 길도 차가 다닐 수 있을 정도로 꽤나 넓다. 관광객들을 대상으로 물건을 파는 상점들이 들어서 있고, 노점상에서는 갖가지 지중해 과일들을 판매한다.

생폴드방스는 16세기 중세 유럽의 풍경을 고스란히 지니고 있는 코트다쥐르의 고성 명소이다. 인구는 대략 300명 정도로 작은 마을이지만 프랑스 남부 고성 지역에서는 가장 많은 편이다. 멀리서 보면 소담스러워 보이기도 하지만 가까이 다가갈수록 꽤나 큰 마을임을 실감할 수 있다. 단순히 고성 마을로 생각할지 모르지만, 알고 보면 이곳은 명성이 자자했던 예술가들의 고향이다. 샤갈, 르누아르, 마네, 마티스, 브라크, 피카소, 모딜리아니, 그 이름만 들어도 유명한 예술가들이 이곳에서 수많은 세월을 보냈다. 고향이라고 해서 이곳에서 태어난 것은 아니다. 이곳을 제2의 고향 삼아 지냈다는 얘기다. 자, 이제 예술가들이 고향으로 삼았던 고성 안 마을로 들어가 보자.

고성 골목길 산책

성벽 안으로 들어서면 마치 중세를 배경으로 한 영화의 무대가 펼쳐지는 듯하다. 좁은 골목길 양쪽으로 수많은 돌로 차곡차곡 쌓아 많은 집들이 각기각색으로 앙증맞게 들어서 있다. 오랜 세월 속에 빛이 바래서 그런지 고풍스러움이 더하는 것만 같다. 마을 가운데로 가로지르는 그랑드 거리를 따라 골목길을 차근차근 하나씩 밟아 본다. 사이사이에 샛길들이 있어 조금만 들어가면 길을 잃어버릴 정도이다. 오히려 샛길로 들어가 길을 잃어버리고 싶은 마음이 절로 들 만큼 즐거운 미로 여행을 온 듯한 느낌이다. 골목마다 들어선 집들은 이미 갤러리와 아틀리에로 바뀌어 여행객들을 맞이한다. 이곳의 매력에 빠진 예술가들이 벌써부터 자리를 잡고 작업실로 사용하고 있다. 예술가들이 운영하는 갤러리만 해도 70여 개에 달할 정도이다.

마을 분수대

길을 걷다 보면 작은 것에도 저절로 눈길이 간다. 벽 사이로 들어난 작은 창문을 들여다 보면 갖가지 수공예품들도 가득하다. 프랑스어를 몰라 간판을 보면 어떤 상점인지는 모르지만 간판 하나하나도 예사로운 것들이 없어 시선을 빼앗긴다. 골목 중간에는 유명한 '라콜롱브 도르'라는 호텔 겸 레스토랑이 있다. 황금 비둘기라는 뜻의 이 레스토랑은 피카소와 샤갈, 브라크 등이 가난했던 시절에 이곳에서 밥을 먹고 그 대가로 작품을 냈던 곳으로 명성이 자자하다. 지금도 그들의 작품이 이곳에 전시되어 있을 정도다. 그런 유명세 때문에 레스토랑은 항상 문전성시를 이룬다. 예약을 하지 않으면 들어갈 수조차 없다. 지금도 이 레스토랑은 이곳에 머물고 있는 예술가들이 원할 때는 밥값으로 그림을 받고 있다.

그랜드 거리 한가운데 1850년경의 식수대가 있는 분수대가 아직도 남아 여행객들이 잠시 쉬어 갈 수 있는 휴식처가 되어 준다. 물병에 마실 물을 담아 오긴 했지만 부족하다. 먼저 목을 축인 후 물병을 마저 채운다. 잠시 휴식을 취한 후 다시 발걸음을 옮긴다. 끈질긴 생명력을 자랑하는 담쟁이덩굴이 이곳의 벽까지 타고 내려와 무성하다. 돌로만 되어 있어 삭막해 보일 수 있는 좁은 골목길은 화분을 놓아 조금은 따뜻함이 묻어난다. 바닥은 수많은 사람들이 지나다녀서 그런지 자갈들이 반질반질하다. 마을에 조금이라도 멋을 낼 수 있는 공간들은 이미 마을 주민들이 세심하게 신경을 쓴 듯하다. 작은 간판에서부터 오래된 창틀까지도 생폴드방스의 운치를 더한다.

메인 도로인 그랜드 거리

미로처럼 연결된 마을 골목길

샤갈의 묘지, 그는 여기에 잠들다

골목 산책을 하다 보니 어느덧 마을의 끝이다. 골목길은 음산한 분위기가 이어졌는데, 햇살이 유난히 따스하기만 하다. 햇살이 비쳐 오는 곳을 보면 돌담으로 이어져 있고, 가운데 작은 문이 하나 열린 채로 또다시 나를 맞이한다. 열린 문을 따라 무엇이 있을까 기대하며 들어간다. 커다란 공동묘지이다. 우리나라에서 마을 옆에 무덤이 있는 경우는 흔치 않은데…. 그것도 가장 따뜻해 보이는 곳에 묘지가 있다는 것은 놀랄 만한 일이 아닐 수 없다. 네모반듯한 돌로 만들어진 묘로 가득하다. 삭막해 보일 수 있는 이곳에 따스한 햇살이 묘지를 비추어 음산한 분위기는 없어 보인다. 다양한 형태의 관들은 조형미를 보여 주고, 묘 위에 올려진 꽃들은 분위기를 한층 밝게 해 준다.

묘를 하나씩 보다가 마르크 샤갈이 잠들어 있는 묘를 발견한다. 프로방스의 아를을 일컬어 '고흐의 마을'이라 부르는 것처럼 이곳 생폴드방스는 '샤갈의 마을'로 불린다. 그가 97세의 나이로 세상을 떠나기 전 마지막 생애, 20년이라는 시간을 이곳에 보냈기 때문이다. 그의 묘에 작은 조약돌이 올려져 있다. 아마도 이곳을 방문한 여행객들이 샤갈을 기리며 올려놓은 듯하다. 조약돌 밑으로 가려진 샤갈의 이름이 보인다. 이곳에 놀러 온 어린아이들은 샤갈이 누군지도 모른 채 올려진 조약돌을 보고는 바닥에 떨어진 돌들을 주워서 따라서 올린다. 아이들은 이것이 즐거운지 연신 조약돌을 올려놓는다. 아마도 샤갈은 묻히면서까지도 생폴드방스에 있어서 행복했을 것만 같다. 잠시 그의 정갈한 묘를 바라보며 두 손 모아 기도를 한 후 묘지 밖으로 나온다.

지중해의 맛을 느껴 봐, 안초비 피자

남프랑스, 지중해에 왔으니 이 지역을 대표하는 음식을 맛보는 것도 여행에서 놓치지 말아야 할 부분이다. 고성 곳곳에는 레스토랑과 카페들이 자리 잡고 있다. 산책을 하면서 지역의 맛을 느껴 볼 수 있는 곳이 어디일까 고민하다가 골목 한 켠에 자리 잡은 작은 카페로 들어간다.

카페마다 그 크기는 다르지만 고성에 있는 대부분의 카페는 규모가 작다. 지나가다 보면 카페인

마을 앞 햇살이 잘 드는 곳에 자리 잡은 공동 묘지

샤갈의 묘

지 아닌지 헷갈릴 정도다. 내가 들어간 음식점도 식탁이 여덟 개 정도 있는 작은 식당이다. 이곳에 왔으니 하나는 피자, 다른 하나는 샐러드를 시켰다. 음식을 기다면서 고개를 돌려 가며 카페 구경을 한다. 카페 벽면으로 유화 작품들이 전시되어 있어 절로 눈요기가 된다.

조금 있으니 음식이 바로 나온다. 드디어 피자, 말로만 들었던 남프랑스 전통의 피자다. 엄청나게 기대했던 터라 얼른 한 조각을 담는다. 포크를 찍을 새도 없이 그냥 손으로 들어 입에 넣는다. 따뜻한 치즈가 입에서 녹기 시작하면서 허기진 마음도 이내 사라진다. 갑자기 한입 더 먹다가 음식을 접시에 내려놓는다. 이게 웬 맛인가? 피자 한가운데 있는 멸치처럼 보이는 생선에서 엄청난 비린내가 풍긴다. 썩은 듯한

❶ '안초비'라 불리는
이탈리아식 멸치절임이 올려진 피자
❷ 올리브가 가득한 닭고기 샐러드

이 맛에 입맛이 싹 사라지고 만다. 이건 안초비가 분명하다. 지중해 지역을 대표하는 음식 안초비다. 전라도에 삭힌 홍어 향이 풍긴다. 지역 고유의 음식을 맛보는 것도 좋지만 한입은 먹었으니 이것으로 된 듯하다. 어쩔 수 없이 손은 자연스레 샐러드로 옮겨진다. 그래도 샐러드는 우리나라에서 먹던 맛과 비슷하다. 재료도 비슷하고 닭고기가 올려진 것도 비슷하다. 신선한 채소 향이 닭고기와 어우러져 부담감 없이 먹을 수 있다. 지중해 지역이어서 그럴까? 샐러드에 올리브는 한가득이다. 그렇지만 올리브는 전혀 부담스럽지 않다. 사실 음식은 두 가지를 시켜 놓고 샐러드로만 때우고 나니 허기가 가시지는 않는다. 저녁을 든든히 먹겠다는 생각으로 이탈리아식 멸치절임을 뒤로하고 다시 고성 골목길 산책을 나선다.

샤갈이 그린 생폴드방스

이제 생폴드방스 고성 여행을 마치고 다시 밖으로 나온다. 성 밖으로 나오는 길에 작은 마을 공터가 있는데, 마을 어르신들이 모여 한가롭게 운동을 즐기는 모습이 정겹다. 삶의 걱정이나 고뇌는 전혀 없어 보인다. 아마도 이것은 생폴드방스가 이들에게 준 선물인 것만 같다.

버스 정류장 앞에 서니 왠지 서운해진다. 조금 더 멀리서 보는 마을의 모습을 담아 보고 싶었다. 어디가 좋을까? 고민하던 차에 정류장 위쪽 언덕으로 올라가 본다. 특별한 이정표는 없었지만 올

라가다 보니 마을 경관이 한눈에 들어온다. 중턱 정도 올라갔을까? 이 마을을 배경으로 삼아 그린 작품들이 안내관처럼 세워져 있다. 자세히 보니 샤갈이 그린 생폴드방스의 풍경들이다. 안내 지도에도 없던 풍경을 볼 수 있다는 것이 감격스럽다. 그리고 카메라 셔터를 눌러가면서 샤갈이 너무도 사랑했던 마을의 풍경을 천천히 담아 본다.

커다란 쇠구슬을 던지며 한가롭게
운동을 즐기는 마을 주민들

　이제 떠나면 언제 다시 올지 기약이 없기에 다시 한 번 가슴속에 마을의 풍경을 하나둘 담아 보면서 마을을 떠난다.

생폴드방스 포토 스폿, 샤갈이 생폴드방스를 풍경 삼아 작품을 그렸던 곳

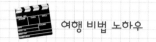 여행 비법 노하우

에즈 마을–생폴드방스 여행은 적어도 유럽 여행이라는 특성상 5일 이상 잡는 것이 좋다. 일단 이동하는 시간을 제외하고 에즈 마을에서 1일, 생폴드방스에서 2일 정도를 계획하면 된다. 에즈 마을이나 생폴드방스 일정은 짧을 수 있지만 이 마을들을 돌아본 후 주변 지역 여행을 함께 즐기면 여행 일정은 충분하다. 코스가 짧기 때문에 주변에 있는 니스, 모나코, 칸, 마르세유, 엑상프로방스까지 함께 넣어 10일 정도에 걸쳐 남프랑스 전체를 돌아보는 것도 의미 있는 여행을 될 것이다.

교통·숙박·음식

☞ 교통...니스까지는 파리에서 항공편과 테제베를 이용한다. 직항은 없고 암스테르담이나 파리를 경유해야 한다. 니스까지 이동한 뒤에는 니스 버스터미널에서 니스 시가지, 생폴드방스, 에즈 마을 버스를 찾는 것이 일반적이다. 니스 시내까지는 20분 정도, 생폴드방스는 니스 시내에서 30분, 에즈 마을도 니스 시내에서 30분 정도 소요된다.

☞ 숙박...Les Orangers를 추천한다. 전망 테라스에서는 아름다운 프로방스 정원과 오렌지, 사이프러스 나무 등을 볼 수 있고, 수영장까지도 구비하고 있다. 아침 식사로는 잼, 바게트와 커피가 제공된다. 또 다른 호텔로는 전망이 좋아 인기가 높은 레마테피에르 호텔이 있다. 호텔은 아니지만 유명한 명소로 라콜롱브 도르가 있다. 우리말로 하면 황금 비둘기인 이 숙박 명소는 생폴드방스를 거쳐 간 예술가들이 숙박과 식사를 했던 곳이다.

☞ 음식...생폴드방스, 에즈 마을에는 관광객을 대상으로 하는 식당들이 있다. 모두 남프랑스의 특성을 담은 지역 음식을 맛볼 수 있다. 카페에서는 저렴한 가격에 피자와 스파게티, 리소토를 맛볼 수 있다. 지중해 여행을 떠난다면 '안초비'라 불리는 이탈리아식 멸치절임이 올려진 피자를 맛보는 경험도 한 번쯤 해 보면 좋다.

주요 체험 명소

1. 에즈 마을: 고성과 성당, 식물원, 철도역
2. 생폴드방스: 고성, 아틀리에, 기념물 판매점, 식수대, 공동묘지

세잔의 도시, 엑상프로방스

폴 세잔의 고향이자 오랫동안 작품 활동을 했던 남프랑스의 명소인 엑상프로방스는 프랑스 남부 부슈뒤론주의 도시이다. 도시 이름에서도 알 수 있듯이 '물의 수도'로 알려진 곳이다. 석회 탄산수소염을 함유한 광천은 로마 시대부터 명성이 자자했을 정도다. 도시 곳곳에 100여 개가 넘는 분수대가 있어 물의 수도임을 알 수 있다.

빈센트 반 고흐가 그린 도시, 아를

프랑스 프로방스알프코트다쥐르주 부슈뒤론현에 있는 도시로 유럽에서도 아름다운 도시로 손꼽힌다. 론 강 하류 좌안에 자리 잡고 있으며, 인구는 약 55,000명 정도다. 알퐁스 도데의 희곡 『아를의 여인』, 조르주 비제의 가곡으로 알려진 도시지만, 무엇보다 빈센트 반 고흐가 작품을 그린 명소로 더 알려져 있다. 시가지에는 고대의 성벽 자리를 나타내는 고리 모양의 도로가 있고, 지방색이 풍부한 의상·축제·투우 등의 문화를 엿볼 수 있다.

 참고문헌

- 박현숙·이연수·김유진, 2013, 유럽 여행 바이블(가슴 속 꿈이 현실이 되는 책), 중앙books.
- 이향경, 2012, 프랑스를 사랑한다(그림쟁이의 배낭여행 3, 파리+니스+모나코), 더플래닛.
- 조용준, 2011, 프로방스 라벤더로드, 컬처그라퍼.
- 편집부, 남정난 역, 2003, 유럽(인사이트 가이드), 영진톡.
- 한윤희, 2012, 남프랑스 코트다쥐르 가이드북, 더플래닛.
- 황중환, 2008, 낭만 카투니스트 유쾌한 프랑스를 선물하다, 동아일보사.

천혜의 자연과 문화를 가진, 낭만과 꿈의 나라

스위스

스위스는 여행을 좋아하는 사람이라면 누구나 가고 싶은 장소로 손꼽는 곳이다. 아름다운 자연, 소박하지만 풍부한 볼거리는 많은 관광객들의 발길을 스위스로 이끈다.

우리나라의 절반 크기인 작은 나라 스위스는 아름다운 '알프스'와 독특한 창법이 돋보이는 '요들' 등으로 우리에게 친숙하며, 달콤한 초콜릿과 장인들이 만드는 명품 시계로도 유명하다.

스위스의 알프스산맥에는 융프라우, 마터호른, 리기 등의 유명한 산들이 있다. 산 정상까지 열차, 로프웨이가 설치되어 있어 올라가는 길도 재미있지만, 정상에 서면 푸른 하늘과 흰 눈 쌓인 알프스의 산들을 360° 파노라마로 감상할 수 있다. 내려오는 길에는 난이도에 따라 다양한 코스의 하이킹 코스가 있어 스위스를 찾은 해외 여행객들도 잠시나마 자연 속에서 시원한 바람과 아름다운 정경을 맛본다. 겨울뿐만 아니라 여름에도 스키나 눈썰매를 즐길 수 있고, 패러글라이딩 같은 액티비티와 자전거 여행은 스위스 여행의 색다른 맛을 느끼게 한다. 스위스는 세계적인 관광국으로, 주요 도시를 연결하는 관광 열차나 마을을 잇는 유람선을 이용해 편리하게 산과 들, 호수의 아름다운 자연 풍경을 즐길 수 있다. 그래서 가족 여행객도 많은 편이다. 또한 세계와 지역 역사, 종교, 언어, 사투리 등이 좁은 공간에 밀집된 모자이크와 같은 곳이어서 스위스를 여행하는 것만으로 많은 것을 느끼고 배울 수 있다.

구시가 전체가 세계 문화유산인 수도 베른

스위스의 내륙에 위치한 수도 베른은 구시가 전체가 세계 문화유산이다. 베른은 1983년 스위스 최초로 구시가 전체가 유네스코 세계 문화유산으로 등재되었다. 취리히, 루체른, 제네바 등 명성 높은 도시들이 많이 있지만 세계유산으로 지정된 도시는 베른이 유일하다. 스위스의 '당당한' 수도임을 증명해 주는 베른은 아레강의 범람으로 형성된 반도에 건설되었으며, 스위스 중앙에 위치하고 있기 때문에 스위스의 어느 도시에서 출발하든 도착하기가 쉽다. 베른이라는 지명은 이 지역에서 곰 사냥을 자주 한 데서 유래되었다. 그래서 베른주의 깃발에는 곰이 그려져 있고, 대표적인 관광 상품 또한 곰이 그려진 기념품들이 많다.

베른은 수도임에도 불구하고 규모가 작은 도시이기 때문에 시내와 관광지를 둘러보는 데 도보를 이용하는 것이 가장 좋다. 다리가 아프면 간간이 버스와 메트로를 이용해도 좋다. 베른에서는 시의 유명한 볼거리를 소개해 주는 버스 시티투어 프로그램이 있는데, 이것을 이용해도 유용하다. 25스위스 프랑(CHF)을 내면 이용할 수 있으며, 투어 시간은 약 2시간이다.

우리는 자유 여행을 좋아하기 때문에 직접 중앙역에서부터 슈피탈 거리, 감옥탑, 시계탑, 대성당까지 이르는 거리를 둘러보고 곰 공원과 장미 정원 등을 보기로 결정했다. 베른 역을 출발하여

스위스의 수도 베른. 말발굽처럼 생긴 아레강이 구시가 일대를 감싸고 흐른다.

아레강과 베른 일대

구시가지로 들어섰다. 베른 구시가 곳곳을 구경하다 보니 계속 눈에 들어오는 것이 있었는데, 바로 분수이다. 유럽의 거리들과는 다른 재미를 안겨 주는 것은 바로 마르크트 거리 등 구시가의 중심에서 만나게 되는 분수들 때문이다. 분수는 아름다운 형상뿐만 아니라 각기 다른 형태와 이름을 지니고 있다. 슈피탈 거리에서 가장 먼저 만나는 분수는 구멍난 신발을 신고 있는 백파이프 연주자의 분수이다. 뒤이어 사자의 입을 열고 있는 삼손의 분수, 식인 귀신의 분수에서부터 마을 창시자와 최초의 병원을 세운 여인을 기리는 분수까지 테마가 다양하다. 그 분수대 옆을 아슬아슬하게 트롤리 버스(무궤도 전차)가 지나다니기에 조금은 복잡한 느낌도 들지만, 버스와 길 그리고 사람이 묘하게 조화되는 느낌을 받기도 한다.

　스위스 베른의 마스코트이자 필수 관광 코스는 감옥탑과 시계탑이다. 중앙역에서 슈피탈 거리를 따라 5분 정도 가면 감옥탑이 나온다. 1641~1643년에 걸쳐 건축된 감옥탑은 1897년까지 감옥으로 이용되던 곳이다. 베른 광장 끝부분에 보이는 뾰족 지붕의 건물로 현재는 박물관

시계탑. 매시 56분 시계탑이 울릴 시간이 되면 많은 사람들이 이곳 앞으로 모인다.

으로 쓰이고 있다.

감옥탑에서 일직선으로 쭉 뻗은 마르크트 거리를 걷다 보면 시계탑에 도착한다. 이곳은 베른 최고의 쇼핑가로 길 양편으로 쇼핑 아케이드가 길게 늘어서 있다. 시계탑은 1191년 베른 서쪽을 지키는 수문장 역할을 하며 지금까지 베른을 지키고 있다. 특히 매 시각 4분 전인 56분이면 시계탑 위쪽에 장치된 인형들이 나와 종을 치며 재미있는 장관을 연출하여 관광객들에게 즐거움을 선사한다. 많은 관광객들이 사진 촬영을 위해 이곳에 모인다.

아무 생각 없이 뮌스터 거리를 따라 직진하니 저 멀리 대성당이 보였다. 스위스에서 가장 큰 규모를 자랑하는 베른 대성당은 1421년 시작되어 1893년에 이르기까지 무려 472년에 걸쳐 건축되었다. 고딕 양식으로 지어진 이 성당은 베른에서 가장 높은 건축물로 어디에서든 우뚝 솟은 모습이 보인다. 내부에는 어마어마한 크기의 파이프오르간과 아름다운 스테인드글라스를 볼 수 있다.

베른에서 가장 높은 베른 대성당.
대성당의 마스코트인 거대한 파이프오르간과
아름답게 장식된 스테인드글라스가 눈에 들어온다.

110m 높이의 탑에 올라 베른의 시내를 한눈에 내려다보고 싶어 한 걸음, 두 걸음 열심히 걸었다. 계단이 무려 270개 이상이어서 숨이 차고 힘들었지만 꼭대기에서 바라본 베른의 전경은 힘든 여행길을 잊게 해 준다.

베른 구시가지를 여행하다 보면 자주 보이는 동물이 있다. 바로 곰이다. 앞에서 이야기했듯이 베른은 곰의 도시다. 분수대, 시계탑 등 여기저기서 곰들이 등장하는 것은 의아한 일이 아니다. 곳곳에서 곰 관련 관광 상품들을 쉽게 볼 수 있다. 그래서인지 베른에는 곰 공원도 있다. 뉘데크 다리를 건너 우리는 곰 공원으로 향했다. 1857년에 만들어진 공원으로 베른의 상징인 곰들이 실제로 자라는 곳이기도 하다. 곰들이 서식하는 모습을 시내 중앙에서 볼 수 있다니, 신기하다.

곰 공원에서 곰들을 구경하고 언덕을 오르면 장미 정원이 있다. 장미 정원에는 200여 종의 장미와 아이리스, 벚꽃 등이 재배되고 있다. '로젠가르텐'이라 불리는 장미 정원은 베른 시가지를 한눈에 내려다보기에 좋은 명소이다.

인터라켄에서 융프라우로 떠나는 여정

인터라켄은 지명에서 유추해 볼 수 있듯이 호수와 호수 사이에 자리한 마을이란 뜻이다. 즉, 툰 호수와 브리엔츠 호수가 마을을 사이에 두고 흐른다. 인터라켄은 스위스 베른주에 위치한 도시로, 30분이면 내부를 다 돌아볼 수 있을 정도로 조그만 마을이지만 알프스 때문에 여행객들로 붐비는 곳이다. 스위스 알프스 관광의 대표 주자인 인터라켄은 산악 철도로 그린델발트, 융프라우, 쉴트호른 등을 오를 수

유레일 패스를 이용하여 무료로 탈 수 있는
인터라켄의 유람선

있게 되면서 많은 사람들이 찾기 시작했고, 지금은 알프스와 함께 레포츠를 즐기려는 사람들로 인기가 높은 지역이다. 인터라켄에는 2개의 역이 있는데, 동역에서 서역까지 쭉 길을 따라 걷다 보면 도심가부터 산책로까지 인터라켄의 마을 분위기를 알 수 있다.

우리는 동역에 있는 유람선을 타기 위해 분주하게 움직였다. 유레일 패스가 있었기 때문에 무료로 유람선을 탈 수 있으니 놓치면 안 되겠다는 생각이 들었다. 단순히 이동지를 위해 타는 것이 아

알프스에 오르는 시작점 인터라켄

알프스 융프라우로 가는 산악 열차. 도중에 정차하는 산악 마을 그린델발트의 전경은 자연 문화와 인간 문화의 조화를 보여 준다.

니라 유람선에서 스위스의 경관을 바라보기 위해서이다. 유람선을 타고 호수를 가르지르며 스위스 풍경을 감상했다. 청정자연이란 말이 무색할 정도로 깨끗하고 순결한 풍경은 속세를 잊게 해 준다.

우리가 인터라켄에 도착한 이유 역시 알프스 때문이다. 그중에서도 융프라우를 최종 목적지로 잡고 경유지로 인터라켄에 온 것이다. 융프라우 VIP 패스카드가 있으면 일정 기간 동안 인터라켄 지역의 등산 열차를 이용할 수 있어 가격 면에서 부담이 덜하고 여유 있는 여행을 할 수 있다.

설레는 마음을 안고 인터라켄 동역에서 등산 열차를 기다렸다. 스위스의 관문인 취리히, 제네바나 베른에서도 열차를 타고 인터라켄을 경유해 그린델발트나 라우터브루넨에 도착할 수 있다. 이곳에서는 산악 열차로 정상까지 이어진다. 산악 열차를 타고 약 40~50분이 지나자 그린델발트라는 예쁜 산악 마을이 나온다. 해발 1,000m가 넘는 곳에 마을이 있다니, 놀라움을 금치 못한 채 산악 열차는 다시 출발하기 시작했고, 머지 않아 클라이네샤이덱에 도착했다. 해발 2,000m에 육박하는 곳에 위치한 클라이네샤이덱은 고봉 융프라우요흐로 가는 마지막 기착지이다. 거대하고 당당한 알프스산맥의 봉우리들이 한눈에 보인다. 정말 장관이다. 다시 또 언제 올지 모른다는 생각을 하니 카메라를 들고 차창 밖으로 스쳐 지나가는 풍경들을 담지 않을 수 없었다. 이제 조금만 더 가면 해발 3,000m가 넘는 융프라우에 도착한다. 생각하면 할수록 심장이 뛴다.

융프라우 역에 도착한 우리는 먼저 얼음 궁전으로 갔다. 만년설 아래 빙하를 뚫어 만든 동굴에 얼음 조각을 하여 얼음 궁전이라는 관광 명소를 만든 것이다. 빙하의 20~30m 아래에 위치하는데, 빙하가 매년 50cm가량 이동하는 문제가 생겨 융프라우 철도 빙하 전문가가 정기적으로 얼음

❶ 알프스의 고봉인 융프라우. 융프라우는 '처녀'라는 이름이 말해 주듯 우아한 모양을 하고 있으며 설원이 굉장히 빛난다.
❷ 융프라우 역에서 연결되는 얼음 궁전. 천연 빙하길을 걷다 보면 얼음의 나라 스위스에 온 것이 더 실감난다.

융프라우로 향하는 빙하의 마을 그린델발트에서 펼쳐지는 인기 만점 겨울 축제인 세계 눈꽃 축제. 이 축제 없이는 그린델발트의 1월도 없을 정도라고 하니, 인기가 어느 정도인지 실감이 난다. 이 축제는 1983년 한 일본인 아티스트가 거대한 하이디를 눈덩이에 조각하면서 시작되었다. 축제 기간 동안 그린델발트 마을 중앙에 있는 천연 아이스 링크 위에는 다양한 종류의 눈 조각들의 향연이 펼쳐진다. 이후 세계 각지에서 온 아티스트들의 멋진 눈 조각품에 대해 주제, 독창성 기술을 근간으로 한 공정한 심사를 위해 심사 위원의 평가뿐만 아니라 여행자를 포함한 일반 대중들의 의견도 반영된다. 또한 축제 기간 동안 전통적인 퐁뒤 이브닝과 터보 강 체험도 할 수 있으며, 이곳에서 멋진 겨울 사진을 남길 수 있다.

궁전에 대한 보수를 하고 있다고 전해진다. 또한 수천 명의 방문객 체온으로부터 항시 −2℃ 이하를 유지하기 위해 특수 장치가 설치되었다고 한다. 규모나 조각은 그리 크지 않았으나 천연 빙하를 걷는 기분은 아주 특별했다.

얼음 궁전을 지나 우리는 융프라우 정상으로 향했다. 유럽의 지붕이라고도 불리는 융프라우요흐는 높이가 무려 3,454m로 열차를 타고 올라갈 수 있는데, 유럽에서 가장 높은 기차역이 있는 전망대로도 유명하다. 맑은 날씨에 올라가면 눈 덮인 알프스와 새파란 하늘을 볼 수 있다. 융프라우요흐는 1년 중 날씨 좋은 날이 100일도 채 되지 않는다고 한다. 그만큼 흐린 만년설을 보고 아쉽게 하산하는 사람도 많다는데, 이번에는 신이 도와준 덕분인지 날씨가 맑아 행복하게 즐길 수 있어서 참 좋았다.

이때 여기저기서 어지럼을 호소하는 관광객들의 목소리가 들린다. 해발 3,000m가 넘는 고산 지대인 이곳은 기압이 낮기 때문에 얼굴이 붉어지고 가슴이 뛰는 등 고산병 증세가 자주 나타난다고 한다. 주변 사람들이 힘들어하는 모습을 보니 나도 걱정이 되었지만 다행히 괜찮았다.

산, 강, 호수가 어우러진 루체른

루체른은 알프스 봉우리들 사이에 둘러싸인 도시이다. 인터라켄에 당도한 우리는 멋진 브린츠 호수를 지나 산악 열차를 이용하여 드디어 루체른에 도착했다. 루체른은 하루면 유명한 관광지를 다 돌아볼 수 있을 정도로 아담한 곳이지만 분위기가 매우 평화롭고 풍요로워 무척이나 크게 기억에 남는 도시이다. 피아노의 선율만큼 아름다운 풍경을 자랑하는 곳이란 수식어가 아깝지 않을 정도다.

루체른 중앙역에 도착하여 풍경을 둘러보며 몇 분 걷다 보니 카펠교가 코앞에 있었다. 루체른을 사선으로 가로지르며 호수에서 침입해 오는 적을 막기 위한 수단으로 건립된 카펠교는 현존하는 유럽의 목조 다리 중 가장 오래되었다. 현재는 루체른의 낮과 밤을 상징하는 곳으로 큰 의미가 있다. 카펠교의 풍경은 루체른이란 도시의 아름다운 이미지를 보여 주는 만큼 굉장히 빛이 난다. 바닥이 보일 정도로 맑은 호수 위로 200m 길이의 다리가 서 있고, 천장에는 루체른에서 일어난 역사적인 사건과 수호성인들을 묘사한 하인리히 베그만의 판화 작품 110장이 걸려 있다. 물고기 비

늘처럼 기와를 덮은 붉은 지붕과 난간 밖으로 붉은색 꽃을 담아 촘촘히 놓은 화분이 다리에 우아함과 화사함을 더한다. 다리 중간에는 높이 34m의 수탑이 서 있다. 지금은 카펠교의 상징으로 아름다움을 뽐내고 있지만 예전에는 감옥, 고문실, 보물 창고, 문서 보관소 등 시대에 따라 다양한 용도로 사용되었다. 현재는 상점으로 이용되기도 한다.

카펠교를 건너면 나오는 곳은 루체른의 구시가이다. 지금이 현대인지 중세인지 착각이 될 정도로 구시가지는 고풍스럽다. 구시가는 카펠교와 무제크 성벽 사이에 위치한다. 반대편으로는 슈프로이어 다리가 보인다. 구시가 곳곳에는 카펠 광장, 시청사, 각종 시장들이 중세 건축물의 모

루체른의 카펠교 백조. 갈매기, 오리들이 노니는 호수는 자연과 사람이 어울려 사는 루체른의 환경을 보여 준다.
카펠교 천장에는 루체른의 역사적 사건과 수호성인들을 묘사한 판화 작품들이 걸려 있다.

루체른의 구시가. 중세로 돌아간 듯 고풍스러운 모습을 유지하고 있다.

뢰벤덴크말 공원 입구와 빈사의 사자상

습을 유지한 채 넓게 펼쳐져 있다.

카펠교와 구시가를 지나 찾아간 곳은 빈사의 사자상이 있는 공원이다. 빈사의 사자상은 1792년 프랑스 대혁명 당시 파리 튀일리궁에서 루이 16세와 마리 앙투아네트 등 왕실 가족을 호위하다 전사한 786명의 스위스 용병을 기리기 위해 덴마크 출신 조각가 토르발센이 만든 조각상이다.

"다 왔나 봐, 저 멀리 사자상도 보여!"

공원 이름인 뢰벤덴크말이라고 쓰인 간판이 보이기 시작한다. 입구 근처로 가니 나뭇가지 사이로 암반에 조각된 사자상이 얼핏 보인다. 빈사의 사자상은 심장에 창이 꽂혀 있는 사자가 부르봉 왕가의 문장이 새겨진 방패를 가슴에 안고 죽어 가는 모습을 하고 있다. 사자상에 가까이 다가가 보니 사자의 얼굴이 어딘가 아프고 측은해 보였다. 사자상 바로 밑에는 관련 역사적 사실들이 조각되어 있으며, 그 앞에 고인 물에는 많은 관광객들이 던진 동전들이 쌓여 있다.

스위스 최대의 도시, 취리히

루체른에서 1시간가량 열차를 타고 취리히에 도착했다. 많은 사람들이 스위스 수도로 알고 있을 만큼 유명한 취리히는 스위스에서 가장 큰 도시이며, 취리히호의 북쪽 끝에 위치해 있다. 취리히와 근처 지역을 합하여 가리키는 취리히 수도권에는 약 200만 명의 주민이 살고 있다. 또한 취리히는 스위스의 주요 상업적·문화적 중심지이자 때때로 스위스의 문화 수도로 불릴 정도로 발달되어 있다.

취리히 성 페터 성당의 뾰족한 시계탑. 주변 건물에 비해 워낙 높아서
리마트 강 인근 어디에서 둘러봐도 보인다.

나는 유럽의 주요 관광지를 가면 구시가지를 둘러보는 편이다. 구시가지는 그 도시의 옛 모습
부터 현대 문화까지 많은 것을 보고 듣고 느낄 수 있는 현장이기 때문이다. 취리히에서 가 볼 만한
곳은 유서 깊은 성당과 미술관이다. 특히 장크트페터 성당과 대성당 그리고 취리히 미술관이다.

장크트페터 성당은 취리히에서 가장 오래된 성당으로 성 페터 성당이라고도 불린다. 857년에
건설되었으며, 13세기에 로마네스크 양식으로 거대한 탑이 세워졌다. 1534년 유럽 최대의 시계
탑으로 완성된 것을 보아도 최소 500년은 지난 것을 알 수 있다. 중앙역에서 걸어서 15분 정도 가
면 나온다.

스위스에 오면 꼭 한 번 먹어야 할 음식

스위스의 대표적인 음식 하면 퐁뒤, 치즈 등이 떠오른다. 이와 같은 음식들이 발달한 데는 자연
환경과 사회 환경의 영향이 깃들어 있다. 국토의 60% 이상이 알프스산맥 위에 있는 스위스는 유

럽 대륙의 한가운데에 위치해 바다와 접해 있지 않기 때문에 생선 요리, 해산물 요리가 발달하지 않았다. 오히려 알프스산맥 고산 지대에 위치한 지리적인 특성 때문에 2,000여 년 전부터 방목을 통해 육류 요리나 치즈와 같은 유제품이 발달했다. 이 때문에 수백 가지의 치즈를 개발해 즐겨 먹고 있다. 치즈를 이용한 대표적인 음식으로는 퐁뒤가 널리 알려져 있다. 퐁뒤는 알프스 산악 지대의 사냥꾼들이 마른 빵과 치즈만을 들고 사냥하러 나갔다가 어둠이 내리면 모닥불을 지피고 그 불에 치즈를 녹여 빵을 찍어 먹은 데서 유래되었다. 이 외에도 감자에 치즈를 곁들인 라클렛, 찐 감자를 잘게 썰어 구운 뢰스티가 알려져 있다.

❶ 스위스의 대표 음식 퐁뒤
❷ 토속 음식 라클렛
❸ 뢰스티

스위스 대표 음식인 퐁뒤는 흔히 알고 있듯이 '치즈 퐁뒤'가 가장 유명하다. 치즈를 녹인 뒤 빵이나 소시지를 찍어 먹는 것이 치즈 퐁뒤이다. 이 외에도 고기 퐁뒤, 초콜릿 퐁뒤, 과일 퐁뒤 등 다양해지고 있으나 스위스에서는 여전히 치즈 퐁뒤가 대세이다.

스위스에 오면 꼭 한 번 먹어야 할 두 번째 음식은 라클렛이다. 라클렛은 발레 주의 대표적인 토속 음식인데, 고산 지대 목초지에서 풀을 뜯으며 자란 소에서 짜낸 신선한 우유로 만들어진 치즈로 요리한다. 라클렛 치즈를 그릴에 올려놓고 서서히 녹인 후에 그릇에 담는다. 으깬 통감자를 녹인 치즈와 함께 버무리고 입맛에 따라 후추 등을 뿌려 먹는 음식이다. 라클렛은 일상생활에서도 여유를 누리고자 하는 스위스 인들의 문화가 담겨 있다.

세 번째로 먹어 보아야 할 음식은 뢰스티이다. 뢰스티를 음식점에서 처음 보았을 때 우리나라에서 먹던 부침개, 전이 떠올랐다. 뢰스티는 감자를 삶아서 채썬 다음 소금, 버터 등을 넣고 얇게 부친 음식으로 스위스에서는 아주 흔하게 즐기는 요리다. 스위스 사람들은 뢰스티를 자랑스러운 대표 음식이라고 말한다. 베이컨, 양파, 햄, 로즈메리, 달걀, 버섯 등 여러 재료를 섞어 만들기도 한다.

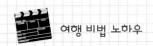 여행 비법 노하우

☞ 교통...취리히행 직항편이 있는 대한항공을 이용하면 된다. 시간적인 여유가 있다면 홍콩이나 방콕을 경유하는 스위스 항공, 유럽계 항공, 아랍계 항공 등을 적절하게 이용해도 좋다.

☞ 숙박...관광 도시인 만큼 주요 관광지에 호텔, 게스트하우스, 유스호스텔 등이 다양하게 있다. 한두 달 전에 숙소 예약 대행 사이트에서 미리 예매를 해 두면 저렴한 가격에 시설 좋은 숙소를 구할 수 있다.

☞ 음식...스위스의 대표 음식은 알프스 산악 지대의 소들에게서 얻는 우유, 치즈 등 유제품류가 많다. 또한 유럽 내륙에 위치하여 프랑스, 독일, 이탈리아 등 주변 국가의 영향을 많이 받은 터라 다양한 나라의 음식이 혼합되었다.

주요 체험 명소

1. 국제적인 도시 제네바: 레만 호수, 샤모니, 200여 개 이상의 국제기관 등
2. 구시가 전체가 세계 문화유산인 베른: 다양한 모양의 분수와 대성당, 곰 정원, 장미 공원, 베른 역사 박물관 등
3. 알프스의 도시 인터라켄: 융프라우요흐, 영화 007 시리즈의 무대인 쉴트호른, 쉬니게 플라테, 그린델발트 등

주요 축제

스위스 취리히에서 열리는 봄맞이 행사 섹세로이텐 페스티벌, 젊은이들의 폭발적인 자유와 개성을 살린 스포츠와 음악의 축제 프리스타일 축제, 알프스의 중심에 위치한 최상의 클래식 음악 전문 축제 베르비에 페스티벌, 재즈를 즐기는 이들의 몽트뢰 재즈 페스티벌 등 다양한 분야에서 즐거운 축제로 365일 관광객들의 발걸음이 멈추지 않는다.

이곳도 함께 방문해 보세요

마터호른을 품은 알프스 청정 마을, 체어마트
체어마트는 스위스 남쪽 이탈리아와의 접경 부근에 위치하고 있다. 전 세계적으로 잘 알려진 알프스 관광 여행지 중의 한 곳으로, 그중 해발 4,478m를 자랑하는 알프스의 명봉 마터호른은 이 마을의 자랑거리이다.

학문과 교육의 도시, 로잔
로잔에는 국제올림픽위원회(IOC) 본부가 위치하며, 세계에서 유일하게 올림픽 마크 로고와 깃발을 항상 사용할 수 있는 올림픽 도시이기도 하다. 800년의 역사를 자랑하는 대성당, 올림픽공원, 레만 호수에서 매력을 느낄 수 있다.

 참고문헌

· 김정희, 2014, 어떻게든 굴러가는 88일간의 자전거 유럽여행 3, 더블엔.
· 맹현정·조원미, 2015, 스위스 셀프트래블, 상상출판.
· 박우혁, 2005, 스위스 디자인 여행, 안그라픽스.
· 백상현, 2016, 저스트고 스위스, 시공사.
· 이트레블뉴스(http://momonews.com/sub_read.html?uid=38478&section=section5)
· 스위스관광청(http://www.myswitzerland.com)

예술과 인간이 공존하는 나라

오스트리아

오스트리아는 유럽의 지붕이라 불리는 알프스산맥의 절반을 가진 곳이다. 약 300m급 이상의 알프스 봉우리가 병풍처럼 펼쳐져 있는 곳. 빙하가 녹아서 만들어진 호수는 오스트리아의 경관을 더욱 아름답게 비춘다. 천재 음악가 모차르트, 베토벤, 슈베르트, 하이든과 요한 슈트라우스까지, 오스트리아는 예술가들조차 사랑한 곳이다.

알프스산맥의 웅장함에 맞추어 흐르는 왈츠의 선율은 여행자들의 발길을 춤추게 하며, 도시 곳곳에 남아 있는 합스부르크 왕가의 영광과 오스트리아 대평원, 요새는 19세기 중세 유럽의 모습을 그대로 보여 준다.

빈에서의 여행

드디어 오스트리아 빈에 도착했다. 세련되고 귀족적인 기품이 흐르는 오스트리아의 수도 빈은 이탈리아식 명칭인 비엔나로도 널리 알려져 있는데, 도시명과 도시의 분위기가 굉장히 잘 어울린다. 빈은 약 640여 년간 유럽의 절반을 지배한 합스부르크 제국의 수도이자, 파리와 견줄 만한 예술의 중심지이다. 보면 볼수록 이렇게 매력적인 도시가 있을까 할 만큼 예술뿐만 아니라 볼거리가 풍성하다. 7세기 동안을 풍미한 합스부르크 제국이 남긴 풍부한 왕가의 유산과 위대한 예술가

빈의 오페라하우스. 파리의 오페라 극장, 밀라노의 스칼라 극장과 함께 유럽의 3대 오페라 극장으로 인정받고 있다.

들의 작품은 오랜 시간 빈에 머물도록 전 세계인의 발길을 잡는다.

빈의 시내는 중심가라고 불리는 링 안과 링 밖으로 나눌 수 있는데, 시내 중심가에 주요 관광 명소의 70%가 모여 있다. 링은 도로 이름으로 반지의 둥근 모양을 닮았다고 해서 붙여진 이름이다. 1857년 프란츠 요제프 1세가 구시가를 둘러싸고 있던 성벽을 허물고 그 자리에 환상 도로를 건설하면서 링슈트라세, 줄여서 '링'이라는 명칭이 사용되었다. 이 링을 따라 의사당, 오페라 극장, 시청, 대학 등 대규모의 공공건물이 세워졌으며, 그 주변은 꽃과 나무와 숲으로 단장되었다. 링과 링의 안쪽을 보면 서울의 중심가인 4대문이 떠오른다.

시내 중심부에 주요 명소가 몰려 있는 만큼 우리는 메트로와 트램, 그리고 건강한 두 다리 도보를 이용해 여행을 하기로 결심했다. 빈에서는 유명 관광 명소가 많기 때문에 비엔나 카드를 구입했는데, 이 카드는 입장료, 관광 명소, 유람선, 대중교통 등을 할인받거나 무료로 이용할 수 있는 카드이다. 72시간 이용에 약 19유로인 것을 보면 그리 비싼 것은 아니다.

메트로를 타고 U1호선에 위치한 칼스플라츠 역에서 하차했다. 우리가 관광할 장소는 오페라하

대한민국의 명동 같은 번화가이자 쇼핑가인 케른트너 거리. 거리 바닥에 있는 유명인들의 사인을 찾는 재미도 쏠쏠하다.

우스이다. 역에서 내려 걸어서 5분 정도 가면 나온다. 오스트리아가 워낙 음악과 예술, 오페라로 유명하다 보니 꼭 가 보고 싶다는 생각이 들었다. 멀리서 딱 보는 순간, 오페라하우스가 저곳이구나 싶을 정도로 오페라하우스같이 생겼다. 오페라하우스에서 오페라 공연은 7, 8월을 제외한 매일 저녁 7시~7시 30분에 시작된다. 가격은 자리에 따라 천차만별이며 가장 저렴한 입석은 약 4유로에 판매된다.

"영화 티켓 1장 가격도 안 되는 비용으로 품격 있고 생동감 넘치는 오페라를 감상할 수 있다니!"

"그러게, 정말 저렴한 가격에 질 높은 공연을 볼 수 있다는 것은 오스트리아가 그만큼 예술 강국이라는 것을 보여 주는구나."

우리는 놀라움을 금치 못했다.

오스트리아에서 한번 오페라를 본 사람들은 오페라가 지루하고 격식 있는 사람만 보는 것이라는 편견을 버리게 된다고 한다. 단 한 번의 관람만으로 오페라 팬이 될 정도로 매력적인가 보다. 오페라하우스에서 나온 우리는 슈테판 성당으로 향했다. 슈테판 성당으로 가는 길은 케른트너 거리이다. 보행자 전용 거리로 빈 최고의 중심가이다. 케른트너 거리를 걷다 보니 바닥 장식에 빈을 빛낸 유명인의 사인이 담겨 있었다. 참 재미있다. 바닥까지 관광 명소가 될 줄은 누가 알았겠는가.

거리 구경을 하다 보니 어느새 슈테판 성당이 눈앞에 있다. 고딕 양식의 날렵함과 첨예함, 그리고 합스부르크 제국의 장엄함을 동시에 느낄 수 있는 곳이자, 모차르트의 결혼식과 장례식이 치러진 곳이다. 그러나 사실은 제2차 세계대전 때 러시아와 독일의 폭격이 있었던 암울한 전쟁의 현장이었다는 이야기를 듣고 큰 충격을 받았다. 단순히 사진으로만 본, 그래서 죽은 역사를 가르쳐야 했던 나에게 슈테판 성당은 반성의 기회를 주었고, 생생하게 들려줄 이야기 보따리가 생겼다는 큰 기쁨을 준 장소이기 때문이다. 성당 내부는 갖가지 황금으로 된 실내 장식으로 아름다웠고, 예수와 마리아 및 사도들의 모습을 그린 그림 역시 종교적 의식을 행하는 곳답게 엄숙하고 장대했다.

슈테판 성당

친구의 이야기로는 성당 내부에서 가장 주목할 만한 작품은 16세기 모라비아 출신의 안톤 필그람의 작품인 고딕형 설교단

빈 미술사 박물관에 전시된 예술 작품들.
❶ 안토니오 카노바의 〈켄타우로스를 죽이는 테세우스〉
❷ 브뤼헐의 〈농가의 혼례〉
❸ 라파엘로의 〈초원의 마돈나〉

이라고 한다. 이름만 들어도 어렵다는 생각이 들어 책을 찾아보며 작품을 감상했다. 선을 상징하는 개와 4명의 성직자, 악을 상징하는 도마뱀과 두꺼비 등이 섬세하게 조각되어 있다. 자세히 들여다보면 설교단 밑부분에 수줍은 듯이 창밖을 내다보는 작가 자신의 모습이 조각되어 있다는 것을 알 수 있다. 예술가들의 상상력에 놀라움을 금치 못하며 우리는 발견의 희열을 느꼈다.

성당에서 이어지는 그라벤 거리, 콜마르크트 거리를 지나 미술사 박물관으로 갔다. 이곳은 왕가의 수집품을 모아 놓은 곳이며, 미술관 건물 자체도 아름다움과 품격에서 최고로 꼽힌다. 12유로를 주고 입장권을 구매한 뒤, 유명한 회화가 전시되어 있는 1층과 G층 순으로 돌아보기로 했다. 미술사 박물관은 합스부르크 왕가가 수집한 7,000여 점의 예술품을 소장하고 있다. 소장품 수만 봐도 합스부르크 왕가의 위상을 느낄 수 있다.

미술관으로 들어서면 둥근 지붕으로 덮인 원형홀이 나타나는데 이를 '로톤다'라고 부른다. 거대한 석조 건물인 미술사 박물관 반대편에는 자연사 박물관이 있다. 로비 정면 현관에 바로 보이는 작품은 이탈리아 조각가인 안토니오 카노바의 〈켄타우로스를 죽이는 테세우스〉이다. 18세기 신고전주의 조각가였던 카노바는 고대 조각의 조형미를 바탕으로 한 작품을 많이 남겼는데, 테세우스 조각은 원래 나폴레옹의 의뢰로 만들어진 조각이었지만 후에 프란츠 1세가 이것을 사들여 빈 미술사 박물관에 옮긴 것으로 전해진다. 박물관 내부의 건물도 구경하고 다양한 작품들을 감상하였는데, 그중 가장 기억에 남는 작품은 피터르 브뤼헐의 작품이다. 브뤼헐은 빈 미술사 박물관을 대표하는 네덜란드 출신의 천재적인 화가로, 서민들의 소박한 농촌 생활을 소재로 한 그림을 그

합스부르크 왕가 사람들이 쓰던 식기구 등이 전시된 궁정 실버 컬렉션

렸다. 〈농가의 혼례〉라는 작품을 보면 농촌에서 결혼식을 치른 후 마을에서 잔치를 벌이는 모습이 포근하게 담겨 있다. 그림이 친근하고 쉽게 다가갈 수 있어 기억에 더 남는 것 같다.

다음으로 기억에 남는 작품은 라파엘로의 〈초원의 마돈나〉이다. 라파엘로는 레오나르도 다빈치, 미켈란젤로와 함께 3대 거장으로 불릴 만큼 유명하다. 16세의 어린 나이에 그린 이 작품은 성모가 초원에서 노는 아기 예수와 아기 요한을 온화한 표정으로 바라보고 있는 그림이다.

아침 일찍 나와서 빈의 이곳저곳을 둘러보니 어느 순간 허기가 졌다. 빠른 발걸음으로 시내쪽으로 걸어가니 음식점들이 즐비하다. 그중에서 우리는 조각 피자를 먹기로 했다. 솔솔 풍기는 피자 냄새가 정말 달콤했기 때문이다. 한 쪽만 먹어도 배가 찰 정도로 크기가 컸으며, 가격도 1~2유로 사이로 저렴한 편이어서 만족스러웠다. 무엇보다 정말 맛있었다. 배가 든든해지니 힘이 나서 다음 행선지인 왕궁으로 향했다.

호프부르크 왕궁은 13세기부터 오스트리아, 헝가리 제국이 멸망한 1918년까지 합스부르크 왕국의 정궁이었다. '도시 속의 도시'가 있다고 불릴 만큼 규모가 크고 10개의 건물이 무려 600여 년에 걸쳐 건립되었다. 워낙 넓고 크기 때문에 제대로 보려면 하루 이상 걸린다고 하는데, 우리는 오후 시간을 할애하여 핵심 위주로 보기로 했다. 왕궁 입장은 무료지만 각각 다른 전시관을 들어가려면 관람료를 내야 한다.

호프부르크 왕궁의 전경

우리가 관람하기로 결정한 곳은 프란츠 요제프 황제와 카롤린 엘리자베트 황후가 거처하던 황제의 아파트먼트이다. 황제의 아파트먼트는 구왕궁에 있는데, 구왕궁에는 아파트먼트를 비롯해 왕실 보물관, 왕궁 예배당, 궁정 실버 컬렉션 등이 있다. 황제의 아파트먼트를 보기 전에 먼저 궁정 실버 컬렉션을 둘러보았다. 당시 합스부르크 왕가 사람들이 사용하던 식기구들을 볼 수 있었다. 굉장히 많은 구역으로 나뉘어 전시되어 있는데, 보존 상태가 매우 좋고 당시 합스부르크 황실의 귀족적인 분위기를 물씬 풍겼다.

모차르트의 고향, 잘츠부르크

세계에서 아름다운 도시로 손꼽히는 잘츠부르크는 알프스 산에 둘러싸여 있는 작고 조용한 마

TIP 유럽 최대의 왕실 가문, 합스부르크 제국

합스부르크 왕가의 상징

6세기 초부터 시작된 오스트리아 역사에서 빼놓을 수 없는 사건은 바로 합스부르크 왕가와 오스트리아의 인연이다. 초기에 합스부르크 가문은 스위스와 알자스에 기반을 둔 백작 집안이었는데, 당시 이 집안의 백작이었던 루돌프가 황제로 선출되었다. 1278년 합스부르크가의 루돌프 1세가 초대 황제로 즉위하면서 1918년까지 640년간 유럽의 정치를 좌지우지하게 되었다. 합스부르크 왕가는 정략 결혼 및 쇠퇴한 영주의 소유지를 사들여 막대한 영토를 갖게 되는데, 그 당시에 오스트리아, 보헤미아, 헝가리를 중심으로 대제국을 이루었다. 1710년 마리아 테레지아가 즉위한 40년 동안 오스트리아는 근대 국가로 눈부신 발전을 이루었으며, 1805년부터 오스트리아 제국이 창조되면서 유럽의 패권을 장악했다. 제1차 세계대전 이후 해체되었으며, 전쟁으로 몰수된 합스부르크 왕가의 재산을 되찾지만 1933년 히틀러에게 다시 빼앗기게 된다. 오스트리아 정부에서 합스부르크 왕가의 어떠한 복귀도 금지하는 법안을 제정했기 때문에 왕가 사람들은 1966년 이후에야 겨우 일반 시민으로서 오스트리아 땅을 밟게 되었다. 합스부르크 제국 시절에는 성공을 꿈꾸는 유럽 예술가들의 활동 무대가 되어 천재 음악가 모차르트, 불후의 명작을 남긴 베토벤, 황금색의 마술사 클림트, 현대 건축의 거장 오토 바그너 등 위대한 예술가를 배출했다.

합스부르크 왕가를 움직인 대표적인 여인은 마리아 테레지아와 카롤린 엘리자베트이다. 마리아 테레지아는 합스부르크 왕가를 대표하는 여인으로 당시 여성이 황제가 될 수 없음에도 불구하고 뛰어난 정치적 수완으로 무려 40여 년간 왕가를 다스렸다. 카롤린 엘리자베트는 합스부르크 왕가 최후의 황제였던 프란츠 요제프의 황후이다. 아름다운 외모와 비운의 여주인공 못지않은 영화 같은 이야기로 많은 사람들 사이에 화젯거리가 되었다.

합스부르크 왕가를 움직인 대표적인 두 여인
마리아 테레지아(좌)와 카롤린 엘리자베트(우)

미라벨 궁전과 정원의 전경

을이다. 도시의 역사를 거슬러 올라가 보면 일찍이 고대에는 소금 무역의 중심지로 번영을 누렸다. 잘츠부르크란 지명이 '소금의 성', '소금의 도시'라는 뜻을 가지고 있는 것은 이 때문이다.

잘츠부르크는 천재 음악가 모차르트의 탄생지이며, 뮤지컬 영화 '사운드 오브 뮤직'의 촬영지로 유명하다. 천혜의 경관은 물론 음악, 건축, 교육의 도시로 연중 관광객으로 북적이며, 해마다 여름이면 유럽의 3대 음악제 중 하나인 '잘츠부르크 페스티벌'이 열려 세계적인 음악인들이 모이는 장소이기도 하다.

잘츠부르크는 잘차흐강을 사이에 두고 중앙역과 미라벨 정원이 위치한 신시가, 세계 문화유산으로 지정된 역사 지구인 구시가로 나뉜다. 주요 볼거리는 구시가에 대체로 많지만 관광 명소뿐 아니라 주변 골목의 풍경은 감탄사가 절로 나올 정도로 색다르다.

중앙역에서 얻은 시내 지도를 가지고 도보로 20분 정도 열심히 걷다 보면 미라벨 궁전과 정원에 다다른다. 미라벨 정원의 입장료는 무료이고, 정원 내 중앙 분수 옆에 있는 바로크 박물관은 3유로의 입장료를 내야 한다.

미라벨 궁전은 1606년 볼프 디트리히 대주교가 성직자이자 평민의 딸이었던 살로메 알트를 너무 사랑하여 그녀와 무려 15명의 아이들과 함께 살기 위해 지은 궁전이다. 그 당시에 가톨릭 종교 단체와 시민들의 반응은 차가웠고 말년에는 쓸쓸한 죽음을 맞이하게 되었다. 후대의 주교들은 이 일의 흔적을 지우기 위해 이 궁전의 이름과 정원의 이름을 바꾸었는데, 그것이 바로 '아름다운 전경'이라는 뜻의 미라벨이다.

미라벨 궁전 앞에 펼쳐져 있는 미라벨 정원은 잘츠부르크 시내에서 가장 유명한 정원이다. 바로크 양식의 전형을 보여 주는 이 정원에는 사계절 꽃이 만발하여 그리스 신화를 묘사한 중앙 분수, 북쪽 문에는 유니콘 조각과 페가수스 분수 등이 있다. 이 정원이 더 유명해진 이유는 바로 영화

'사운드 오브 뮤직'에서 도레미 송을 부르는 주인공 마리아와 아이들의 배경이 된 미라벨 정원의 모습

모차르트 생가. 입구에 생가임을 알려 주는 안내판이 걸려 있다.

'사운드 오브 뮤직' 덕분이다. 영화에서 주인공 마리아가 아이들과 함께 '도레미 송'을 부르는 배경
으로 등장한 곳이다.

꿈과 추억의 장소였던 미라벨 궁전과 정원을 거쳐 우리는 다음 목적지로 향했다. 기다리고 기다
리던 모차르트 생가가 눈앞에 있다. 모차르트 생가는 게트라이데 거리 9번지로 이 거리의 중간쯤
에 위치한다. 화사한 노란색 건물로 중간 벽면에 'Mozarts geburtshaus'라고 쓰여 있어 한눈에 알
수 있다. 입장료는 성인 기준 10유로인데, 잘츠부르크 카드가 있으면 할인 혜택을 받을 수 있다.

신이 사랑한 천재 음악가 모차르트는 1756년 1월 이곳에서 태어나 17세까지 유년기 대부분의
작품을 작곡했다. 건물 1층에는 모차르트가 청년기에 쓰던 바이올린, 피아노, 아버지와 주고받은
편지, 침대, 초상화 등이 있다. 2층에는 오페라 관련 전시물, 3층과 4층에는 모차르트 가족과 관련

잘츠부르크에서 가장 높은 곳에 있는 호헨잘츠부르크성에서 바라본 잘츠부르크

된 물품, 당시의 생활 모습이 담긴 물품들이 있다. 이 물품들을 보면 그 당시 전형적인 중산층의 생활상을 엿볼 수 있다.

모차르트 생가를 나와 게트라이데 거리를 걷다 친구와 나는 한 곳을 바라보았다.

"저기 보이는 높은 저곳은 어디일까?"

"아, 저곳이 아마 호헨잘츠부르크성일 거야. 책에서 본 적 있어, 잘츠부르크 시내 어디에서도 올려다보면 보이는 곳이라고! 여기서도 한눈에 보이는구나."

구시가지에서 가장 높은 묀히스베르크산 정상에 위치한 호헨잘츠부르크성은 독일 침략에 대비하기 위해 세운 곳이다. 요새는 1077년 게브하르트 대주교가 남독일 제후의 공격에 대비하여 건축한 이래 18세기까지 수백 년 동안 증축되었다고 한다.

게트라이데 거리를 지나 성으로 올라가는 케이블카를 타는 곳에 도착했다. 잘츠부르크 카드가 있는 우리는 1회 왕복 무료이다. 기분이 좋았다. 케이블카를 타고 올라가는 데는 몇 분 걸리지 않았는데, 걸어서 가도 20분이면 충분하다고 한다. 호엔잘츠부르크성에서 내려다본 잘츠부르크는 꿈의 도시 오스트리아에 와 있다는 느낌을 충분히 실감하게 해 준다. 아름답다라는 말이 절로 나온다. 성 내부는 생각보다 구조가 복잡하여 미로 속을 걷는 것 같았지만 가는 곳마다 대주교의 방, 마리오네트 박물관, 당시의 무기와 전쟁 도구 등 다양한 볼거리가 반기고 있었다.

TIP 유럽의 대표적인 클래식 음악 페스티벌, 잘츠부르크 페스티벌

잘츠부르크 페스티벌은 유럽의 음악제 가운데 바이로이트 음악제와 더불어 가장 유명한 음악제이다. 잘츠부르크 하면 바로 모차르트와 잘츠부르크 페스티벌을 떠올릴 만큼 유명하다. 1877년부터 1910년 사이 8회에 걸쳐 개최된 모차르트제를 시초로 발전되어 왔다. 현재는 매년 7월 말부터 약 5주간 페스티벌이 열린다. 해마다 수십만 명이 이 페스티벌을 보기 위해 잘츠부르크를 찾는다.

잘츠부르크 페스티벌이 더 유명세를 탄 이유는 이 시기에 세계 각국의 왕족 및 귀족 등 로열 계층과 사회 저명인사들이 찾아오기 때문이다. 세계 정상급의 예술가들이 콘서트, 오페라, 연극 등 모차르트 음악을 중심으로 다양한 무대를 꾸미는 페스티벌 기간 동안 무려 200개 이상의 공연이 펼쳐진다고 하니 그 규모가 얼마나 큰지 알 수 있다. 공연 티켓은 인터넷 구매와 현장 구매가 있는데, 인기 있는 공연은 이미 6개월 전에 예매가 마감되며 좌석에 따라 공연 비용도 천차만별이다.

1924년 에두아르트 파울 트라츠가 설립한 잘츠부르크 박물관은 선조의 유산을 의미하는 '아흐네네르베'로 알려진 나치 고고학 기관의 일부가 됐다. 나치가 약탈한 각종 귀중품을 소장해 온 오스트리아 잘츠부르크 자연사 박물관은 매머드 뼈와 박제 조류, 사슴머리 장식(헌팅 트로피) 등을 주인들에게 반환하기 시작했다. 잘츠부르크 자연사 박물관은 이번 반환을 위해 3년에 걸쳐 소장품 출처 조사를 진행했다. 현재 반환을 위해 조사를 진행 중인 품목은 나치가 제2차 세계대전 이전과 전쟁 기간에 유럽 전역의 종교 단체와 개인, 기관으로부터 압수한 서적과 물품 등 수천 점이다.

잘츠부르크 대학 로베르트 호프만 역사학 교수는 나치당 당원이기도 한 트라츠라는 인물을 박물관을 지원하기 위해 모든 가능성을 이용한 매우 적극적인 기회주의자로 평했다. 트라츠는 전후 미군에 의해 수감됐으나 감옥이 폐쇄되면서 풀려났고, 이어 1949년부터 죽기 1년 전인 1976년까지 잘츠부르크 박물관장을 역임했다. 호프만 교수는 "트라츠는 생전에 매우 존경받았으며 잘츠부르크의 상류층과 가깝게 지냈다."며 "그의 나치 전력은 당시에는 간과하는 분위기였고 박물관과의 친밀한 관계로 인해 복귀할 수 있었다."라고 밝혔다.

빈 대학 올리버 래스콜브 역사학 교수는 "트라츠의 유산에 관한 논의는 그의 죽음 이후에 시작됐으나 소장품이 90만여 점에 달해 출처 조사 작업은 어려웠다."고 말했다. 잘츠부르크 박물관 로버트 린드너 소장품 책임자는 "정당한 상속자들과의 모든 협의를 마치고 금년에 반환 작업을 마치려고 한다"고 언급했다.

아흐네네르베는 나치 친위대 책임자인 하인리히 힘러가 지휘했으며, 게르만족의 인종적 우월성과 아리안족의 선사 시대 증거를 찾기 위해 나치 점령지 전역에서 탐사와 발굴 작업을 진행했다. 나치는 이와 함께 박물관과 기관, 대학은 물론 개인 소장품까지 무차별 약탈했다. 힘러는 1938년 잘츠부르크 박물관을 방문했고, 트라츠는 나치 친위대와 아흐네네르베에 모두 참여했다.

오스트리아 음식 즐기기

'해가 지지 않는 제국'이자 도나우 왕국의 수도로서 다양한 요리 문화의 집결지가 된 오스트리아. 새로운 요리의 발상지와 유럽 문화의 중심지로서 오스트리아 고유의 음식뿐만 아니라 폴란드, 이탈리아, 헝가리, 보헤미아의 전통과 양식이 혼합된 형태의 음식들이 많다. 대표적인 예가 바로 비잔틴에서 유래한 슈니첼, 헝가리에서 들여온 굴라시 등이다. 또한 오스트리아 음식은 전반적으로 영양, 맛, 짧은 요리 시간을 최우선으로 한다. 육류 중에서도 특히 돼지고기를 이용한 요리가 발달되어 있다.

오스트리아에서 꼭 맛보아야 할 첫번째 음식은 대표 음식이라 할 수 있는 슈니첼이다. 간혹 식당에서 슈니첼을 시키고 설레는 마음으로 기다리는 한국인들 중에는 슈니첼을 보고 실망하는 경우도 있다. 슈니첼이 우리나라의 돈가스와 굉장히 비슷하게 생겨서 혹 돈가스를 시켰나 하는 허탈감 때문이다. 알고 보니 슈니첼 역시 돼지고기나 쇠고기를 밀가루, 계란물에 입혀 가며 튀기는 요리가 맞다. 하지만 돈가스와는 오묘하게 다른 것이 있는데 바로 소스이다. 오스트리아 슈니첼은 레몬즙을 뿌려 먹거나 크랜베리잼 같은 과일잼을 찍어 먹는다. 맛이 상큼하고 덜 느끼하다. 보통 돼지 고기로 만든 것을 많이 먹지만 원래 전통 슈니첼은 송아지 고기로 만든 것이다. 오스트리아에 와서 우리 가 가장 자주 먹은 음식일 정도로 매력 있다.

두 번째 오스트리아 전통 음식은 타펠슈피츠이다. 타펠슈피츠는 호스래디시의 뿌리, 당근, 파 등의 각 종 채소와 소뼈, 소의 엉덩이살(또는 허벅지살)을 넣 어 우려낸 국물과 고기를 소스와 함께 먹는다. 소스 는 사과와 크렌이라 불리는 서양 고추냉이가 주재료 이다. 타펠슈피츠는 합스부르크 왕조의 프란츠 요제 프 황제가 다이어트를 위해 기름기를 뺀 삶은 쇠고기 요리를 즐겼다 해서 더욱 유명해졌다. 처음에 한입 맛보았을 때는 우리나라의 곰국과 비슷하다는 생각 도 들었지만 타펠슈피츠만의 독특한 고기 질감과 육 수의 맛이 있었다.

오스트리아에서 맛보아야 할 세 번째 음식은 굴라 시이다. 헝가리에서 전래되었다는 이 음식은 매콤한 소스에 잠긴 쇠고기 요리로 수프의 일종이다. 우리 나라 육개장과 매우 흡사하다. 가정에서도 쉽게 해 먹을 수 있어 지금은 오스트리아의 대표 음식이 되 었다.

마지막으로 오스트리아에서는 다양한 종류의 케이 크를 먹어 보는 것이 좋다. 유난히 후식 문화가 발달 한 나라여서인지 곳곳에서 베이커리와 카페를 볼 수

❶ 돈가스와 비슷한 슈니첼
❷ 탕요리 타펠슈피츠
❸ 수프의 일종인 굴라시
❹ 둥근 원뿔형의 구겔후프

있으며, 커피와 케이크를 즐겨 먹는 사람 또한 쉽게 찾을 수 있다. 그중에서도 특별한 케이크는 바 로 구겔후프이다. 구겔후프는 우리나라에서도 볼 수 있는 케이크지만 제대로 만든 것은 보기 힘 들다. 독일 남부부터 오스트리아, 스위스 등에서 먹는 전통적인 케이크로 일반적인 둥근 원뿔형 에 가운데 구멍이 뚫려 있는 모양을 하고 있다. 명성이 자자한 만큼 이 케이크에 대한 설도 가지각 색인데, 이야기는 18세기 말 프란츠 요제프 황제가 아침 식사마다 이 케이크를 내놓으라고 요구

살구잼과 초콜릿이 적절히 조화된 빈의
대표적인 케이크 자허토르테

하면서부터 유명해졌다는 설도 있다. 이때부터 구겔후프는 소박했던 레시피가 점점 복잡해졌고, 오스트리아의 일급 호텔들은 나름대로의 비밀 레시피로 이 케이크를 만들고 있다고 전해진다. 또한 인기 있는 케이크 중에 자허토르테가 있다. 자허토르테는 초콜릿과 살구잼을 곁들여 만드는 토르테의 일종으로, 1832년 프란츠 자허가 귀족 메테르니히를 위해 처음 만들었다고 전해진다. 현재 빈에서 유명한 케이크 중의 하나로 자리매김하였다.

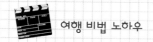 여행 비법 노하우

교통·숙박·음식

☞ 교통...대부분의 국제선이 빈과 인스부르크로 운항되며, 여름 성수기에는 잘츠부르크로 취항하는 국제선도 많다.

☞ 숙박...관광 도시인 만큼 주요 관광지 근처에 호텔, 게스트하우스, 유스호스텔 등이 다양하게 들어서 있다. 한두 달 전에 숙소 예약 대행 사이트에서 미리 예매를 해 두면 저렴한 가격에 시설 좋은 숙소를 구할 수 있다.

☞ 음식...새로운 요리의 발상지와 유럽 문화의 중심지로서 오스트리아 고유의 음식뿐만 아니라 폴란드, 이탈리아, 헝가리, 보헤미아의 전통과 양식이 혼합된 형태의 음식이 많다. 대표적인 예가 비잔틴에서 유래한 슈니첼, 헝가리에서 들여온 굴라시 등이다. 이 밖에도 후식 문화가 발달하여 디저트가 다양하다.

주요 체험 명소

1. 빈: 오페라 극장, 미술사 박물관, 자연사 박물관, 클림트의 걸작이 있는 벨베데레 궁전, 훈데르트바서 하우스, 슈테판 성당 등
2. 잘츠부르크: 아름다운 정원 미라벨, 노란색 외벽이 인상적인 모차르트 생가, 중세의 성 중 가장 크고 견고한 호엔잘츠부르크성, 모차르트가 세례를 받은 대성당 등
3. 인스부르크: 개선문, 알프스산이 펼쳐지는 마리아테레지아 거리, 금빛 동판으로 만들어진 황금 지붕, 작지만 화려한 호프부르크 왕궁, 오스트리아에서 가장 아름답다는 암브라스성 등

주요 축제

대표적인 호수 오페라 축제인 뫼르비슈 오페레타 페스티벌과 브레겐츠 페스티벌이 있다. 또한 유럽의 대표적 클래식 음악 페스티벌인 잘츠부르크 페스티벌이 개최되어 세계 각지에서 유망한 예술인들이 한자리에 모인다. 이 밖에도 장크트 마르가레텐 오페라 페스티벌, 임펄스탄츠-비엔나 국제 무용제, 슈트이리셔 헤르프스트 페스티벌 등 다양한 페스티벌로 오스트리아를 방문하는 관광객들이 많다.

작은 호수 마을, 할슈타트

할슈타트는 오스트리아 잘츠카머구트 지역의 할슈테터 호를 끼고 있는 호수 마을이다. 예로부터 소중한 자원인 소금을 통해 역사적인 풍요로움을 누린 도시이다. 할슈타트는 할슈테터호 기슭 경사면을 깎아서 집을 지은 오래된 마을로 '희고 높은 산'이라는 뜻의 다흐슈타인산(2,995m)이 있다. 할슈타트에서 다흐슈타인 잘츠카머구트의 문화 경관은 1997년 유네스코 세계 문화유산으로 지정되었다.

눈부신 알프스를 감상할 수 있는 곳, 하펠레카르슈피츠

하펠레카르슈피츠는 아름답게 펼쳐진 알프스의 풍경을 감상할 수 있는 전망대로 인스부르크를 대표하는 관광 명소이다. 하펠레카르슈피츠에 오르기 위해서는 훙어부르크에서 케이블카를 3번 갈아타야 한다. 훙어부르크에는 유럽에서 가장 높은 곳에 위치한 알펜 동물원을 구경할 수 있다. 하펠레카르슈피츠에 올라 내려다보는 인스부르크의 구시가지는 굉장히 아름답고, 알프스의 설원을 느낄 수 있는 곳이다.

 참고문헌

· 곰돌이 co., 2009, 오스트리아에서 보물찾기, 아이세움.
· 김상아, 2014, 동유럽 핵심 3국 데이, TERRA.
· 박종호, 2011, 빈에서는 인생이 아름다워진다, 김영사.
· 시공사 편집부, 2008, 저스트고 오스트리아, 시공사.
· 유수미, 2008, 마리아 테레지아: 사랑으로 오스트리아를 지키다, 북스.
· 임종대, 2014, 오스트리아의 역사와 문화 3, 유로.

앞서가는 나라

독일

독일 하면 떠오르는 이미지를 생각해 보자. 당신이 만약 남자라면 자동차, 맥주 등이 먼저 떠오를 것이다. BMW, 벤츠, 폴크스바겐 등 자동차에 조금이라도 관심이 있는 사람이라면 친숙하게 느껴지는 나라이다. 맥주 축제를 세계적인 축제로 열고, 맥주를 마시기 위해 전 세계에서 찾고 있는 나라이기도 하다.

독일은 유럽에서 가장 잘사는 나라이며, 세계에서도 잘사는 나라로 빼놓을 수 없다. 라인강의 기적을 이룬 만큼 여러 분야에서 잘 갖추어져 있어 초보자들도 관광하기에 어려움이 없다. 유럽의 중심부에 위치하여 유럽을 여행하는 관광객이라면 들르게 되는 나라로, 로맨틱 가도 등 여러 관광 루트를 마련하여 관광객들을 맞이하고 있다. 중세 시대의 전통문화를 잘 간직하고 있을 뿐 아니라 최신식 건축물들과 아름다운 자연환경까지 만날 수 있다.

또한 과거에 분단 국가였지만 분단의 상징인 베를린 장벽을 무너뜨리며 통일을 이루어 낸 나라로, 유일한 분단 국가인 우리나라에 시사하는 바가 많다.

독일의 수도, 자연과 공존하는 베를린

독일의 첫 번째 여행지는 베를린이다. 독일의 수도이자 중심 도시인 베를린의 명칭은 '곰'이라

높은 곳에서 내려다본 베를린. 도시 곳곳에서 나무와 공원을 쉽게 볼 수 있어 시민들에게 휴식처를 제공해 준다.

는 뜻에서 유래하였다. 그래서 도시를 상징하는 동물은 곰이다. 베를린 국제영화제의 상징 또한 곰이어서 작품상 이름이 금곰상, 은곰상 등이다.

베를린은 과거와 현대의 건축물들을 동시에 볼 수 있는 도시이다. 독일이 세계대전에 참전하여 패전한 사실을 잊지 않기 위해 만든 전쟁과 관련된 박물관 등 시설들을 둘러보기에도 좋은 곳이다. 또한 분단되었던 아픈 과거를 잊지 않기 위한 여러 장소들을 만날 수 있다.

베를린은 독일의 정치 중심지이지만 문화 예술의 중심지이기도 하다. 음악을 좋아하는 사람이라면 오페라하우스를 들러 웅장한 오페라를 감상할 수도 있다. 또한 다양한 사람들이 모여 있는 도시로도 유명하다. 각 대륙에서 교육을 받기 위해 온 사람들과 일자리를 찾아 온 사람들로 북적인다. 덕분에 유럽인, 아시아인, 아프리카인 등 다양한 인종을 만날 수 있고 크리스트교, 이슬람교 등 다양한 종교와 문화도 느낄 수 있는 도시이다.

베를린의 화려함을 만나는 곳 포츠다머 플라츠

베를린에 밤이 되었다. 화려한 밤을 만나기 위해 간 곳은 포츠다머 플라츠이다. 독일의 경제·문화의 중심지이자 베를린을 대표하는 곳으로, 우리나라 서울의 중심지인 종로, 강남 같은 곳이다. 포츠다머 플라츠 역을 중심으로 현대식 빌딩들이 자리하고 있다. 이름은 베를린 근처의 포츠담에서 유래한다. 독일이 분단되기 전까지 베를린과 포츠담 사이에서 교통의 요지 역할을 하여 수많은 도로와 교통수단이 만나는 곳이었는데, 분단되면서 이곳에 베를린 장벽이 세워졌다. 장벽이 붕괴된 이후에는 베를린을 상징하는 지역이 되었다. 포츠다머 플라츠는 건물 하나하나가 건축학적으로 뛰어난 작품으로 현대 건축의 교과서적인 장소이다.

포츠다머 플라츠의 중심 건물인 소니 센터에서는 세계적 규모의 영화제가 개최되고 있다. 칸, 베니스 영화제와 더불어 세계 3대 영화제로 유명한 베를린 국제영

베를린의 중심지 포츠다머 플라츠의 화려한 모습

화제는 애초에 독일의 통일을 바라며 개최되었는데, 이제 베를린의 대표적인 문화 산업으로 발전하였다. 영화는 보편적으로 즐길 수 있는 문화이자 베를린의 주요 산업이 되었다. 영화의 도시답게 근처에는 수십 개의 영화관과 영화 박물관이 자리 잡고 있으며, 영화 학교가 있어 영화를 공부하고자 하는 사람들의 발길이 끊이지 않는다.

베를린의 랜드마크 브란덴부르크 문, 분단에서 통일로 베를린 장벽

늦은 밤 베를린의 상징인 브란덴부르크 문에 들렀다. 하얀 대리석으로 만들어진 수직 기둥이 인상적인 건물로, 기둥은 파르테논 신전의 모습을 본떠 만들었다고 한다. 문의 윗부분에는 콰드리가(quadriga)라고 하는 조각이 장식되어 있는데, 4마리의 말을 이끄는 여신의 모습이 보인다. 이는 전쟁에서 승리한 것을 기념하기 위해 만들어진 것으로 승리의 여신을 뜻한다.

브란덴부르크 문은 프랑스의 나폴레옹에게 빼앗긴 후 다시 되찾아오게 되었다. 처음에는 도시의 상징적인 문으로서 중앙의 넓은 문을 통해서는 왕과 그의 손님들만이 왕래할 수 있었다. 동베를린과 서베를린이 분단 상태였을 당시에는 교류의 상징이었다. 분단과 함께 베를린 한복판에 장

❶ 이스트사이드 갤러리. 베를린 장벽이 남아 있는 모습. 통일을 이루며 베를린 장벽은 무너졌는데 일부분은 남아서 관광지화되어 있다.
❷ 나치스에게 학살된 유대인들을 추모하기 위한 돌들

벽이 동독과 서독은 만남을 갖고 교류할 수 있었다. 현재는 과거 분단의 상징적인 장소로 관광지가 되어 독일인뿐만 아니라 전 세계에서 많은 사람들이 찾는 명소이다.

브란덴부르크에서 향한 곳은 또 하나의 분단의 상징은 베를린 장벽이다. 동독과 서독으로 분단될 당시 수도였던 베를린 또한 분단되었다. 분단 이후 동독에서 서독으로 넘어가는 사람들을 막기 위해 1961년 동독 정부는 동베를린과 서베를린 사이에 장벽을 세우게 된다. 장벽이 세워진 이후에는 브란덴부르크 문을 통해서만 왕래가 가능해졌다.

사실 우리나라에서는 브란덴부르크 문보다 베를린 장벽이 더 유명하다. 동서를 가로질러 장벽이 약 45km를 가로막았다. 30cm짜리 벽으로 동독과 서독은 다른 나라가 되었다. 1989년 베를린 장벽이 허물어졌다. 베를린 장벽이 허물어지는 것이 곧 통일의 상징이었다. 1990년 독일은 통일을 이룬다. 이후 대부분의 장벽은 허물어졌지만 일부는 기념을 위해 남겨 두었다. 지금은 관광지

베를린의 상징적인 건축물 브란덴부르크 문. 브란덴부르크 문 위 4마리의 말이 끄는 마차를 탄 여신의 모습이 보인다.

가 되어 이스트사이드 갤러리라고 불리는 장소가 되었다. 이스트사이드 갤러리에는 독일 통일을 기념하는 유명 화가들의 벽화가 그려져 있어 많은 관광객들이 찾는 곳이다.

베를린의 거리를 걷다가 특이한 모습의 공원을 보았다. 알고 보니 이곳은 추모 공원이라고 한다. 나치스의 히틀러가 집권하던 시절 게르만족의 우월성과 유대인의 미개함을 정당화하며 많은 유대인들을 학살하였다. 이 광장에 다양한 높이의 회색 돌들이 자리 잡고 있는데, 언뜻 보면 미술 작품 같기도 하고 비석 같기도 하다. 이 돌들의 정체는 과거 유대인 학살을 추모하기 위해 만들어진 것이다.

독일 전역에는 이곳뿐만 아니라 과거 나치스의 유대인 학살과 관련된 장소들이 많이 남아 있다. 독일은 과거 자신들의 잘못을 숨기기보다 반성하는 모습을 보여 주고 있어 많은 것을 느끼게 한다.

베를린 대성당과 국회의사당

베를린 대성당의 첫 느낌은 마치 화재로 재를 뒤집어쓴 것 같았다. 돔 형태의 지붕으로 베를린 돔이라고도 불리는 이 대성당은 검게 그을린 듯한 벽면과 하늘빛의 돔 지붕이 하늘과 연결되어 보인다. 원래는 지금보다 훨씬 화려한 모습이었으나 제2차 세계대전 당시 폭격을 받아 현재의 그을린 모습으로 남게 되었다. 제2차 세계대전 이후에 재건한 건물로 입장료를 내면 대성당의 내부를 구경할 수 있다. 성당 안은 외부보다 더 화려한데, 스테인드글라스가 반짝이며 금빛 조각품들

베를린 대성당.
그을린 듯한 건물과 에메랄드빛 지붕이 인상적이다.

독일 국회의사당 외관과 내부. 외관은 고풍스러운 분위기이지만 안으로 들어가면 최신식 설비를 갖춘 건물을 만날 수 있다.

이 가득 차 있다.

대성당의 앞쪽에는 넓은 잔디밭이 펼쳐져 있어 시민들의 휴식처이자 광장의 역할을 해 주기도 한다. 잔디에 누워 일광욕을 즐기고 여유롭게 독서도 하며 가족 단위로 휴식을 만끽하기도 한다.

다음 여행지는 현재의 독일을 만날 수 있는 곳으로 정했다. 건물 밖과 안의 느낌이 사뭇 다르다. 1871년 독일이 하나의 나라로 통일을 이룬 뒤 국회의사당 건축이 계획되었으며, 12년 뒤 완공되었다. 독일의 국회의사당은 독일 민주주의를 상징하는 장소이다.

국회의사당의 외관은 전통적인 모습을 잘 간직하고 있지만, 내부는 매우 현대적인 시설을 갖추고 있다. 건물 꼭대기에는 유리로 된 돔이 설치되어 있는데, 이는 전망대로 일반인들에게 개방되어 있다. 홈페이지에 들어가서 미리 예약을 하면 돔에 올라 베를린 시내를 감상할 수 있다. 사전 예약을 하면 국회의사당 내부나 회의 모습도 참관할 수 있으니 현재의 독일을 만나고 싶은 사람에게 추천한다.

2,000년의 역사를 간직한 쾰른

쾰른을 방문한 이유는 오로지 대성당을 보기 위해서였다. 쾰른 대성당은 뾰족한 첨탑과 아치형 지붕, 그리고 스테인드글라스로 장식된 고딕 양식의 대표적 건축물이다. 쾰른 대성당은 예수의 탄생을 축복해 주었던 동방박사 세 사람의 유골을 이탈리아로부터 가져오게 된 것을 기념하기 위해 만들어졌다고 한다. 600년이 넘는 공사 기간이 소요된 만큼 웅장한 규모를 자랑하는 건축물로, 중세 시대에 설계

쾰른 대성당. 건물 자체만으로도 웅장함이 느껴진다.

되어 근대에 들어와 완성된 것이다. 오랜 기간 동안 수많은 사람들의 땀과 노력이 결실을 맺은 건축물이다.

처음 성당을 건축할 당시에는 작은 건물이었다. 도중에 화재가 발생하였는데, 아무도 성당 건축에 투자하려 하지 않아 그대로 방치되었다. 300여 년이 지나 우연히 성당의 설계도가 발견되면서 성당 건축이 활기를 띠었고, 쾰른 지역에 대규모 성당을 건설하고자 하는 시민들의 요구와 후원으로 대성당 건축이 다시 시작되었다. 1880년 성당의 탑이 완성되면서 드디어 대성당의 건축이 끝났다.

그때 쾰른 대성당이 유명했던 것은 웅장한 규모뿐만 아니라 당시에는 세계에서 가장 높은 건물이었기 때문이다. 9년 뒤 프랑스 파리에 에펠 탑이 등장하여 그 지위를 상실하게 되었지만, 9년 동안은 세계에서 가장 높은 건물이었다. 오늘날에는 고딕 양식 건축물의 대표이자 독일을 대표하는 건축물로 유네스코 세계 문화유산으로 지정되어 보호받고 있다.

독일의 정취를 느낄 수 있는 라인강

라인강을 찾은 날은 날씨가 유독 흐렸는데, 그래서인지 라인강이 더욱 운치 있게 느껴졌다. 라인강은 유럽을 흐르는 큰 강으로 알프스 산지에서 시작하여 북해로 흐른다. 길이가 약 1,300km로 서울에서 부산까지의 약 3배에 달하며 스위스, 독일, 네덜란드 등을 지나가는 국제 하천이다. 라인강은 독일의 대표적인 강이다. 특히 독일에서는 라인강을 중심으로 공업과 도시가 발달하였

라인강

다. 라인강은 수운이 발달하기로 유명한 강이다. 수운이란 강에서 배를 띄우는 것을 말하는 것으로, 예를 들어 강을 통해 자동차를 수출입하는 것이다.

유럽 기후는 우리나라와 다르게 1년 내내 강수량이 고르게 온다. 우리나라는 여름철에 1년에 절반 이상의 비가 내려 홍수와 범람이 자주 일어난다. 그러나 유럽은 고른 강수량으로 강물의 양도 항상 일정하다. 강에 큰 배가 지나다니려면 일정한 수심이 필요한데, 라인강은 1년 내내 수심이 확보되어 수운을 활용하기에 좋은 점을 가지고 있다. 라인강을 여유롭게 즐기려면 라인강 크루즈를 이용하는 것이라고 한다. 크루즈는 다음을 기약하며 다음 여행지로 떠난다.

❶ 서독의 임시 수도였던 본의 시내 모습. 명성과는 다르게 너무나 평온한 작은 도시이다.
❷ 본 대학. 여러 학문이 발달한 독일이므로 각국의 유학생들을 많이 볼 수 있다.

베토벤의 도시 본

본은 다른 독일의 도시들에 비해 유명한 관광지는 아니어서 좀 더 조용하고 포근한 느낌의 여유로운 여행지이다. 본에서 가장 처음 찾은 곳은 음악의 성지이다. 본은 베토벤이 태어나고 자란 도시이다. 베토벤의 생가와 관련 유물들을 아주 잘 보존하고 있어 베토벤을 만나고 싶어 하는 사람들의 발길이 끊이지 않는다. 베토벤이 공부하던 곳에는 대학이 세워져 있으며, 본은 교육의 도시로도 유명하다.

베토벤의 생가

맥주와 소시지의 나라

독일의 마트에 가면 신선한 과일과 다양한 소시지들이 식욕을 자극한다. 축제 하면 빼놓을 수 없는 또 하나가 바로 음식이다. 새로운 장소에 가서 그 지역의 음식을 경험해 보는 것이야말로 진정한 여행이 아닐까. 독일은 지방마다 특색이 달라 음식도 다양하다. 소시지와 맥주도 지역마다 만드는 법과 맛이 다르다. 독일의 동쪽 지역은 다른 지역에 비해 맛이 강하고, 바다에 인접한 지역에서는 수산물을 이용한 음식이 발달하였다. 독일의 남부 지역이 우리가 흔히 알고 있는 소시지와 맥주의 대표적인 지역이다.

소시지는 부르스트라 불리며 독일을 대표하는 음식이다. 대표적으로는 돼지고기를 사용하며, 지역에 따라 소나 양을 사용하기도 한다. 독일은 전통적으로 농업보다는 목축업이 발달하여 돼지고기, 쇠고기, 양고기 등 고기를 주식으로 하는 식사 문화가 발달하였다. 고기가 주식이다 보니 여러 형태로 가공해 먹는데, 그중 하나가 소시지 문화이다. 크기나 모양, 맛은 지역에 따라 1,000여 가지나 될 정도로 다양하지만 돼지고기를 가공하여 소시지를 만들어 거의 매일 먹는다는 점은 어디에서나 볼 수 있는 공통적인 특징이다. 햄버거라고 하는 말은 독일의 함부르크 지방에서 빵과 빵 사이에 소시지를 끼워 먹던 것에서 유래되었다. 그만큼 소시지는 독일을 대표하는 대중적인 음식이다.

맥주 또한 독일을 대표하는 음식이다. 독일에서는 16세기 맥주순수령이 만들어졌다. 맥주순수령이란 맥주를 만들 때 보리, 홉, 물, 효모를 제외한 그 어느 것도 넣지 않

소시지의 나라답게
다양한 형태의 소시지와 과일들

<u>**TIP**</u> **축제의 도시**

독일은 1년 내내 다채로운 축제들이 열려 전 세계에서 많은 사람들이 찾아오는 나라이다. 독일을 비롯한 유럽 여러 나라들은 저녁 8시만 되면 상점의 문을 닫는다. 이처럼 저녁이 되면 가족과 함께 집에서 식사를 하는 것이 보편적인 문화인 독일 사람들이 밤늦도록 집에 가지 않고 즐기는 기간이 바로 축제이다. 축제의 나라답게 지역마다 다채로운 축제들이 열린다.

그중 가장 유명한 축제는 맥주 축제이다. 정식 명칭은 옥토버페스트로 10월의 축제라는 뜻이다. 9월 셋째 주부터 10월 첫째 주까지 열린다. 원래는 뮌헨에서 10월에 개최되어 옥토버페스트라는 이름이 붙여졌으나, 세계에서 많은 관광객이 찾아오자 좀 더 따뜻하고 날씨가 좋은 9월부터 축제가 시작되었다. 세계 3대 축제라는 브라질의 리우 카니발, 일본의 삿포로 눈 축제, 그리고 옥토버페스트이다. 브라질의 리우 카니발은 1년 동안 열심히 번 돈을 화려하게 쓰기로 유명한 축제라면, 옥토버페스트는 가장 수익이 높은 축제로 유명하다. 1810년 10월 바이에른 공국의 왕인 빌헬름 1세의 결혼을 축하하는 축제로 시작하였다가, 1883년 맥주 회사들이 후원하면서부터 독일 국민의 사랑을 받는 독일의 축제가 되었다. 대형 맥주 회사들이 여는 행사와 대형 천막에서 맥주의 본고장인 독일의 다양한 맥주를 맛본다. 축제 기간 중에는 맥주를 마실 수 있는 천막들이 즐비하고, 아이들을 위한 놀이 기구가 설치되며 다양한 길거리 음식들이 등장한다. 맥주를 즐기는 어른뿐만 아니라 아이들을 비롯하여 모든 사람들이 즐길 수 있는 다채로운 축제이다.

아야 한다는 것이다. 그로 인해 독일의 맥주는 품질을 지켜 갈 수 있었으며, 그 어느 나라의 맥주보다 깔끔하며 맛있다. 맥주를 좋아하는 사람이라면 독일에 가서 맥주를 맛보고 오는 것만으로도 만족할 수 있을 것이다. 독일 전역에는 1,000개가 넘는 양조장이 있어서 다양한 맥주를 맛볼 수 있다. 각각의 양조장마다 전통을 이어 자신의 맥주를 만들어 내고 있다. 우리 나라에서 맥주는 어른들만 마실 수 있는 술이지만, 독일에서는 14세가 되면 누구나 마실 수 있는 국민 음료이다.

독일에는 풍부한 포도를 이용한 와인도 발달하였다. 와인 생산국으로 유명한 프랑스에 버금갈 정도로 질 높은 와인을 많이 생산하는 나라지만 맥주의 인기가 압도적이다 보니 와인은 상대적으로 덜 유명하다. 독일은 흐린 날씨가 많아 포도를 재배하기에 알맞은 환경은 아니지만 이를 잘 극복하여 포도 생산이 많은 나라이다. 맛있는 와인들이 발달되어 있으며, 특히 화이트 와인의 품질이 높기로 유명하다. 레드 와인보다 화이트 와인의 생산량이 많으며, 다른 나라의 화이트 와인보다 도수가 낮고 당도가 높아 누구나 즐기기에 적합하여 인기가 많다.

독일인들은 축제 때가 되면 맥주뿐 아니라 와인을 마시기도 한다. 글뤼바인이라고 하여 와인에 레몬, 설탕이나 꿀 등을 넣고 끓여 마시는 것이다. 일반적인 와인보다는 달고 알코올 도수가 낮아 많은 사람들이 부담 없이 마시기에 좋아 축제와 파티에서는 빠질 수 없는 술이자 음료이다.

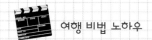 여행 비법 노하우

교통·숙박·음식

☞ 항공...여행 시간이 정확히 정해졌다면 할인 항공권을 구입하는 것이 유리하다. 직항편보다는 경유편이 좀 더 저렴하니 시간이 넉넉하다면 경유편을 선택하는 것이 더 나으며, 한국의 항공사들보다는 독일의 항공사 제품을 이용하는 것이 더 저렴하다.

☞ 숙박...고급 호텔부터 저렴한 유스호스텔까지 다양하며, 자신의 관광 지역과 인접한 곳에서 숙박하는 것이 유리하다. 인터넷으로 꼼꼼히 비교하며 예약하는 것이 비용상으로 유리하다.

☞ 음식...독일에 가면 지역마다 다양한 소시지를 먹어 보아야 한다. 또한 길거리에서 쉽게 볼 수 있는 프레첼도 별미이며, 독일을 대표하는 음식은 역시 맥주이다. 독일의 짭짤한 소시지와 맥주는 찰떡궁합을 자랑한다.

이곳도 함께 방문해 보세요

아기자기한 포도의 마을 코헴

코헴은 포도와 와인으로 유명한 지역이다. 모젤 강변에 위치한 아기자기한 작은 마을로 강가의 넓은 포도밭에 포도들이 자라나고 있으며, 탐스런 포도를 이용한 와인 산업이 발달한 작은 마을이다. 코헴은 다른 독일의 마을과 마찬가지로 화이트 와인 생산지로 유명하다. 모젤 강가의 여유로운 독일 마을을 바라보며 달콤한 화이트 와인을 맛볼 수 있는 지역이다.

아름다운 모젤 강과 넓은 포도밭(위)
코헴의 골목길(아래)

 참고문헌

· 시공사 편집부, 2013, 저스트고 독일, 시공사.
· 독일관광청(http://www.germany.travel/en/index.htm)

09

세 가지의 다른 매력으로 유럽을 하나로 만든

베네룩스 3국

우리나라에서 베네룩스를 알고 있는 사람들은 그리 많지 않을 것이다. 어느 대륙에 있는 나라냐고 물어보는 이도 있다. 베네룩스란 벨기에, 네덜란드, 룩셈부르크 세 나라의 첫 글자를 따서 만들어진 이름이다. 베네룩스 3국을 합친 면적이 전 세계에서 작은 나라에 속하는 우리나라의 2/3 정도밖에 되지 않으니 참 작은 나라들인 것만은 확실하다.

그럼 이 세 나라는 왜 함께 베네룩스 3국이라고 불리는 것일까? 일단 지리적으로 인접해 있고, 영국, 프랑스, 독일 등 강대국들로 둘러싸인 유럽의 가장 중심에 위치한 국가들이다. 세 나라의 역사를 보면 강대국들에 의해 침략당하고, 분리되었다가 합쳐졌다가를 반복하는 고난의 역사를 가지고 있다. 그래서 제2차 세계대전 중 런던에 망명했던 이들 3국 정부는 1944년 9월 베네룩스 관세 동맹을 맺는다. 이 동맹은 경제적 동맹임과 동시에 정치적, 군사적 동맹이었다. 이 작은 세 나라의 동맹은 유럽 전체에 큰 변화의 바람을 일으켰고 유럽석탄철강공동체(ECSC), 유럽공동체(EC)를 거쳐 하나의 유럽을 지향하는 유럽연합(EU)으로 만드는 시발점이 되었다.

베네룩스 3국은 유럽을 여행하는 우리나라 여행객들이 쉽게 들르기 힘든 나라들이다. 유럽은 워낙 멀리 있는 곳이기에 영국, 프랑스, 독일, 스페인, 이탈리아 등 세계적 여행지를 짧은 시간에 돌아보기도 벅차기 때문이다. 하지만 베네룩스 3국은 작지만 유럽을 하나로 만든 강한 나라들이며, 각각 특색 있는 역사와 문화를 가지고 있기 때문에 꼭 시간을 내서 여행해 보길 추천한다.

자유를 사랑하는 강한 나라, 네덜란드

서유럽의 작은 나라 네덜란드는 우리에게는 이웃 같은 친근함으로 다가오는 나라이다. 2002년 한일 월드컵에서 대한민국 축구 국가 대표팀을 4강까지 올려놓았던 거스 히딩크 감독의 고향이자 아시아 축구 레전드로 불리는 박지성 선수가 뛰었던 명문 축구클럽 PSV 에인트호번이 있는 나라이기 때문이다.

네덜란드의 정식 명칭은 네덜란드 왕국으로 국왕이 있는 입헌군주제 국가이다. 현재 국왕은 빌럼 알렉산더르이다. 그런데 남성이 네덜란드 국왕이 된 것은 123년 만이라고 하니, 영국도 그렇고 유럽은 여왕이 참 많은 것 같다. 수도는 암스테르담이지만 정부 청사와 의회 등 정부 기능은 헤이그에 있다.

네덜란드를 여행하는 동안 다행히 지인이 암스테르담 근교에 살고 있어 암스테르담에 머무는 이틀 동안은 숙박비를 아끼게 되었다. 유럽은 물가가 비싸서 500mL 물 한 병이 약 1.5유로로 한화로 2,000원 정도인데, 이는 우리나라의 약 3~4배에 이른다.

유럽 대부분의 나라가 그렇지만 암스테르담 중앙역을 빠져나와 문트 광장에서 주위를 둘러보면 마치 타임머신을 타고 중세 시대로 되돌아간 듯한 느낌이 든다. 암스테르담 중앙역은 1889년에 지어져 무려 130년 가까이 된 역이다. 짧은 시간에 많은 곳을 여행하려면 시티 투어 버스를 타는 것도 좋지만, 진짜 네덜란드인의 여유와 자유를 느끼고 싶다면 트램을 타는 것이 좋다. 유럽은 트램이라는 교통 시스템이 매우 발달되어 있는데, 암스테르담 역시 시내 지역을 돌아다니기에는 트램이 편하다. 네덜란드의 트램은 우리나라 버스 2대 정도의 길이인데, 트램 중간에서 검표원이 표검사를 한다는 것이 특징이다.

안네 프랑크의 집, 세상의 모든 꽃이 있는 곳 싱겔 꽃시장

안네 프랑크의 집을 가려면 암스테르담 중앙역에서 트램을 타고 베스터마르크트에서 내리면 된다. 담 광장에서는 천천히 암스테르담을 즐기면서 20분 정도 걷다 보면 금세 도착한다. 트램에

안네 프랑크의 집

서 내리자마자 왠지 모를 슬픈 표정을 하고 있는 안네 프랑크의 동상이 여행객들에게 인사를 한다. 안네 프랑크의 집은 워낙 역사적 의미가 있고 네덜란드를 방문한 여행객들이 꼭 들르는 곳이기에 항상 줄이 길게 늘어서 있다.

안네 프랑크의 집은, 전 세계 70여 개국에서 번역되었고 약 3,500만 명이 읽은 『안네의 일기』의 주인공 안네 프랑크가 제2차 세계대전 당시 나치 정권의 유대인 학살을 피하기 위해 아버지 오토 프랑크가 운영하던 공장에 만든 은신처이다. 『안네의 일기』는 여기서 안네의 가족을 포함한 8명이 독일 나치군에 발각되어 포로 수용소로 잡혀가기까지 약 2년간 숨어 살면서 쓴 일기다. 독일군에 발각되어 포로 수용소로 끌려간 안네는 장티푸스로 사망하고, 유일하게 살아남은 아버지 오토 프랑크가 다시 돌아와 이 일기를 발견하게 된다. 오토 프랑크는 전쟁의 참상을 알리기 위해 딸의 일기를 세상에 공개하고 이곳을 박물관으로 보존하였다. 안네 프랑크의 집에는 일기 원본과 안네가 쓰던 소지품 및 생필품, 옷가지 등이 그대로 전시되어 있다. 집 내부를 둘러보면서 전쟁의 참상을 간접적으로 경험할 수 있다.

튤립의 나라 네덜란드는 세계 꽃시장의 60% 이상을 장악하고 있다. 네덜란드는 국토의 1/4 정

싱겔 꽃시장 내부

도만이 농사를 지을 수 있는 땅이고, 바다를 막아 만든 간척지가 1/4 정도를 차지한다. 그런데 이 간척지는 농사를 짓기 부적합한 땅이어서 여기서 원예 농업과 낙농업을 하기 시작한 것이다. 그리고 자연적으로는 일 년 내내 편서풍의 영향을 받아 겨울철도 따뜻하고, 인문적으로는 나라 주변에 5억이라는 유럽 대소비 시장이 존재하기에 때문에 네덜란드가 원예 농업의 강국이 될 수 있었다.

문트 광장의 문트 탑에서 싱겔 운하를 따라 싱겔 꽃시장이 자리하고 있다. 그 나라를 제대로 알려면 가장 먼저 시장을 가 보라는 말이 있듯이 싱겔 꽃시장을 걷는 동안 살아 있는 네덜란드를 느낄 수 있다. 튤립뿐만 아니라 유럽에서 볼 수 있는 모든 꽃이 모여 있다고 해도 과언이 아니다. 특히 식충 식물, 마리화나 재배 도구 등 우리에게는 낯설고 신기한 구경거리도 많다.

광기와 열정의 화가, 반 고흐의 박물관

반 고흐 박물관은 안네 프랑크의 집과 더불어 네덜란드 여행의 필수 코스여서 항상 사람들이 북적거린다. 홀란드 패스나 암스테르담 카드를 구입하면 다른 입구로 좀 더 빠르게 입장할 수 있다. 반 고흐 미술관은 아쉽게도 사진 촬영을 철저히 통제하고 있다. 미술관에는 반 고흐의 그림 200여 점과 500여 점의 데생, 750점의 기록 등 전 세계에서 반 고흐의 작품이 가장 많이 전시되어 있

뮤지엄 광장을 주변으로 반 고흐 박물관, 국립박물관, 시립 근대 박물관 등이 위치하고 있어 함께 관람하면 좋다.

는 곳이다.

반 고흐 미술관의 특징은 반 고흐의 작품을 연대순·시기별로 전시하고 있어 심리 상태와 시대적 상황을 이해하면서 볼 수 있어 좋다. 그리고 박물관에는 반 고흐의 작품뿐 아니라 동시대의 19세기 인상파, 신인상파 운동에 참여했던 대표적 작가들의 작품도 전시되어 있는데, 대표적으로 고갱, 툴루즈 로트레크, 클로드 모네, 에밀 베르나르, 그리고 고흐가 존경했던 밀레와 레옹 레르미트, 고흐의 동생 테오 등의 작품들이 있다.

풍차, 치즈 그리고 나막신의 마을 잔서스한스

네덜란드는 국토의 1/4이 해수면보다 낮아 옛날부터 물이 자주 범람하였다. 그래서 홍수를 막기 위해 댐을 쌓고 간척지를 만들었고, 그 결과 현재는 국토의 1/4이 간척지이다. 풍차는 간척지를 만드는 과정에서 해수면의 높이를 일정하게 유지하기 위해 끊임없이 물을 퍼내는 역할을 하는 배수 시설로 중요한 역할을 담당하였다.

네덜란드 간척 산업에 지대한 공을 세웠던 풍차는 한때는 11,000여 개에 이르렀지만, 산업 혁명 이후 증기 기관에 자리를 물려주면서 서서히 사라져 가게 된다.

치즈와 나막신 제조 공장

네덜란드를 대표하는 풍차. 이곳에 여행을 왔다면 당연히 풍차를 보고 가야 하지 않을까. 네덜란드의 대표적인 풍차 마을은 암스테르담 근교의 잔서스한스와 유네스코 세계 문화유산으로 등재된 로테르담 인근의 킨더다이크 풍차 마을을 들 수 있다. 그중 잔서스한스는 암스테르담 중앙역에서 기차로 15분 정도 떨어진 근교에 위치하여 잠깐 시간을 내서 풍차 마을을 다녀올 수 있는 장점이 있다. 코잔디크 역에서 15분 정도만 걸어가면 한적한 잔서스한스 마을이 보인다. 저 멀리 풍차를 보면서 시골 마을을 걷는 것도 참 낭만적이다. 잔서스한스 마을은 풍차뿐만 아니라 나막신과 치즈 제조 과정을 한 번에 볼 수 있다는 장점이 있다. 풍차를 보고 조금 더 안쪽으로 걸어가면 나막신과 치즈 만드는 과정을 볼 수 있는 조그마한 공장들이 있다.

로테르담과 독립운동의 성지 헤이그, 이준 열사 기념관, 국제사법재판소

라인강과 마스강 하구에 위치한 로테르담은 네덜란드 제2의 도시이자 유럽의 관문 역할을 하는 최대의 무역항 유로포트가 있는 도시이다. 이름에서 알 수 있듯이 로테르담도 암스테르담과 같이 로테강에 둑(댐)을 쌓아 만든 도시이다. 로테르담은 제2차 세계대전 당시 독일의 공습을 받아 대부분의 건물이 파괴된 탓에 유럽의 여느 도시들처럼 고풍스러운 맛은 느낄 수 없다. 네덜란드는 폐허가 된 로테르담을 복구하는 과정에서 가장 현대적인 디자인의 혁신적인 건축물들로 채웠고, 그 결과 로테르담은 세계적인 건축 도시로 변모하게 되었다. 대표적으로 건축 분야의 노벨상이라고 불리는 프리츠커 상을 수상한 렘 콜하스가 설계한 '드 로테르담', 쓰러질 것만 같은 'KPN타워', 주사위를 모아 놓은 것 같은 '큐브하우스' 등이 있다.

서울 남산타워를 올라가면 탁 트인 서울의 전경을 감상할 수 있듯이, 로테르담에서는 유로마스트라는 185m 높이의 전망대에 올라가면 로테르담의 전경과 유로포트를 한눈에 볼 수 있다.

네덜란드의 행정 수도 헤이그는 우리나라 항일 독립운동의 한이 서려 있는 곳이다. 1905년 대한제국은 일본의 강압으로 을사늑약을 체결함에 따라 외교권을 일본에 박탈당한다. 그리고 2년

16세기 네덜란드는 스페인의 통치를 받았다. 당시 통치자 알바 공작은 네덜란드 귀족들의 요구를 묵살하고 개신교를 탄압하였다. 그 과정에서 2만 명이 처형당하면서 네덜란드는 독립 전쟁을 일으키게 된다. 이 독립 전쟁을 이끈 사람이 빌럼 1세였다. 그는 오랑주 마을이 공국으로 승격되면서 오라녜 공이라는 칭호를 받는다. 당시 오렌지 보급의 중심지였던 오랑주 마을은 발음도 오렌지를 연상시켰다. 그래서 오라녜가를 상징하는 색이 오렌지색이었다. 빌럼 1세는 1579년 네덜란드 공화국의 초대 총독으로 취임하였고, 오라녜가의 상징인 오렌지색이 네덜란드를 상징하는 색이 되었다.

후 1907년 네덜란드 헤이그에서는 제2차 만국평화회의가 개최될 예정이었다. 이를 알게 된 고종 황제는 을사늑약의 위법성을 전 세계에 알리기 위해 이준을 헤이그에 특사로 보낸다. 이준은 중국, 러시아를 걸쳐 64일 만에 헤이그에 도착한다. 하지만 일본의 방해와 당시 서구 열강들의 무관심으로 그 뜻을 이루지 못하고 이준 열사는 멀고 먼 이국 땅 헤이그에서 순국하게 된다.

네덜란드 헤이그 바겐 스트라트 124번지, 바로 1907년 7월 14일 이준 열사가 순국한 현장으로, 유럽의 유일한 항일 운동의 유적지이다. 이곳은 당시 드 용이란 호텔로 이준, 이상설 특사가 헤이그에 있는 동안 머물렀던 숙소였다. 이후 당구장, 가정집, 상가 등으로 사용되다가 1995년 8월 5일 이준 열사 기념관으로 개관하게 되었다. 오래된 나무 계단을 한 걸음 한 걸음 올라갈 때마다 삐걱삐걱

❶ 이준 열사 기념관 내부
❷ 국제사법재판소

소리가 나는데 나도 모르게 가슴이 벅차 올랐다. 2층에 올라서자마자 이준 열사의 흉상과 빛바랜 태극기가 걸려 있고, 뒤쪽으로 돌아가면 이준 열사가 묵었던 호텔방이 있다.

헤이그는 네덜란드의 행정 수도이기도 하지만 국제사법재판소(ICJ), 국제상설중재재판소(PCA), 국제형사재판소(ICC), 국제유고전범재판소(ICTY) 등 세계의 사법부라고 해도 될 정도로

법과 관련된 국제기구들이 많다. 그중 우리에게 가장 낯익은 국제사법재판소는 1945년 국가 간의 분쟁을 해결하기 위해 국제연합(UN)과 함께 설립된 국제 사법 기관이다.

달콤·고소·시원한 유럽의 수도, 벨기에

우리에게 벨기에라는 나라는 다소 낯설게 느껴진다. 2014 브라질 월드컵 때 우리나라와 예선전에서 같은 조에 속한 나라였던 정도로 알고 있다. 하지만 오줌싸개 소년, 초콜릿, 와플, 플랜더스의 개를 이야기하면 친숙하게 느껴지는 나라다. 우리나라 경상도 정도의 면적을 가졌지만 벨기에는 볼거리와 먹거리가 풍부한 나라이다.

벨기에의 정식 명칭은 벨기에 왕국으로 네덜란드처럼 입헌군주제 국가이다. 베네룩스 3국은 현재 각각의 독립된 국가들이지만 원래는 하나의 국가였다. 벨기에는 종교적 이유로 네덜란드로부터 독립하게 된다. 당시 네덜란드 왕국의 북부 지역인 지금의 네덜란드 지

벨기에의 길거리 음식인 각종 와플들

역은 개신교 신자가, 남부 지역인 벨기에 지역은 가톨릭 신자가 많았는데, 네덜란드 왕이 남부 지역의 가톨릭 신자들에게 신교를 강요하자 벨기에 지도자들이 이에 대항한 끝에 1839년 런던 조약에 따라 벨기에가 네덜란드로부터 독립하게 된 것이다.

벨기에를 여행하면 꼭 먹어 봐야 할 세 가지가 있는데 바로 초콜릿, 와플, 맥주이다. 벨기에에서는 우리나라 편의점만큼이나 많은 초콜릿 가게를 볼 수 있다. 벨기에 초콜릿은 세계적인 명품 초콜릿으로 유명하다. 딱딱한 초콜릿 속에 고소한 견과류와 부드러운 크림이 든 조개, 소라 모양의 초콜릿이 벨기에를 대표하는 길리안 초콜릿이다. 특히 유명한 벨기에 초콜릿으로는 초콜릿 속에 크림, 견과류를 채워 넣은 프랄린 초콜릿이 있고, 고디바, 레오니다스, 노이하우스 등도 대표적인 명품 브랜드이다.

벨기에의 고소함은 와플이 책임지고 있다. 고프레라고도 불리는 와플은 '벌집'이라는 뜻을 가지고 있다. 벨기에의 와플은 대표적인 길거리 음식으로 크게 브뤼셀 와플과 리에주 와플로 나뉜다.

그중 길거리에서 쉽게 맛볼 수 있는 와플은 리에주 와플이다.

벨기에의 또 다른 먹거리는 바로 벨기에 맥주이다. 벨기에는 독일과 달리 맥주 제조에 대한 규제가 없어 허브, 과일, 약초 등 다양한 방법으로 발효시킨 독특한 향과 맛의 맥주들이 많아 유럽인들에게 사랑받고 있다. 우리나라에서도 마니아층이 꽤 있는 호가든, 벨기에의 수도원에서 만든 레페, 유럽 최고의 프리미엄 맥주 스텔라 아르투아가 대표적이다.

황금의 광장, 그랑플라스

벨기에 시청사의 첨탑

벨기에 수도 브뤼셀 중심의 그랑플라스는 우리에게도 잘 알려진 『레미제라블』, 『노트르담 드 파리』를 지은 프랑스 소설가 빅토르 위고가 세상에서 가장 아름다운 광장이라고 극찬한 곳이다. 유럽 여행을 계획하면서 상상하던 유럽과 가장 비슷한 곳이 아닌가 하는 생각이 든다. 그랑플라스는 16세기 고딕 양식과 17세기 바로크 양식의 건축물들로 둘러싸여 있어 유럽적인 분위기가 물씬 풍기는 곳이다. 그랑플라스는 '대광장'이란 뜻이지만 학교 운동장만 한 그리 크지 않은 광장으로 과거 브뤼셀의 정치적·상업적 중심지였다. 네덜란드 여행의 시작과 끝이 담 광장이라면, 벨기에 여행의 시작과 끝은 그랑플라스이다. 그랑플라스 주변은 벨기에 여행에서 꼭 가려고 생각했던 곳의 절반 이상이 자리하고 있을 만큼 볼거리가 많아 전 세계의 여행객들로 항상 북적인다.

1998년 유네스코 세계 문화유산으로도 등재된 그랑플라스는 시청사, 왕의 집, 길드하우스 등 벨기에의 역사를 그대로 간직한 건축물들로 둘러싸여 있다. 그중 96m의 하늘을 찌를 듯한 첨탑이 있는 시청사는 16세기 고딕 양식의 건물로, 1695년 프랑스 루이 14세의 침략을 받아 그랑플라스가 초토화되었을 때도 유일하게 남은 건물이라고 한다. 첨탑 꼭대기에는 브뤼셀의 수호신인 성 미셸상이 금으로 도금되어 있다.

16세기 초 고딕 양식으로 건축된 왕의 집은 현재 시립박물관으로 사용되고 있다. 시립박물관은 특히 세계 각국의 정상과 유명인들에게 선물 받은 오줌싸개 소년 동상의 옷 750여 벌이 전시되어 있어 꼭 방문해 볼 만한 곳이다. 이중 우리나라 김대중 대통령이 벨기에를 방문했을 때 선물한 도

시립박물관 내부

브라반트 공작관

련님 한복도 한자리 차지하고 있다.

브라반트 공작관은 길드라는 동업자 조합이 성행하던 시절 6개의 길드 하우스가 합쳐진 건물이다. 바로크 양식으로 지어진 이 건물은 현재 상점과 초콜릿 박물관으로 사용되고 있는데, 초콜릿 박물관에서는 초콜릿의 역사와 제조 과정은 벨기에 초콜릿도 시식할 수 있다.

유럽의 수도 벨기에, EU 본부

최근 그리스의 경제 위기로 매스컴에서도 자주 언급되는 유럽연합(EU)은 유럽 국가들의 경제적 연합을 넘어 정치적으로 하나의 유럽을 만들기 위해 1993년 11월 1일 출범한 기구이다. 현재 독일, 프랑스, 영국, 네덜란드, 벨기에, 룩셈부르크 등 28개국이 회원국으로 있다. EU의 최종 목표는 유럽을 하나의 국가로 만드는 것이므로 일반적인 국가들처럼 행정부, 사법부, 입법부가 있다.

EU 본부

그중 EU의 정부에 해당하는 행정부가 벨기에의 브뤼셀에, 사법부에 해당하는 사법재판소는 룩셈부르크에, 입법부에 해당하는 의회는 프랑스에 있다.

세계에서 가장 잘사는 중세 도시, 룩셈부르크

'작은 성'이라는 의미를 지닌 명칭의 룩셈부르크는 면적이 서울의 4배, 제주도의 1.5배 정도 되는 나라이다. 정식 명칭은 룩셈부르크 대공국으로 네덜란드나 벨기에처럼 왕국이 아니라 대공(Grand Duch)이 다스리는 대공국이다. 현재 전 세계에서 대공국은 룩셈부르크뿐이라고 한다.

이처럼 왕이 다스리는 왕국도 아니고 유럽 지도에서는 잘 보이지도 않을 만큼 작지만, 1인당 국민소득이 약 11만 달러로 세계에서 가장 잘사는 나라이다. 산업화 시기에는 세계 최고의 철강 국가였고, 현재는 유럽재판소, 유럽의회 사무국, 유럽투자은행 등이 위치한 유럽의 수도라고 해도 과언이 아닌 나라이다. 룩셈부르크는 프랑스의 파리, 벨기에의 브뤼셀, 독일의 프랑크푸르트에서 3~4시간 정도밖에 걸리지 않기 때문에 하루 시간을 내어 여행해 보는 것도 좋다.

베네룩스 3국 중 역사적으로 유럽 강국의 침략과 서러움을 가장 많이 겪은 나라가 룩셈부르크이다. 이러한 상황에서 살아남기 위해서는 튼튼한 방어벽을 세울 수밖에 없었을 것이다. 그래서 룩셈부르크의 성들은 다른 유럽 국가보다 훨씬 높고 튼튼하게 세워져 있다. 수도 룩셈부르크는 정말 도시 자체가 요새이다. 길고 긴 시간과 수많은 외세의 침략으로 많은 곳이 허물어졌지만 오늘날까지도 잘 보존되어 있어 1994년 유네스코 세계 문화유산으로 등재되어 있다.

북쪽의 지브롤터 보크의 포대, 그리고 아름 광장

룩셈부르크는 도시 자체가 요새여서 '북쪽의 지브롤터'라고 불리기도 한다. 이 중 가장 튼튼한 요새임을 한눈에 볼 수 있는 곳이 보크의 포대이다. 보크의 포대는 프랑스, 독일 등 강대국에 둘러

아름 광장

보크의 포대

싸여 고달팠던 룩셈부르크의 역사를 그대로 보여 주는 곳이다. 963년 지크프리트 백작이 처음 성벽을 쌓은 이래 1867년 런던 조약 후 중립국이 되기까지 룩셈부르크를 지키기 위해 끊임없이 쌓아 왔다.

유럽 여행을 하면 항상 그 도시를 대표하는 광장에서 여행이 시작되고 끝을 맺는다. 룩셈부르크에서 이러한 역할을 하는 곳이 아름 광장이다. 아름이란 왠지 동화에 나오는 귀여운 단어 같지만 '무기'라는 뜻이라고 한다. 아름 광장은 과거에 위병이 주둔해 있던 곳으로, 규모도 아주 작고 화려한 옛 건축물로 둘러싸여 있진 않지만 가장 유럽적인 분위기를 즐길 수 있는 곳이다. 광장 주변으로 노천 카페들이 들어서 있어 차 한잔 마시면서 광장 중앙에서 수시로 춤과 음악을 하는 사람들을 바라보는 여유를 가지는 것도 좋은 것 같다.

헌법 광장에 자리한
한국전쟁 참전 희생자를 추모하는 탑

한국전쟁과 헌법 광장

헌법 광장은 룩셈부르크와 우리나라가 인연이 깊다는 것을 잘 알려 주는 곳이다. 룩셈부르크는 한국전쟁 당시 군대를 파병한 16개국 중 하나이다. 80명의 군인을 파견했는데, 당시 룩셈부르크의 인구는 20만 명이었고 군사가 700명 정도였다고 한다. 자국 군대의 10%를 파병했다고 생각하면 대단한 인연인 셈이다. 헌법 광장 황금의 여신상 아래에는 한국전쟁 희생자를 추모하는 글귀가 새겨져 있다.

유럽을 하나로 만든 작은 마을

룩셈부르크 남부 지방의 조용한 마을 솅겐에서 유럽을 하나로 만드는 사건이 일어난다. 솅겐은 룩셈부르크와 독일, 프랑스의 국경이 접한 마을이다. 1985년 이 마을 앞을 흐르는 모젤강에 떠 있는 프린세스 마리아스트리드호에 독일, 프랑스, 룩셈부르크, 네덜란드, 벨기에 대표가 모여 하나의 유럽을 만들기 위한 조약을 체결한다. 이름하여 솅겐 조약이다.

 일반적으로 한 국가에서 다른 국가로 이동하기 위해서는 여권이 필요하고 국경에서 여권 심사를 한다. 여권 심사에는 꽤 오랜 시간이 걸린다. 하지만 솅겐 조약 가입국 간에는 여권 심사 없이도 자유롭게 이동할 수 있다. 가입국 간의 국경에는 국경 검문소를 볼 수 없다. 대신 파란색의 EU 마크와 국가 이름이 쓰여 있는 표지판만 있을 뿐이다. 서로 다른 나라지만 자유롭게 왕래가 가능한 것을 보니 부럽기만 하다. 솅겐 조약 가입국(2013년 10월 기준)은 그리스, 네덜란드, 노르웨이, 덴마크, 독일, 라트비아, 룩셈부르크, 리투아니아, 리히텐슈타인, 몰타, 벨기에, 스위스, 스웨덴, 스페인, 슬로바키아, 슬로베니아, 아이슬란드, 에스토니아, 오스트리아, 이탈리아, 체코, 포르투갈, 폴란드, 프랑스, 핀란드, 헝가리 등이다.

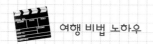 여행 비법 노하우

교통·숙박·음식

☞ 교통...2014년 현재 우리나라에서 베네룩스 3국 중 직항이 있는 나라는 네덜란드밖에 없다. 국적기는 직항이 없으며 KLM 네덜란드 항공이 직항 노선이 있다. 베네룩스 3국은 유로화를 쓰는 국가이므로 한 번만 환전하면 된다. 유로화는 한국에서 환전이 가능하므로 시간적으로 여유를 가지고 환율 변화에 따라 조금씩 미리 환전해 두는 것도 좋다. 이때 환전 쿠폰을 이용하면 환전 수수료를 아낄 수 있다. 베네룩스 3국만 여행을 할 때는 네덜란드-벨기에-룩셈부르크 순서나 그 역순으로 일정을 잡으면 이동하는 시간을 줄일 수 있다. 여유 있게 여행하면 좋겠지만 룩셈부르크의 경우 당일 여행도 가능하다.

☞ 숙박

1. 네덜란드 로테르담에서는 대표적인 혁신 건축물 큐브하우스에서 하룻밤을 머무를 수 있다. stayokay에서 운영하고 있으며, 방마다 화장실도 있고 조식과 와이파이를 무료로 이용할 수 있다. 블락 역에서 걸어서 5분 거리에 있다

2. 룩셈부르크에는 작은 도시인 만큼 저렴하게 이용할 수 있는 호스텔이 한 곳밖에 없다. 룩셈부르크 시티 호스텔은 약간 외곽에 위치하여 룩셈부르크 역에서 버스를 타고 15분 정도 가야 한다. 최고의 장점은 중세 시대에 온 것 같은 고즈넉한 주변인데 아침 이슬을 맞으며 산책하기 좋다. 공용 샤워실이며, 로비에서만 와이파이가 가능하다.

☞ 음식...벨기에 브뤼셀의 대표적 음식 중 하나가 셰레옹의 홍합 요리이다. 셰레옹은 그랑플라스 주변 부셰 거리에 위치한다. 이 거리는 우리나라의 먹자골목처럼 음식점이 몰려 있는데 호객꾼들이 싸게 주겠다며 유혹한다. 셰레옹의 홍합탕은 무쇠 냄비에 담겨 나온다.

이곳도 함께 방문해 보세요

푸른 도자기의 도시, 델프트

우리나라에 이천 도자기가 있다면 네덜란드에는 델프트 도자기가 있다. 16세기 말 이탈리아 출신 도공들이 이주해 오면서 네덜란드의 도자기업이 시작된다. 17~18세기 네덜란드는 세계 무역을 주도하는 해상 강국이었다. 이때 중국과 일본의 도자기가 들어오기 시작하는데, 특히 중국 청자가 인기 높았다. 처음에는 중국의 도자기를 모방하는 데서 시작했으나 네덜란드만의 디자인, 모양, 색깔을 완성하게 되었다. 영국, 프랑스 도자기에 밀려 지금은 왕립 델프트 공장만 남아 있다.

열정과 축제의 나라, 올라(Hola)!

스페인

투우, 축구, 집시, 와인, 뜨거운 태양… '스페인' 하면 가 보지 못한 사람들마저도 떠오르는 것들이 있다. 하지만 격동의 역사, 영광의 역사 그리고 비극의 역사를 가진 스페인이 아닌가. 게다가 최근의 여행 상품이나 여행 정보 프로그램에서 쉽게 접할 수 있는 스페인의 여러 관광지들을 직접 눈으로 보고 몸소 체험한다면? 말할 것도 없다. 우리가 알고 있는 그것들은 스페인의 수만 가지 매력 중 극히 일부일 뿐이다.

유럽의 서쪽 이베리아반도에 위치한 스페인의 정식 국명은 스페인 왕국, 스페인어로는 에스파냐 왕국이며, 우리에게는 '에스파냐'라는 명칭으로도 익숙하다. 강렬한 태양과 정열적인 이미지의 스페인이지만 그 역사는 평탄하지만은 않았다. 오랫동안 외세의 침략에 시달린 데다 오랜 전쟁과 독재의 시기를 걸쳤다.

기원전 이베리아반도에 살던 원주민은 켈트족이 침공한 후 정착하면서 켈트-이베리아인으로 현재 스페인인의 선조가 된다. 기원전 2세기에 이베리아반도의 풍부한 광물을 노리는 로마의 침략으로 600여 년간 로마의 지배하에 있게 되었고, 이때 스페인 지역은 로마의 영향으로 건축, 경제, 행정 등의 여러 분야에서 많은 발전이 이루어졌다. 그 후 5세기경에는 로마의 힘이 약해지면서 서고트족이 침략하여 왕국이 건설되었고, 다시 711년경 북아프리카에서 온 이슬람교도에 의해 이베리아반도의 2/3가 지배를 받았다. 비록 외세의 지배를 받은 시기이지만, 이때 수학과 과학, 건축, 장식 예술 등의 기술이 고도로 발달하여 스페인의 경제와 문화는 크게 발전하고, 유럽 대륙에서 이슬람 문화가 가장 많이 남아 있는 지역으로 독특한 문화유산을 남기게 되었다. 이후 북쪽을 중심으로 기독교인들이 국토 회복 운동을 시작하여 레온, 카스티야, 아라곤, 카탈루냐 등의 기독교 왕국이 탄생하고, 1492년 카스티야 왕조와 아라곤 왕조가 기독교 왕국을 통합하면서 마지막 이슬람 왕국을 몰아내어 국토 회복 운동을 완성했다. 같은 해에 콜럼버스가 신대륙을 발견하여 대항해 시대를 열면서 스페인은 남아메리카와 북아메리카, 필리핀 등을 지배하며 거대 국가로 발돋움했다. 그 이후에도 포르투갈과의 식민지 전쟁, 독일과 프랑스의 신교에 맞서 가톨릭을 수호하는 종교 전쟁, 36년간의 피비린내 나는 공포·독재 정치 등 평탄하지 않은 역사를 지니고 있다.

나의 처음 스페인-포르투갈 여행은 2008년 겨울에 친구와 계획한 첫 해외여행이었다. 그리고 5년 후인 2013년 스페인과 포르투갈에 다시 간다는 내게 주변 사람들은 '전에 간 곳에 왜 또 가느냐', '날씨가 너무 더워 쓰러질지도 모르는데 왜 하필 여름에 가느냐'라고 물었고, 난 당당하게 겨울에는 느낄 수 없는 안달루시아의 뜨거운 태양과 정열적인 그 나라의 분위기를 직접 느껴 보고 싶다고 대답했다. 첫 번째 여행이 스페인-포르투갈 여행의 일반적인 루트와 일정이었다면, 두 번째 여행은 더 있고 싶었던 곳과 가 보지 못한 곳 중에 가고 싶었던 곳을 일정에 추가하여 색다른 방법으로 여행 계획을 세웠다.

여행지로서 스페인의 가장 큰 매력은 각 주마다 지역성이 강하고 특색이 있어 같은 나라를 여행하는데도 마치 여러 나라를 여행하는 기분이 든다는 것이다. 특히 바르셀로나를 포함한 카탈루냐 지역은 언어마저도 달라 지하철이나 거리의 표지판에는 카탈루냐어, 영어, 스페인어의 순으로

세고비아에 존재하는 로마 수도교.
물을 공급하기 위한 다리로 167개의 아치로 구성되어 있고
높이는 728m인, 로마가 지배하던 시기의 대표적인 건축물이다.

표시되어 있다. 또 지리적으로는 유럽 대륙의 서쪽 끝인 이베리아반도에 위치하며, 서쪽으로 포르투갈, 북쪽으로 프랑스, 남쪽으로 지브롤터 해협을 사이에 두고 아프리카의 모로코와 마주하고 있어 여유가 있다면 주변의 여러 나라를 여행 코스에 함께 넣어 여행하기에도 좋다.

나 역시 스페인과 포르투갈, 그리고 스페인 속 영국령인 지브롤터를 여행 코스에 넣었지만 가는 지역마다 너무 다른 자연환경, 기후, 문화, 음식 덕분에 마치 전 세계를 여행한 기분을 실컷 맛보며 즐길 수 있었다.

고전과 예술의 도시, 마드리드

스페인의 수도이며, 피파(FIFA)가 인정한 20세기 최고의 축구팀 '레알 마드리드'를 품에 안고 있는 마드리드는 스페인 여행 계획을 세울 때 처음 아니면 마지막으로 들르는 도시이다. 스페인 여행은 대부분 마드리드에서 스페인 남부를 거쳐 바르셀로나를 향하거나 그 반대로 가는 코스를 짜는데, 개인적으로는 바르셀로나를 거쳐 마드리드에 들르면 시시하다는 생각을 할 수 있기 때문에 처음에 들르는 편이 낫다고 생각한다. 물론 마드리드의 가장 큰 매력은 주변의 소도시와 가까워 이동이 수월하다는 것이기 때문에 주변의 소도시를 함께 여행할 계획이라면 이야기가 달라진다.

스페인의 수도답게 큼직큼직한 중세 시대 건물과 현대식 건물이 어우러지고 번화가가 이어진 이곳은 기대했던 스페인만의 독특한 분위기 대신 화려한 쇼핑가로 인해 실망감을 주었다. 아마 나처럼 첫 도시에서 스페인만의 무엇인가를 느끼길 기대하고 간 여행자라면 마드리드의 첫인상이 시시하다고 생각할 수 있다. 실망만큼이나 허기를 느낀 우리는 스페인에서의 첫 끼를 현지인 식당에서 먹기로 하고, 작은 골목들 사이에 현지인이 많이 앉아 있는 작은 식당을 찾아 들어갔다. 메뉴는 스페인 여행 준비를 하는 내내 먹어 보자 다짐했던 '하몬(돼지 뒷다리를 소금에 절여 건조하거나 훈제하여 얇게 썬 생햄)'과 '파에야(해산물을 넣은 스페인식 쌀 요리)', 그리고 물론 물보다 싼 '하우스 와인'도 함께.

허기를 먼저 느낀 친구는 기대감이 가득한 표정으로 파에야를 한입 먹더니 얼굴을 있는 대로 찡그렸다. 일단 먹어 보라는 친구의 말에 긴장하며 입에 댄 파에야의 맛은 말로 형용할 수 없이 짰다. 굵은 소금을 통째로 씹는 맛이랄까. 나보다 먼저 입안을 다른 무엇인가로 채워야 했던 친구는 먼저 하몬을 한 조각 떼서 입에 넣었고 이내 표정이 다시 일그러졌다.

"왜? 그것도 짜?"

"응, 깜짝 놀랄 거야."

음식을 앞에 두고 웃음밖에 나오지 않았던 우리는 하몬은 식사 대용보다는 술안주로, 현지인들

입맛에 맞게 나오는 파에야는 훨씬 더 짜다는 사실을 숙소로 와서야 알게 되었다.

여행 코스는 마드리드의 중심지로 스페인으로 통하는 9개의 도로가 시작된다는 솔 광장부터 시작되었다. 말을 탄 카를로스 3세의 동상을 한가운데 두고 마드리드의 상징인 곰 동상으로도 유명한 이곳은 주변에 카페, 바, 상점, 백화점 등이 있고, 약속 장소로도 애용되어 밤늦게까지 많은 사람들로 북적거린다.

마드리드에는 그 외에도 많은 광장들이 있는데, 대부분 도보로 관광을 할 수 있었기에 우리는 산책겸 시내를 걷기로 했다. 솔 광장에서 5분 거리에 있는 마요르 광장은 솔 광장과는 또 다른 매력이 있었다. 이곳은 가로 94m, 세로 129m에 이르는 유럽

마드리드에서 처음 먹은 스페인 음식. 파에야와 하몬, 그리고 물보다 싼 하우스 와인

에서도 매우 큰 공공 광장 중 하나라고 알려져 있는데, 실제로 4층짜리 건물들이 주위를 둘러싸고 있는 안락한 구조로 마드리드 시민들이 휴식처로 애용하는 듯했다.

벼룩시장을 구경한 후 마요르 거리를 따라 걷다 보니 누가 설명하지 않아도 왕궁임을 알 수 있

❶ 마드리드 솔 광장 근처 번화한 거리의 예술가들
❷ 프라도 미술관. 8,000점이 넘는 방대한 양의 예술품을 소장하고 있고,
　루브르 박물관, 상트페테르부르크의 예르미타시 미술관과 함께 세계 3대 미술관으로 꼽힌다.

을 정도로 화려하고 웅장한 건물이 나타났다. 왕궁은 프라도 미술관과 함께 마드리드 관광의 핵심으로 내부에서는 50여 개의 방을 관람할 수 있다. 베르사유 궁전의 거울의 방을 모방한 '옥좌의 방', 홀을 장식하는 도자기나 샹들리에, 벨라스케스와 같은 거장들의 회화를 보며 그 어마어마한 규모에 감탄사만 연발했다.

왕궁을 둘러보고 난 후 날씨가 점점 흐려지는 것 같아 마음이 급해진 우리는 마드리드를 대표하는 거리인 그랑비아 거리를 따라 걸으며 다시 숙소 쪽으로 걸어왔다. 솔 광장 근처에 잡은 숙소에서 우산과 함께 짐을 재정비한 후 근처에서 낮에 먹지 못한 점심을 챙겨 먹으려고 한 시간은 3~4시. 한참 동안 열린 식당을 찾다가 결국 포기하고 다음 계획대로 반대쪽에 위치한 프라도 미술관을 찾아가 그 앞에 유일하게 운영되는 커피 체인점에 가서 5시가 되기를 기다렸다. 열린 곳이 그뿐이었지만, 그곳에서 우리는 생각지 않게 남은 계획을 재정비하는 유익한 시간을 보냈다. 이런 시간들이 자유 여행의 묘미가 아닐까.

프라도 미술관은 평일 오후 6시 이후에는 무료로 입장할 수 있기 때문에 한 시간 전에 미리 줄을 서 있으려고 나름대로 작전을 세웠는데, 막상 5시가 되어 입구에 도착하니 이미 사람들이 길게 줄지어 있었다. 그래도 여기까지 온 이상 스페인 회화의 3대 거장인 엘 그레코, 고야, 벨라스케스의 작품을 봐야 한다는 생각으로 기다려 들어간 그곳에는 전시된 방대한 양의 예술품이 전시되어 있어 배고픔은 잠시 잊게 되었다.

마요르 거리에 있는 고전주의 바로크 양식으로 지어진 왕궁

시간이 멈춘 듯한 중세 도시, 톨레도

마드리드의 분위기를 어느 정도 파악한 우리는 마드리드의 위치상 이점을 최대한 누리기 위해 근교로 여행을 계획했다. 마드리드 근교 중 관광객들에게 유명한 곳은 마을 전체가 세계 문화유산으로 지정된 중세 도시 톨레도와 로마 시대에 세워진 성벽으로 유명하지만 실제로 우리에겐 기타 회사의 명칭으로 익숙한 세고비아였다.

톨레도 카테드랄 5개의 문 중 하나. 섬세한 조각들의 모습에 넋을 잃고 한참을 바라보았다.

톨레도는 마드리드의 버스 터미널에서 1시간만 가면 도착하기에 간단히 간식거리만 들고 당일치기로 여행하기로 했다. 톨레도행 직행버스가 있는 플라사 엘리프티카 터미널에서 톨레도행 버스에 올랐다.

그렇게 도착한 톨레도 버스 터미널. 시골 간이역 규모의 터미널을 나와 강렬히 빛나는 태양빛 아래에 위치한 마을이 눈에 띄었다. 마을을 바라보며 15분 정도를 걸어 구시가의 입구인 태양의 문이라는 곳에 도착했다. 문을 지나면 중세의 도시를 볼 수 있다는 기대감을 안고 두근거리는 마음으로 그 앞에서 기념 촬영도 하고 실컷 아래도 내려다본 다음 드디어 문을 통과하는 순간, 현재 사람들의 생활과 로마 시대의 건축물들이 어우러진 모습이 묘한 감흥을 불러일으켰다. 상상이나 할 수 있었을까, 로마 시대의 건축물에 널어 놓은 빨래들을.

작은 마을이라 구석구석 골목길을 걸어서 구경하다 보니 어느 순간 카테드랄(대성당)에 도착했다. 스페인 가톨릭의 중심인 만큼 규모가 매우 커서 한눈에 들어오지도 않거니와 문마다 장식된

톨레도의 교통수단 '소코트렌'을 타고 다리를 건너서 바라본 톨레도의 모습

조각상들의 섬세함에 시간을 조금이라도 아끼기로 한 우리는 결국 보카디요(스페인식 샌드위치)를 들고 카테드랄 앞 광장 바닥에 앉아 한참을 우러러보면서 점심을 해결했다.

카테드랄을 구경하고 나서 톨레도의 유명한 산타크루스 미술관에 도착했다. 미술관 앞은 톨레도에서 가장 유명한 소코토베르 광장인데 노천 카페와 레스토랑이 즐비해 있고, 곳곳에는 관광객들이 없

산타크루스 미술관에서 볼 수 있는 아줄레주 작품들. 가이드북의 부연 설명을 읽는 것이 톨레도의 문화를 이해하는 데 많은 도움이 되었다.

는 곳이 없었다. 관광객들의 흥겨운 분위기를 뒤로하고 산타크루스 미술관을 찾은 데에는 이유가 있었다. 톨레도를 사랑하여 죽기 전 40년 가까이의 삶을 그곳에서 보내면서 작품 활동을 했기에 톨레도를 이야기할 때 빼놓을 수 없는 화가라는 '엘 그레코'. 이미 마드리드의 프라도 미술관에서 깊은 인상을 받은 터라 톨레도에 있는 그의 작품을 보기 위해 친구를 설득하여 코스에 넣었던 것이다. 미술관에는 엘 그레코 말고도 고야, 리베라의 걸작도 있고, 톨레도의 역사적 유물로 태피스트리, 아줄레주가 있어 전문가는 아니지만 톨레도의 역사와 문화를 느낄 수 있었다.

미술관에서 여유롭게 톨레도를 즐긴 후 친구는 아까 지나온 소코토베르 광장에서 마음에 드는 것을 발견했다며 광장으로 나를 이끌었다. 그곳에 도착해서 눈에 띈 것은 톨레도 관광객들을 위한 교통수단인 소코트렌. 마침 톨레도에서 보고자 했던 곳도 모두 봤고, 마을 구석구석도 구경했으니 전체적인 모습을 보는 것도 좋을 것 같아 흔쾌히 티켓을 구매하기로 했다. 티켓 판매 부스가 따로 없어 어렵게 근처 매점에서 티켓을 구매한 후 올라탄 소코트렌은 광장을 출발하여 알카사르 요새를 지나 구시가 밖으로 나온 후 다리를 건너 톨레도의 구시가를 멀리서 전체적으로 볼 수 있는 코스를 포함하여 50분 정도를 달렸다. 우리나라 놀이공원의 동물 열차와 비슷하다. 이렇게 우리의 톨레도 여행은 작은 관광 열차 덕분에 더욱 만족스럽게 마무리되었다.

TIP

소코트렌은 아침 11시부터 운행되며, 요금은 우리나라 돈으로 7,000원 정도이다. 톨레도의 구시가는 언덕 위에 있기 때문에 뜨거운 태양에 지치거나 오래 걷는 것이 힘든 사람에게도 좋겠지만, 톨레도 구시가를 전체적으로 볼 수 있기 때문에 시간적 여유가 있는 관광객에게는 꼭 추천하고 싶다.

세비야를 품은 스페인 남부의 풍요와 여유가 넘치는 곳, 안달루시아

이베리아반도 남부의 스페인 중 가장 스페인다운 지역 안달루시아. 뜨거운 햇살과 지중해의 풍요로움 속에서 여유가 넘치는 사람들이 살아가는 이곳, 그 중심에 자리 잡은 세비야를 시작으로 본격적인 안달루시아 여행이 시작되었다.

리스본에서 심야 버스를 타고 세비야로 향했다. 포르투갈과 스페인은 도시와 도시를 연결하는 교통수단이 다양하게 존재하는데, 저가 항공을 이용하면 마드리드로 다시 돌아가야 하기 때문에 일정을 고려하여 심야 버스를 선택했다. 걱정과는 달리 깨끗하고 안락한 버스 덕분에 전혀 무리 없이 세비야로 이동할 수 있었다.

스페인 하면 떠오르는 도시 세비야는 이슬람 지배하에 있을 때 이슬람 문화의 중심지였으며, 투우와 플라멩코의 본고장으로 스페인의 매력을 듬뿍 지니고 있다는 면에서 수도인 마드리드와 비교해도 절대 뒤지지 않는 곳이다. 게다가 정열적인 안달루시아 여인의 상징 '카르멘', 그녀의 연애담의 배경이면서도 카사노바와 함께 사랑이 넘치는 바람둥이의 대명사인 '돈 후안'의 밀회처가 이곳이었으니 무슨 말이 더 필요할까.

주로 걸어 다니는 여행이라 세비야 관광지에서 멀지 않은 곳에 있는 호스텔을 찾아 나서서 가장 깨끗하고 가격도 괜찮은 곳으로 정했다. 짐을 풀고 나서 향한 곳은 가장 먼저 보고 싶었던 세비야 대성당이었다. 스페인 최대 규모이면서 유럽의 3대 대성당 중 하나라는 세비야 대성당은 원래 있던 이슬람 모스크를 부수고 1세기에 걸쳐 지금의 고딕 양식 성당으로 지었다고 하는데, 실제로 보니 그 규모가 어마어마해서 입이 다물어지지 않을 정도였다.

"와! 한눈에 들어오지 않을 정도야."

"그러게. 지붕이 도대체 몇 개야?"

"안에 들어가면 어떨까?"

히랄다 탑에서 내려다본 세비야 전경.
높이 98m로 세비야의 상징적인 존재이며 안에는 계단이 아닌 경사진 길처럼 되어 있다.

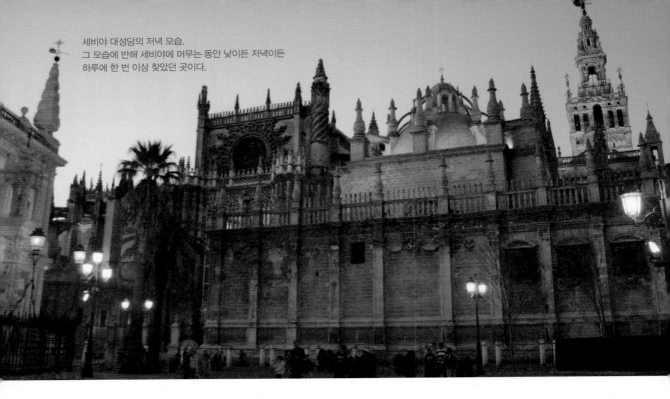

그리하여 들어간 대성당 내부는 황금빛으로 빛나는 화려한 제단에 벽면의 섬세한 조각들, 웬만한 미술관보다 많은 명화들까지, 지금껏 봐 왔던 대성당의 규모와는 확연히 비교가 되었다. 우리는 결국 그 분위기에 압도되어 최대한 진지하게 기도를 드리고 나서야 그곳을 나올 수 있었다.

성당을 나와 옛 유대인 마을 사이의 골목길인 산타크루스 거리를 걸었다. 곳곳의 기념품 가게, 카페와 바가 있어서 구경할 것과 먹을 것이 많아 즐거운 그 거리는 지금도 세비야를 생각하면 기억에 많이 남는 장소이다. 낮에는 하얀 벽에 무수한 꽃 장식들이 가득하고, 저녁이 되면 관광객들과 현지인이 어우러져 레스토랑, 바에서 떠들썩하게 밤을 즐기는 모습이 가장 세비야다운 모습이랄까. 우리 역시 세비야의 밤을 그냥 보낼 수 없어 먹어 보지 못한 수많은 타파스를 찾아다녔다.

한낮의 스페인은 너무 덥기 때문에 아무리 관광객이라도 중간에 쉴 수밖에 없다. 우리는 알카사르 관람을 마치고 카페에서 시원한 음료를 마시며 세비야의 일정을 다시 확인했다. 세비야를 떠나기 전에 꼭 보고 싶은 것으로 1위였던 플라멩코를 놓칠 수 없지. 플라멩코의 본고장인 세비야에 왔으니 저녁에는 플라멩코 공연을 볼 수 있는 타블라오에 가야 했다. 타블라오는 플라멩코 공연을 보면서 식사나 술을 마실 수 있는 레스토랑인데, 다른 안달루시아 지역에도 많이 있지만 역시 본고장인 세비야에서의 공연이 수준 높다고 정평이 나 있다.

저녁이 오기를 기다리면서 대성당 앞 광장에서 예술가들이 펼치는 다양한 거리 공연을 보며 즐거운 시간을 보내고 나니 어느덧 예약한 시간이 되었다. 기대하는 마음으로 들어간 곳은 아담한 크기의 소규모 공연장이었다. 무용수들이 나와 음악에 맞추어 추는 민속춤이겠지 상상했던 나에게 공연은 너무 놀라웠다. 플라멩코 특유의 기타 선율과 무용수의 정열적인 춤사위, 게다가 우리 나라 판소리처럼 쉬고 갈라진 목소리로 한을 표현하는 듯한 그들의 노래가 어우러져 점점 빠져들어 버렸다. 정신없이 음악에 맞추어 그들의 동작을 보고 노래를 듣다 보니 어느덧 공연이 끝나고 숙소로 가는 길. 우리는 그들의 '올레!'를 외치며 아쉬움을 달랬다.

안달루시아의 정서와 집시들의 정서가 만나면서 만들어진 이 장르에는 수많은 감각이 섞여 있었다. 인도에 기원을 두고 유럽을 떠돌다가 안달루시아에 들어온 집시들, 그리고 오랫동안 그곳에 있었던 땅, 안달루시아의 수많은 민속 음악까지 말이다.

예술은 어떤 언어보다도 강력한 힘이 있는 것 같다. 결국 친구는 다음 날 거리에서 플라멩코 기타를 연주하는 거리 연주가의 연주 음반을 구입했고, 나는 최근에 한국에서 플라멩코를 배우는 수업까지 들었으니 얼마나 그 인상이 강렬했는지 두말할 필요도 없을 것 같다.

유대인의 향기가 남은 도시 '코르도바', 그리고 안달루시아 자동차 여행의 시작

세비야에서 가까운 거리에 있는 코르도바는 당일치기로 다녀오기도 하지만, 우리는 조금 더 여유로운 시간을 갖기 위해 1박할 준비만 해서 다녀오기로 했다. 관광객들이 코르도바를 찾는 이유

> **TIP** 화려한 원색의 비장미, 플라멩코
>
> 플라멩코 하면 보통 화려한 의상을 입고 추는 스페인 춤이라고 생각하지만, 실제로 스페인의 영혼을 보여 주는 노래, 연주, 춤의 세 장르를 모두 플라멩코라고 한다. 빠르지만 결코 가볍지 않은 리듬 속에서 현란한 기교를 선보이는 기타 연주, 원색의 화려한 주름치마를 입고 격렬한 발놀림과 몸짓으로 관객을 사로잡는 무용수의 춤, 그리고 거칠고 깊은 목소리로 영혼을 뒤흔드는 노래. 스페인 남부의 따가운 햇살 아래 마지막 발길을 내디뎠던 집시들의 피 끓는 한이 담긴 플라멩코는 지구상에서 가장 강렬한
>
>
>
> 출처: http://allfromspain.com/blog/spanish_traditions/flamenco/tablao
>
> 개성을 지닌 전통 예술이다. 여행자들의 발걸음이 끊임없이 이어지는 안달루시아 지방이 바로 플라멩코의 고장이며, 역사 속에서 쌓인 이 지역 이슬람 문화의 흔적과 집시들 특유의 감성이 뒤엉켜 경이로운 음악적 감흥과 농도 짙은 정서를 전한다.
>
> 플라멩코의 본고장 세비야의 공연이 다른 안달루시아 지역보다 수준이 높다고는 하지만, 그라나다에서도 플라멩코 공연을 하는 타블라오가 많고 오히려 더 저렴할 수 있기 때문에 세비야에서 플라멩코 공연을 보지 못했다면 그라나다에서 보는 것도 괜찮다. 대신 공연을 보려면 예약은 필수!

코르도바의 대표적인 건축물인 메스키타와 유대인 거리.
이슬람교도가 세운 회교 사원이지만 그리스도교가 혼합된 양식이 독특하고 웅장하여 관광객들이 많이 찾는 곳이다.

는 이슬람의 모스크이면서도 독특하게 이슬람교와 그리스도교가 혼합된 건축 양식을 지닌 메스키타를 보기 위함이지만, 막상 꽃이 가득한 유대인의 거리를 걷노라면 당일치기로 오면 너무 아쉬웠을 거라는 생각이 드는 곳이었다. 유난히 하얀 벽과 꽃이 많은 거리가 바로 안달루시아 사람들의 삶이기에.

스페인의 다른 대도시에 비해 그나마 관광객들이 적은 곳이어서 우리는 여유롭게 아침 산책을 하며 버스 시간까지 여유를 부리다가 세비야로 다시 돌아왔다. 두 번째 여행에서는 세비야에 있는 렌터카 사무실에서 차를 렌트하기로 예약을 해 놓았고 안달루시아 지역의 자동차 여행을 계획했다.

아침 식사를 간단히 하고 렌터카 사무실에서 몇 가지 주의 사항과 함께 차를 받고 나니 드디어 기대하던 자동차 여행의 시작. 두근거리는 마음으로 코스타 델 솔(해양의 해안)이라고 불리는 안달루시아의 해안 마을로 향했다. 미리 스마트폰에 내비게이션 앱을 받아 놓긴 했지만 서점에서 산 미쉐린 지도가 자동차 여행 내내 조언자의 역할을 톡톡히 해 주어 우리의 안달루시아 자동차 여행은 매우 순조롭게 진행되었다.

자동차 여행의 장점은 어디든 갈 수 있고 어디에서든 쉬어 갈 수 있다는 점이다. 우리는 그 장점을 최대한 누리기 위해 지도에 가고 싶은 곳을 마구 표시하고는 마을들을 연결하여 우리만의 코스를 만들었다. 마을 선택의 기준은 작고 아기자기할 것, 바닷가에 있을 것, 스페인 안달루시아의 하얀 마을 루트를 검색해서 사진을 미리 보고 마음에 들 것, 이런 정도였다. 하지만 계획은 계획일 뿐, 가다가 처음 보는 이름의 마을이 있으면 잠시 음료라도 마시며 걷게 되었는데, 그것이 결국 자동차 여행을 계획한 이유가 아니었을까 생각한다.

사실 자동차 여행을 하는 동안 계획이 틀어진 적은 수도 없이 많았다. 자동차를 렌트해서 해안가 마을을 향해 달리고 있는데, 멀리 에메랄드빛의 호수가 보였다. 호수로 향하는 길을 보고 방향을 틀어서 구경하고 가자 했는데, 막상 가 보니 그 근처에 하얀 마을이 있는 게 아닌가. 결국 우리는 그 마을로 향했고, 그곳에서 예상치 못한 맛있는 점심을 먹게 되었다.

유명하지 않은 작은 마을에서 시간을 보내고 해안을 따라 달리다 보니 어느덧 해가 지려 했다. 우리는 숙소를 잡기 위해 항만의 도시로 유명한 카디스로 향했는데, 매우 큰 도시라 관광지들이 몰려 있는 구시가까지 들어가 차를 세우고 본격적으로 숙소를 찾았다. 결국 물어보는 호스텔마다 빈방이 없다는 이야기에 우리는 카디스의 석양을 감상한 후 지도상의 가까운 마을로 향했다. 이왕이면 볼거리가 있는 곳에 머물자며 결정한 마을은 구불구불한 산길을 올라 꼭대기에 멋진 풍차가 있는 곳이었다. 작은 마을이었지만 우리가 선택한 이유가 있는 것처럼, 다른 사람들에게도 꽤나 인기가 있는 곳이었는지 광장의 노천 카페에는 여행지에서의 밤을 즐기려는 관광객들로 시끌벅적했다. 주변에 호스텔이 보이기에 반가운 마음에 가서 남는 방이 있냐고 물었더니 역시 그곳도 빈방이 없다는 대답이었다. 우리는 다시 해안 도로를 따라 주변의 다른 마을로 이동하기로 했다.

즐거웠던 낮 시간과는 달리 어두워지는 하늘과 함께 조금씩 걱정이 된 우리는 밤 9시가 넘어서야 지도에도 작게 이름만 적혀 있던 해안가 마을에 도착했다.

"잠깐 여기서 기다려봐. 내가 물어보고 올게."

친구에게 차를 부탁하고 마을 입구에 자리 잡은 호스텔을 찾아 들어가니 주인으로 보이는 할아버지가 계셨다.

" Do you have a room?(방 있어요?)"

긴장된 표정으로 대답을 기다리고 있는데, 할아버지는 곤란한 표정으로 밖에 나가더니 슈퍼 앞에 앉아 있던 스페인 청년을 데리고 왔다.

'아, 영어를 이해 못하셨구나' 하는 마음에 다짜고짜 되지도 않는 영어로 다시 방이 있냐고 물었고 친절한 청년은 할아버지와 스페인어로 이야기하더니 나에게 "There is last room for you(마지막 방이 너를 위해 남아 있어)." 하며 웃음 지었다.

나는 한껏 감동한 표정으로 고맙다고 외치고는 기다리고 있던 친구에게 달려갔고, 드디어 우리는 알지도 못하고 올 생각도 없었던 작은 해안가 마을에서 1박을 하게 되었다.

멀리 보이는 호수를 따라가다 만난 호숫가 마을. 호숫가를 내려다보는 곳에 하얀 마을이 있었다.

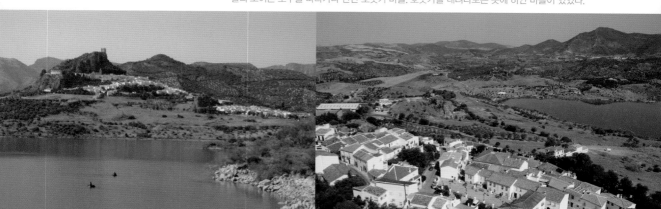

다음 날 아침 호스텔에 비치된 마을 관광 안내지를 한 장 뽑아 거리로 나왔다. 아침이어서 더욱 조용하고 깨끗한 거리를 산책하며 바닷가를 향해 걷고 있는데, 바다를 마주한 곳에 떡하니 버티고 있는 커다란 생선 모형 구조물이 보였다.

궁금한 마음에 검색해 보니 "바르바테 참치잡이로 유명한 마을. 이곳에서 잡은 참치는 전 세계로 수출된다."라고 설명되어 있었다. 예상치 못한 곳에서 또 이런 행운이라니. 우리는 그 참치 구조물에서 신나게 기념 촬영을 하고는 아침을 해결할 곳을 찾았다. 참치로 유명한 마을이니 참치 요리를 먹자고 굳은 결심을 하고 주변을 둘러보고 있는데, 마을 주민과 관광객들이 줄서서 기다리는 포장마차가 나타났다.

주변 사람들이 뭘 포장하는지, 뭘 먹고 있는지 한참 동안 관찰한 결과 즉석에서 추로스를 튀겨 초콜라테와 함께 먹는 곳이었다. 방금 전 참치 요리에 대한 굳은 결심을 기억도 못한 우리는 당장에 즉석 추로스를 진한 초콜라테에 찍어 먹으며 만족스럽게 아침을 해결했다.

거대한 협곡 위의 중세 도시, 론다

다음 일정은 이번 여행에서 가장 좋은 숙소를 예약해 매우 기대하고 있던 론다였다. 스페인의 옛 궁전이나 성, 수도원 등 역사적으로 가치가 높은 건축물을 관리하는 차원에서 국영 호텔(파라도르)로 운영하는데, 스페인 전 지역에 있는 90여 개의 파라도르 중 전망이 가장 뛰어난 곳으로 꼽히는 론다의 파라도르를 예약했기 때문이다. 가격도 다른 지역의 파라도르에 비하면 저렴한 편이었지만.

계속되는 여행으로 스페인 사람이 다 된 것처럼 시에스타(낮잠 시간)를 보내고 오후가 되어서야 밖으로 나왔지만 여전히 안달루시아의 햇살은 강렬했다. 충분히 쉬었으니 일단 배부터 채우기 위해 레스토랑을 찾았다. 별다른 고민 없이 선택한 메뉴는 파에야와 틴토 데 베라노(와인에 과일과 탄산수를 섞은 스페인의 여름 칵테일주). 스페인에 올 계획을 하면서부터 정해 놓은 메뉴였다.

배를 채우고 난 뒤 한결 여유로운 마음으로 가장 먼저 향한 곳은 누에보 다리였다. 론다의 모든

누에보 다리와 멀리 보이는 구시가

곳은 걸어 다녀도 충분한데, 가장 중심이 되는 곳은 구시가와 신시가를 연결하는 누에보 다리로 론다에 도착하면 가장 먼저 눈에 띄는 곳이다. 다리 아래에서 올려다보면 100m가 넘는 높이로, 과거에는 감옥으로 사용된 적도 있지만, 원래 목적은 과달레빈강으로 나누어진 두 지역을 연결하기 위해 40년 동안 지어져 1793년에 완공되었다고 한다. 우리가 묵은 파라도르 옆에는 스페인 광장이 있는데, 숙소를 나오기 전에 노을을 볼 곳으로 찜해 놓았던 장소였다. 론다에서의 밤은 매우 낭만적인 느낌이었다. 신시가의 광장에서 밤늦도록 흘러나오는 거리 연주가의 음악과 함께 광장을 둘러싼 노천 카페에서 여유를 누리는 관광객들. 우리도 그들 사이에 끼어 론다에서의 밤 공기를 즐기며 여행의 중반쯤에서 오는 피로감을 모두 잊었다.

다음 날 아침, 파라도르에서의 조식을 풍족하게 먹고 누에보 다리 아래쪽으로 걸어 내려가 그 웅장함을 직접 눈으로 경험하고는 시간을 보낸 후 다시 새로운 여행지로 향했다.

코스타 델 솔의 관문, 번화한 항구 도시 말라가

바르셀로나에서 스페인 여행을 시작하면 말라가는 코스타 델 솔이 시작되는 관문이 되지만, 우리는 마드리드에서 시작했기 때문에 코스타 델 솔의 마지막 관문으로서 말라가를 만났다. 사실 네르하를 들르지 않았다면 진짜 마지막이 된다. 유럽인들의 휴양지로 인기를 끌고 있는 말라가의 신시가는 생각보다 번화하고 깨끗한 느낌이었지만, 시내 구석구석에 중세 시대의 유적들이 남아 있어 찾아다니는 재미가 있었다. 특히 말라가 하면 가장 먼저 떠올랐던 것이 '피카소의 생가'였다. 바르셀로나의 피카소 박물관, 그리고 이곳 말라가에 피카소 미술관과 생가가 있어 평소 피카소의 작품을 좋아하는 관광객들에게는 더없이 좋은 도시이다.

우리는 자금이 부족하여 한쪽의 탑을 남긴 채 공사가 중단된 외팔이 대성당과 피카소 미술관, 그리고 피카소 생가를 거쳐 말라가의 대표적인 볼거리 히브랄파로성으로 향했다.

안달루시아에서 대성당과 함께 꼭 보아야 할 알카사바. 이슬람교도들이 마지막까지 남아 있어 그 진한 색채를 느낄 수 있는 알카사바를 구경하고 나와 오른쪽 길로 올라가면 히브랄파로성이

낮보다 밤이 더 화려한 도시 말라가.
밤이 되면 항구에 크루즈가 정박하고 크루즈 관광객들까지 합세하여 항구 주변의 레스토랑은 더욱더 시끌벅적해진다.

나온다. '말라가의 지붕'이라는 별명을 가진 이곳은 산책 삼아 올라갔던 알카사바와는 달리 생각보다 많은 체력이 든다. 하지만 꼭대기에 올라가면 말라가의 전경을 360° 각도로 바라볼 수 있는 기회를 얻을 수 있다.

천상의 바다를 바라보는 유럽의 발코니, 네르하

말라가에서 그라나다로 향하기 전 마지막으로 들를 예정이었던 네르하는 아무런 사전 정보 없이 '유럽의 발코니'라는 표현 하나만 믿고 선택한 곳이다. 여름이어서 그런지 안달루시아 전 지역을 자동차로 여행하면서 한 번도 경험해 보지 못한 차량 정체를 네르하로 들어가는 입구에서 경험했다.

이런저런 대화를 나누며 정체 구간을 지나 자동차로 다니기 불편한 좁은 골목들을 돌며 주차장을 찾았다. 하얀 마을처럼 아기자기한 것도 아닌데 사람들이 왜 이렇게 많이 찾을까 하는 생각을 하면서 전망대로 향한 우리는 전망대에서 절벽 아래를 내려다본 후 할 말을 잃었다.

전망대에서 내려다본 장면은 지금도 눈에 선할 만큼 너무 아름다웠다. 지중해를 향해 솟아 있는

스페인 왕 알폰소 12세가 그 절경에 감탄하며 '유럽의 발코니'라고 부른 데서 별명이 유래한 네르하.
전망대에서 바라보는 조망이 절경이다.

절벽, 투명해서 바닥이 훤히 보이는 바다, 지중해의 햇살을 느긋하게 즐기고 있는 관광객들까지 어느 하나 부족함이 없는 곳이었다.

우리는 렌터카 반납 때문에 1박을 할 수 없는 일정을 아쉬워하며 네르하에 있는 동안 누릴 수 있는 모든 여유를 누리기로 마음먹었다. 그 투명한 지중해에 발도 담가 보고, 바다가 내려다보이는 카페에서 과일 주스를 마시면서 당일 여행에서의 여유를 만끽한 우리는 알람브라 궁전의 도시 그라나다로 향했다.

알람브라 궁전의 도시, 그라나다

'알람브라 궁전의 추억'이라는 기타 연주곡으로 더 익숙한 알람브라 궁전. 아랍어로 'Al Hamra'는 '빨강'이라는 뜻으로 이슬람 모스크, 궁전, 요새로 이루어진 건축물이다. 이슬람의 지배를 받던 시기에 그라나다 왕국이 건설되고 나스르 왕조에 의해 건축이 시작되어 그 이후 그리스도인들이 다시 탈환한 후 일부가 르네상스 스타일로 지어졌다고 한다. 하지만 여전히 나스르 왕조 번영의 절정기를 나타내며 이슬람의 건축 양식을 보여 주는 건축물로 대표된다.

알바이신 언덕에서 보이는 알람브라 궁전

대부분의 관광객들처럼 그라나다는 알람브라 궁전을 보기 위해 선택한 도시이다. 그렇다고 아무 때나 입장할 수 있는 것은 아니고, 미리 입장 시간을 정해 티켓을 예매하고 그 시간에 맞추어 들어가야 한다. 우리가 그라나다에 도착한 시간은 늦은 오후였기 때문에 알람브라 궁전을 관광하기에는 늦은 시간이었다. 일단 렌터카를 반납하고 선택한 일정은 저녁으로 타파스를 먹는 것. 이미 전에 이곳에 와 본 나는 스페인의 다른 지역과는 다른 그라나다만의 타파스 문화를 친구에게 신나게 설명했고, 결국 우리는 다양한 타파스로 저녁을 해결했다. 다음 날 아침, 전날 미리 예약해 둔 알람브라 궁전의 입장 시간을 뜨거운 햇살을 피한 오후쯤으로 했기 때문에 오전에는 이슬람교도들의 거주지였던 알바이신 지구로 향했다. 그라나다에서 가장 오래된 지역으로 가파른 언덕을 오르다 보면 뜨거운 햇살 때문에 지칠 수밖에 없지만, 전망대에서 보는 알람브라 궁전과 시에라네바다산맥의 아름다운 경관이 모든 고통을 잊게 해 준다.

이슬람 왕조 최후의 왕 아브데이르가 가톨릭 왕에게 알람브라 궁전을 넘겨주고 쫓겨나면서 알바이신 언덕에서 알람브라 궁전을 바라보고 눈물을 흘렸다는 이야기가 내려오는 알바이신 지구. 자신의 왕궁을 넘겨주고 떠나며 바라보는 그 마음은 얼마나 슬펐을까 생각하니 아름다우면서도 짠한 느낌이 들었다.

❶ 놀랄 만큼 정교하게 조각된 사자의 중정 내의 대리석 기둥과 알카사바
❷ 헤네랄리페 정원의 심장인 아세키아 중정

TIP

알람브라 궁전은 입장객 수를 제한하므로 성수기에는 미리 예약하는 것이 좋다. 예약 방법은 인터넷 홈페이지나 전화로 예약할 수 있고, 발권은 당일 티켓 판매소 안에 있는 자동 발매기나 servicaixa의 ATM에서 가능하다.
· 알람브라 궁전 티켓 예매 사이트: http://www.tickets.alhambra-patronato.es/en/

알바이신 지구에서 내려와 알람브라 궁전으로 향했다. 알람브라 궁전은 걸어가도 되지만 알람브라 버스를 타고 궁전 앞까지 가는 방법도 있다. 이슬람 왕조의 요새인 알카사바를 중심으로 관광객들이 많아 줄을 서서 기다렸다가 들어가게 된 그곳은 커다란 직사각형 연못이 맞이하는 나스르 궁전과 124개의 가느다란 대리석 기둥이 정교하게 조각되어 있는 사자의 중정, 왕궁에서 10분 정도 걸어가면 나오는 그라나다 왕의 여름 별궁인 헤네랄리페의 정원까지, 규모도 어마어마하지만 장식의 정교함이나 잘 가꾸어진 정원의 모습이 놀랍기만 했다.

볼수록 감동적인 알람브라 궁전을 뒤로하고 대성당 근처의 알카이세리아(아랍 시장)에서 아랍 느낌이 물씬 풍기는 향신료와 기념품, 가방, 악세서리 등을 구경하며 그라나다의 마지막 밤을 보냈다.

화려하고 독자적인 문화의 도시, 카탈루냐 지방의 보물 바르셀로나

처음 스페인 여행을 마드리드에서 시작하면서 신기했던 것은 축구를 사랑하는 민족답게 스페인의 어느 바에 가도 TV에서 항상 축구 중계를 한다는 것이다. 그리고 자신들의 경기가 없는 날에도 바에서는 축구 중계가 계속되며 숙명의 라이벌 'FC 바르셀로나'를 응원하는 장면을 자주 볼 수 있었다. 바르셀로나에 도착한 우리는 마드리드보다 더하면 더했지 절대 뒤처지지 않는 그들의 축구 사랑을 느낄 수 있었다. 카탈루냐 왕국으로 존재하던 지역이 스페인 제국으로 흡수되면서 수도인 마드리드를 중심으로 통합되긴 했으나 고유의 언어와 문화를 가지고 있는 이 지역은 결국 바스크 지방, 갈리시아 지방과 함께 최초로 자치권을 획득했다. 마드리드의 축구팀 '레알 마드리드'와 'FC 바르셀로나'가 숙명의 라이벌인 이유, 축구팀의 팬들이 유난히 상대를 의식하는 이유는

사그라다 파밀리아. 아직까지 미완성이지만 완성된 정면 장식만으로도 가우디가 얼마나 심혈을 기울였으며, 왜 바르셀로나의 상징물이 되었는지 알 수 있다.

이런 역사에서 나온 자존심이 한몫을 한다고 한다. 어쨌든 바르셀로나는 그 카탈루냐 지역의 중심 도시로 독자적인 문화를 이루고 있는 대표적인 도시이며, 스페인이 세계에 자랑하는 건축가 가우디의 작품과 미술관, 박물관 등으로 가득한 대표적인 관광지이다.

람블라스 거리의 꽃과 새를 파는 노점   바르셀로네타 해변가에서 해수욕을 즐기는 사람들

해안가와 접해 있으면서도 관광 명소가 많은 바르셀로나는 전 세계인의 사랑을 받는 도시로 여름에는 더욱더 많은 관광객들이 찾는다. 겨울에 왔던 경험이 있는 나는 친구를 당당하게 안내하며 람블라스 거리를 찾았다가 수많은 인파에 밀려 당황한 적도 있었다. '꽃이 흐른다'는 의미인 람블라스 거리는 스페인 관광의 중심 거리로 곳곳에 꽃이나 새를 파는 노점들이 즐비하고, 거리 예술가들이 마음껏 재능을 펼쳐 관광객들의 사랑을 받는 거리이다. 바르셀로나를 여행하는 사람은 적어도 한 번 이상 이곳을 지나게 된다. 우리 역시 이곳부터 바르셀로나 일정을 시작했다.

첫날은 무리하지 않게 계획을 세워 람블라스 거리 주변, 즉 가우디가 처음 만든 가로등이 있는 레알 광장과 오페라의 전당 리세우 극장, 바르셀로나에서 가장 큰 산 호셉 시장을 구경하며 바다를 향해 걸었다.

걷기를 좋아하는 우리는 콜럼버스 탑이 있는 광장에서 다시 대형 복합 쇼핑몰인 마레 마그눔을 지나 숙소가 있는 포트 올림픽까지 바다를 따라 걸었다. 여름이라 그런지 바르셀로네타 해변에는

수도로 착각할 만큼 스페인의 대표적인 도시로 잘 알려진 바르셀로나

해수욕을 즐기는 관광객들로 가득했는데, 이 도시가 왜 관광객들에게 사랑을 받는지 다시 한 번 느끼게 되었다.

다음 날 이른 아침 우리는 구엘 공원을 가기 위해 나섰다. 마침 숙소 근처에서 구엘 공원까지 가는 버스가 있어 갈 때는 버스를 이용하여 공원까지 갔다가 걸어오면서 구경할 계획을 세웠다.

가우디의 후원자인 구엘이 조용한 주택 부지의 설계를 의뢰하여 탄생한 구엘 공원은 타일 조각을 이용한 벤치와 도마뱀 분수대뿐만 아니라 바르셀로나 시내가 내려다보이는 전망도 아름다운 곳이어서 관광객들이 많이 찾는 곳이다.

구엘 공원부터 아래쪽으로 걸어오다 보면 몬타네르, 꽃의 건축가라고 불리던 그의 작품을 만날 수 있는데, 멀리서도 눈에 띄는 아름다운 모습에 병원이라고는 도저히 상상할 수 없는 산트파우 병원이 그곳이다.

걸어 다니기에 조금 먼 거리일 수도 있지만, 우리는 한참을 걸어 드디어 스페인 여행 중 가장 기대했던 건축물인 사그라다 파밀리아에 도착했다.

멀리서도 한눈에 보이는 이곳. 1882년 비야르가 계획을 하고 그 다음 해에 가우디가 인수받아 건축하였으나, 그가 죽고 계획한 지 100년이 지난 지금까지도 계속 지어지고 있는 바르셀로나의 상징물이다. 가우디의 설계도에는 3개의 정면부가 있는데, 생전에 1개의 정면 장식만 완성하고 1개는 사후에, 나머지 1개는 아직 착공도 되지 않은 상태라고 한다. 이 작품의 주인이 하느님이므로 정성을 들여 서두르지 않고 지어져야 한다는 가우디의 말과 그의 말을 따라 천천히 진행하고 있는 그들의 마음이 건물만큼이나 아름답다는 생각이 들었다.

성당 근처의 맛집을 찾아 식사를 하고 그라시아 거리로 내려오는 길에는 가우디의 건축물인 카사 바트요와 카사 밀라를 만났다. 물결의 곡선을 닮은 건물이 더 마음에 들었던 카사 밀라는 외관도 특이했지만 재미있는 것은 옥상에 올라가면 외계인의 모습을 닮은 독특한 모양의 굴뚝이 있는 것이었다. 영화 '스타워즈'의 감독이 여기서 영감을 얻었다는 설명을 들은 우리는 그 독특한 굴뚝을 배경으로 꽤 여러 장의 기념 촬영을 하고 나서야 밖으로 나올 수 있었다.

모든 병을 낫게 할 수 있을 만큼 아름다운 산트파우 병원. 세계 문화유산에 등록된 작품이기도 하다.

다시 그라시아 거리에서 람블라스 거리로 나왔다. 전에 왔을 때 가 보지 못한 골목마다 숨어 있는 독특한 상점들과 맛집을 찾아 다니며 오후의 일정을 보냈다.

다음 날 아침, 오후에는 민박집 주인 아주머니가 추천해 준 몬주익 분수쇼를 보러 가기로 했으니 오전에는 오후로 계획했던 일정을 시작했다. 일정이라면 골목 구경을 더 하고 맛있는 추로스도 먹고 기념품 사기 정도였지만.

분수쇼가 시작되기 2시간 전쯤 우리는 짐을 들고 몬주익으로 향했고, 시작하기도 전에 기다리다가 준비해 온 와인과 하몬을 다 먹어 버렸다. 다행인 것은 정작 분수쇼가 시작되고 나서는 아름다운 음악에 맞춰 춤을 추는 분수의 모습에 넋을 잃고 바라보다가 먹을 생각을 못한 것이었다.

결국 우리의 스페인 여행은 마지막까지도 즉흥적인 일정들로 인해 많은 계획들이 변경되었지만 덕분에 더 많은 추억이 생긴 것 같다. 지역마다 그 색깔이 너무 뚜렷해서 다양하고 그만큼 더 즐거웠던 나라 스페인. 생동감 넘치고 정열적인 이곳을 여행하면서 나의 삶도 조금 더 뜨거워질 것이라고 기대한다.

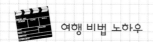 여행 비법 노하우

교통·숙박·음식

☞ 항공...루프트한자를 이용해 뮌헨을 경유하여 '마드리드 in – 바르셀로나 out'으로 일정을 잡았다. 항공권은 빨리 예 매하면 보다 저렴하게 구매할 수 있고, 특히 경유를 하면 더 저렴하다. 항공권마다 스톱오버(경유지의 경유 시간을 연장하는 것)가 되는 것도 있고 안 되는 항공권도 있다. 저가 항공은 프로모션 등을 이용하여 빨리 예약할수록 저렴 하며 항공사마다 취항하는 도시가 다르므로 잘 알아보고 예약해야 한다.

☞ 숙박...게스트하우스나 호스텔, 호텔, 파라도르 그리고 한인 민박까지 다양하게 이용할 수 있다. 유명한 관광 도시의 경우에 여름에는 성수기이므로 인기 있는 숙박 시설에서 머물기를 원하면 미리 인터넷 사이트에서 예약해 놓는 것 이 좋다.

• 부킹닷컴(http://www.booking.com), 호스텔월드(http://www.korean.hostelworld.com), 아고다(http://www. agoda.com)

☞ 음식...스페인의 역사를 볼 때 다양한 민족의 영향을 받아서인지 독특한 조리법과 향을 가지고 있다. 또한 유럽의 다 른 국가들과는 달리 면보다는 밥을 주로 먹고, 얼큰한 것을 좋아하여 음식에 고추와 마늘의 사용량도 많아 터키와 더 불어 우리나라 사람들의 입맛에 잘 맞는 음식 문화를 지니고 있다. 기후나 지역적 특성에 따라 지방마다 요리가 다양 한데, 북부 지방은 주로 육류, 남부 지방은 지중해식 식단으로 해물이나 채소를 주재료로 사용한다. 대표적으로는 쌀 요리인 파에야, 생햄인 하몬, 안달루시아의 대표 음식으로 차가운 토마토 수프인 가스파초 등이 있다. 그 외에도 다 양한 종류의 스페인 요리를 경험해 보고 싶으면 작은 접시에 조금씩 나오는 요리인 타파스를 권한다.

☞ 기념품

• 올리브 오일이나 올리브 비누: 스페인에서는 전 세계 올리브의 44%가 생산되어 마트나 백화점 지하의 식품 매장에 서도 질 좋은 올리브 오일을 구입할 수 있다.

• 와인: 전 세계 와인 생산량 순위 중 3위 안에 들지만 국내 소비량이 많아 수출량은 생산량에 비해 적다는 말이 있을 정도로 와인을 사랑하는 민족인 만큼, 저렴하고도 질 좋은 와인을 구입할 수 있다.

• 마그네틱, 도자기 인형, 플라멩코 앞치마 등 스페인의 특색을 보여 주는 기념품: 가우디의 타일 장식을 지닌 인형이 나 컵 등도 좋다. 특히 도자기 인형(야드로 인형)은 섬세하고 다양한 표현으로 예술품으로까지 평가받는 제품이다. 단, 단점이라면 저렴하지는 않다는 점.

• 바르셀로나에서 에스파드류: 지인들의 발 사이즈만 알고 있다면 유명한 할리우드 배우들까지 찾는다는 바르셀로나 수제화 가게에서 에스파드류를 구입하는 것도 좋다. 가격도 1켤레당 15,000원 정도로 저렴하다.

• 패션 의류 및 소품: 스페인 브랜드 ZARA나 MANGO는 유럽 여행을 가는 여행객들에게는 유명한 의류 매장이다. 유럽 어느 곳에서나 볼 수 있지만 자국의 브랜드이므로 더욱 다양한 상품을 저렴하게 구입할 수 있다.

주요 축제

2월 중순~3월 초: 플라멩코 페스티벌 (헤레즈)
3월 중순: 발렌시아 불꽃축제 (발렌시아)
7월 초~중순: 산페르민 축제 (팜플로나)
8월 말: 라토마티나 (발렌시아 지방 부뇰)

출처: http://www.tomatina.es/index.php/es

스페인 속 영국령, 지브롤터

자동차를 이용하여 론다를 향해 해안 도로를 달리다 보
면 아프리카 대륙과 마주보는 지브롤터 해협을 만난다.
해협을 마주 보며 깎아지른 듯한 바위산 '지브롤터 바위'
가 서 있는데, 이 지브롤터 바위(높이 425m)의 북부는
낮고 평평한 모래톱으로 스페인 안달루시아 지방과 이
어져 있다. 아프리카 대륙과 가장 가까이 있는 도시 '알
헤시라스'에서 배를 이용하여 모로코를 다녀올 수도 있
고, 바로 옆 영국령인 지브롤터를 방문할 수도 있다.

스페인을 마주 보는 아프리카 모로코

아프리카 북서단에 있는 입헌군주제 국가이다. 스페인을 여행할
때 잠깐 모로코를 들르는 일정이라면 보통 탕헤르를 들르는데 당
일 관광 프로그램도 있다. 스페인의 안달루시아 스타일과 모로코
의 베르베르 스타일이 조화롭게 어울린 건축물들의 청량함이 관
광객들이 찾는 이유이다.

지중해 빛을 닮은 마을 세프샤우엔. 모로코의 북서부에 있는 이 마을은 골
목마다 아기자기한 장식과 푸른색 벽과 대문으로 여유롭게 걷기에 좋은 곳
이다.

 참고문헌

· 곰돌이 co., 2007, 스페인에서 보물찾기, 아이세움.
· 김문정, 2009, 스페인은 맛있다!(셰프 김문정이 요리하는 스페인 식도락 여행), 예담.
· 김지영, 2014, 저스트고-스페인, 포르투갈, 시공사.
· 박성진, 2012, 언젠가 한 번쯤, 스페인(스페인 곳곳에 숨어 있는 작은 마을을 걷다), 시드페이퍼.
· 백승선, 2012, 열정이 번지는 곳 스페인, 쉼.
· 최경화, 2013, 스페인 미술관 산책(파리 런던 뉴욕을 잇는 최고의 예술 여행), 시공사.
· 편집부, 2009, 론리플래닛-스페인 포르투갈, 안그라픽스.

찬란했던 역사와 여유가 넘치는 나라

포르투갈

포르투갈은 스페인 바로 옆에 붙어 있어 스페인을 여행하는 여행자들이 여행 코스에 함께 넣었다가 오히려 스페인보다 더 좋았다는 평을 남기기도 한다. 나 역시 스페인 여행에서는 마드리드에서 포르투갈의 수도인 리스본까지 가는 버스를 타고 리스본을 여행한 후 다시 마드리드로 돌아와 스페인 여행을 이어 갔다. 두 번째 스페인 여행에서는 포르투갈의 다른 곳도 가 보고 싶은 마음에 마드리드에서 바로 저가 항공을 타고 포르투갈의 포르투로 이동했고, 포르투에서 리스본, 그리고 리스본에서 세비야로 다시 버스를 타고 이동한 후 스페인 여행을 했다.

두 번의 여행에서 군이 국경을 넘어 포르투갈을 여행 코스에 넣은 이유는 기대하지 않았던 여행지의 매력과 스페인보다 덜 알려졌지만 매력은 결코 덜하지 않은 그 나라를 더 보고 싶은 마음 때문이었다.

포르투갈의 정식 명칭은 포르투갈 공화국으로 이베리아반도의 서쪽에 위치하고 있다. 1578년 세바스티안왕이 북아프리카 원정에서 전사한 뒤, 1580년부터 60년 동안 스페인의 지배하에 있다가 프랑스·영국과 동맹을 맺어 다시 독립을 쟁취하였다. 하지만 영국에의 경제적 종속이 점차 심화되었고, 이와 함께 브라질에서 인도에 이르는 대제국도 점차 네덜란드·영국의 진출에 의해 축소되었다. 그 후 1822년 최대의 식민지인 브라질이 독립을 선언한 뒤부터 포르투갈의 국력은 쇠퇴하였고, 제1차 세계대전에서 연합군 측에 가담, 참전하게 되어 국력이 더욱 피폐해짐과 동시에 경제적 위기도 극도로 심화되었다. 1974~1975년에 아프리카의 기니비사우·모잠비크·카보베르데·상투메 프린시페·앙골라가 잇달아 독립하고, 1976년 동티모르가 인도네시아에 병합되었으며, 1999년에는 마카오가 중국에 반환되어 총면적 209만 ㎢에 이르던 전성기의 해외 영토가 대폭 축소되어 오늘날의 영토를 이루게 되었다. 이 동안에도 포르투갈 내에서는 독재 정치와 쿠데타, 잦은 정권 교체로 많은 시련을 겪게 되었다.

찬란했던 역사만큼이나 시련도 많았던 포르투갈이지만 이베리아반도에 자리 잡은 위치상의 이점인 스페인과 같은 지중해성 기후로 유럽에서도 매우 따뜻한 나라 중 하나이며, 세계화되고 평화로운 나라에 속한다고 한다. 언어도 스페인어와 매우 유사하여 전체적으로 스페인과 비슷한 분위기였지만, 스페인보다 덜 도시화되어 있으며, 정이 많고 느긋한 국민성이 포르투갈을 다시 찾게 된 이유라고 할 수 있다. 다음에 또 여행을 간다면 포르투갈만 보아도 좋겠다는 마음에는 조금의 망설임도 없을 것 같다.

포르투갈의 매력을 듬뿍 안고 있는 도시, 포르투

포르투는 포르투갈의 제2 도시로 처음 포르투갈 여행에서는 포함되어 있지 않은 곳이었다. 두 번째 여행 준비를 하다가 이미 다녀온 사람들의 평을 보고 꼭 가 보고 싶었기에 굳이 마드리드에서 저가 항공을 타고 포르투로 이동했다.

도착하자마자 내리쬔 태양볕은 스페인보다 더 뜨거운 것 같았다. 우리는 미리 예약해 둔 게스트하우스에 짐을 풀고 관광 겸 점심을 먹으러 어슬렁어슬렁 시내 구경을 나왔다. 길을 걷다가 포

포르투의 상징인 루이스 1세 다리

❶ 포르투갈의 상징인 노란 트램. 포르투는 웬만한 곳은 걸어
  서 다닐 수 있기에 주민들보다는 주로 관광객들이 많이 이용
  한다.
❷ 렐루 서점. 겉에서 보면 그 안을 상상할 수 없는데, 안으로
  들어가면 빨간 융단을 깔아 놓은 나무로 된 나선형 계단이
  서점의 분위기를 압도한다.

르투갈의 상징인 노란 트램이 지나가는 모습
에 환호는 당연히 필수였고, 기념 촬영은 선
택이었다. 포르투갈을 구경하다 보면 기념품
숍에서 파는 포르투갈의 상징물이 여럿 있는
데, 그중 하나는 노란 트램이다. 리스본에서
도 노란 트램은 유명한데 포르투에도 다니는
모습을 만나니 사뭇 다른 느낌이 들었다.

　이왕 시내를 걷는 김에 게스트하우스에서
받은 지도를 보고 유명한 곳을 따라 걷기로
했다. 가장 먼저 도착한 곳은 렐루 서점이라
는 곳인데, 세계에서 가장 아름다운 서점이
라는 평을 듣는다고 했다.

　"이곳이 조앤 K. 롤링이 해리 포터 시리즈
를 쓸 때 영감을 얻었던 곳이래."

　가이드 북을 읽고 있는 친구의 설명을 듣고
일단 정문을 바라보니 정말 해리 포터 영화
의 한 장면이 떠오르는 듯했다. 1906년 처음

열었다는 이 서점은 안으로 들어가니 그 진가를 알 수 있었다. 2층에 오르는 화려한 나선형의 나
무 계단이 서점의 전체 분위기를 압도하며 마치 중세 시대의 궁전을 보는 듯한 착각을 불러일으
킬 정도로 아름다워 무슨 책이라도 사야 할 것만 같았다. 결국 우리는 렐루 서점에서 기념품으로
파는 다이어리와 나중에 스페인 남부를 여행할 때 유용하게 사용한 미쉐린 지도를 구입하고 나서
야 나올 수 있었다.

　렐루 서점에서 멀지 않은 곳에 클레리구스 성당의 종탑이 있는데, 이곳에서는 포르투 시내를 한
눈에 내려다볼 수 있다. 입장료를 내고 들어갔을 때만 해도 종탑이 그렇게까지 좁고 높은 곳이었
는지 몰랐다. 두 손과 두 발을 모두 이용해 기어올라 약 6층 높이의 225개의 좁고 가파른 계단을
겨우 올라갔다. 그곳에서 내려다본 장면은 올라오느라 힘들었던 모든 것을 잊게 해 줄 만큼 탁 트

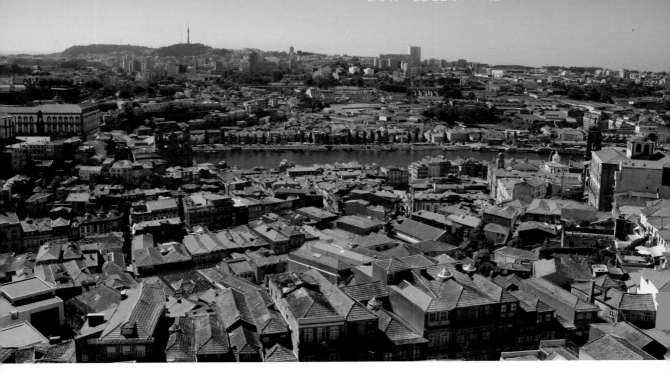

인 포르투 시내의 전경이었다. 주황색 지붕들과 멀리 보이는 도루강까지 종탑의 사방을 돌아가며 한참을 바라보고 있으니, 방금 시작된 포르투 여행 일정에 대한 기대감에 나도 모르게 흥분이 되기 시작했다.

루이스 1세 다리를 건너면 강변으로 내려오는 푸니쿨라가 있는데, 물론 걸어 내려올 수도 있지만 우리는 푸니쿨라를 타고 내려오는 방법을 택했다. 푸니쿨라 티켓을 가져가면 강변에 위치한 와이너리 투어가 무료라는 정보도 푸니쿨라를 선택한 이유로 작용했다.

빌라노바드가이아 지역에 도착하자마자 티켓에 있는 약도를 보고 와이너리를 찾아갔다. 마치 동굴의 입구처럼 어두컴컴한 와이너리 안에는 자신의 와이너리에서 만들어지는 와인의 종류와 숙성 과정이 설명되어 있다. 와인을 보관하는 수많은 오크통들을 지나면 본격적으로 와인을 시음할 수 있는 바가 나온다. 한껏 들뜬 기분과 붉어진 얼굴로 와이너리 투어를 마치고 나와 포르투의

❶ 빌라노바드가이아 지역의 와이너리. 이 지역에는 와이너리가 밀집해 있는데
입장료를 내고 들어가서 그 와이너리에서 만든 와인을 시음할 수 있다.
❷ 포르투갈의 가정식과 함께 곁들인 포트 와인

가정식을 먹기 위해 현지인들이 많이 앉아 있는 식당을 찾았다. 규모가 크진 않지만 안에 손님들로 가득한 것을 보니 맛은 보장될 것 같은 식당을 찾아 다른 사람들이 주문한 것 중 맛있어 보이는 것을 골랐다. 물론 포르투의 명물인 포트 와인과 함께.

포트 와인은 이곳 도루강 상류의 알투도루 지역에서 재배된 적포도와 청포도로 주로 만들어진다고 한다. 포트 와인이라는 명칭은 이 지역의 수출을 담당한 항구 이름이 '오포르투'인 데서 유래하였다. 1800년대 들어와 오랜 수송 기간 동안 와인의 변질을 막고자 선적자들이 브랜디를 첨가하였으며, 이것이 오늘날 주정강화 와인인 오늘날의 포트 와인이 된 것이다. 최근 다른 나라에서 '포트(Port)'라는 이름을 함부로 쓰지 못하도록 포르투갈산 포트 와인의 명칭을 포르투(Porto)로 바꾸었고, 1756년부터 원산지 관리법이 시행되어 세계에서 최초로 관리된다고 한다.

밥을 먹고 밖으로 나오니 햇살은 뜨겁고 배는 부르고, 식당에서 와인을 마신 탓에 몸도 마음도 노근노근해 왔다. 친구 역시 그런 증상을 느꼈는지 강가 옆 그늘에 앉아 잠시 쉬자고 제안했다. 뜨거운 태양 볕에 그늘을 찾아 쉬는 관광객들 사이에서 아이스크림을 하나씩 들고 앉아 바라보는 도루강에는 오크통을 실은 배도 떠 있고 강 건너편에는 수영하는 아이들까지, 여유롭고 평화로움 그 자체였다. 다시 다리를 건너 구시가지로 왔는데, 구시가지의 도루 강변에 위치하는 색색의 건물들은 세계 문화유산으로 지정될 정도로 아름다웠다. 이왕이면 강 건너편에서 강과 함께 한눈에 바라보는 것을 추천한다.

포르투 여행에서의 또 다른 하이라이트는 도루 강변에서 보는 야경이었다. 워낙 관광지로 유명한 곳이라 포르투에 머무는 내내 이 강변을 찾아갔지만, 특히 마지막에 본 야경은 잊지 못할 것 같다. 루이스 1세 다리와 함께 빛나는 상점들과 레스토랑이 화려한 볼거리를 이루었던 모습이 아직도 눈에 선하다.

TIP

유럽 내에서 장거리를 이동할 때에는 부엘링, 라이언에어 등 저가 항공이 유용한데 버스로 이동하는 것보다 시간도 적게 들고, 프로모션 기간에는 더욱 싼 티켓을 얻을 수 있어 여러모로 유용하다. 티켓은 홈페이지를 이용하여 예약하면 된다. 중·고등학교 때 배운 영어 실력만 있으면 문제없으며, 항공권을 결제할 때 저가 항공의 특성상 짐값은 포함되어 있지 않으므로 짐값을 포함하여 계산해야 한다. 만약 짐값을 계산하지 않고 티켓을 예매했다면 체크인을 하면서 계산할 수 있다. 하지만 이때에는 예매 시보다 가격이 더 비싸기 때문에 미리 결제하는 것을 추천한다. 저가 항공 사이트에서는 여행 일정보다 두세 달 이상 앞서 예약을 하면 더 저렴하게 구매할 수 있으니 계획을 세웠다면 빨리 예약을 해 놓자.
• 부엘링(http://www.vueling.com/en), 라이언에어(http://www.ryanair.com)

바다를 향한 열망의 도시, 관광과 쇼핑의 조화 리스본

포르투에서 버스를 타고 3시간 정도 걸려 리스본에 도착했다. 일단 예약했던 게스트하우스는 두 번째 여행답게 리스본 관광의 중심지인 호시우 광장과도 가깝고 리스본 시내를 한눈에 볼 수 있는 산타주스타 엘리베이터 바로 앞에 위치한 곳으로 택했다.

스페인 마드리드, 톨레도 여행을 거치고 온 이후 리스본은 오히려 스페인보다 더 매력적인 도시였다. 이미 어떤 분위기인지 알고 있기에 상상과 기대를 반복해 가면서 도착한 리스본은 생각보다 정신이 없었다. 5년만의 변화일까. 리스본은 전보다 화려해지고 변화하고 관광객들도 많아졌다. 거리에는 유명 디자이너 브랜드의 상점과 체인점, 카페가 줄지어 있었고 카메라보다 쇼핑백을 더 많이 든 관광객들의 모습에 괜히 서운한 마음이 들었다.

숙소에서 나와 처음으로 간 곳. 나에게 그런 마음이 들게 한 곳은 쇼핑의 메카라고 불려도 손색이 없는 시아두 지구였다. 정신없고 서운한 마음이 드는 것도 잠깐, 우리는 바로 그들 사이에서 언제 그랬냐는 듯 여행지에서 입을 저렴한 옷을 구입하고는 리스본의 노을을 보기 위해 코메르시우 광장으로 향했다. 처음 리스본을 방문한 친구에게 리스본의 진가를 보여 주기 위한 일정의 시작

고대부터 항구 도시로 입지를 굳혔던 포르투갈의 수도 리스본. 1755년 시가지의 2/3가 파괴될 정도의 대지진을 겪고 난 후 현재 대부분의 건물은 재정비된 건물이다.

벨렘 지구의 제로니무스 수도원. 리스본 대지진 이후
얼마 남아 있지 않은 고대 건축물로 바스쿠 다가마의
인도 항로 발견을 기념하여 세워진 마누엘 양식의 대표작이다.

이었다. 그 규모가 강이라기보다 바다에 가까운 테주강의 노을을 바라보는 것만으로도 우리는 첫 만남의 실망은 잊고 리스본의 매력에 푹 빠져들었다.

다음 날 아침, 본격적으로 리스본의 구석구석을 보기 위해 알파마 지구를 찾았다. 리스본 여행이 단 하루라면 이곳을 보라는 말이 있을 만큼 서민들의 생활 모습과 관광 명소를 갖추고 있는 곳이다. 이곳은 언덕 위에 복잡한 골목들이 미로처럼 되어 있어 길을 잃기가 쉽지만 골목골목 구경하면서 내려오다 보면 결국 시작점으로 돌아올 수 있다. 우리는 드디어 그 유명한 28번 트램을 타고 언덕까지 올라가 걸어서 내려오며 구경을 하기로 했다.

호시우 광장 옆 피게이라 광장에 유럽에서도 손꼽히는 명물 베이커리가 있다는 정보를 입수한 우리는 그냥 지나칠 수 없어 점심으로 빵을 먹기로 했다. 포르투갈의 빵은 저렴하고 맛있기로 유명한데, 빵이라는 말도 사실은 'Pang'이라는 포르투갈 어에서 왔다니 더 말할 필요가 있을까.

우리가 간단히 빵으로 점심을 해결한 것은 다 이유가 있었다. 오후의 일정은 리스본에서 버스를 타고 벨렘 지구로 가는 것이었는데, 유명한 제로니무스 수도원을 보고 난 후 야심차게 준비한 다음 일정이 있었기 때문이다.

일단 입구의 조각들부터 시선을 압도하는 제로니무스 수도원에서는 포르투갈의 전성기 시절 재력과 힘을 온몸으로 느낄 수 있었다. 게다가 발견기념비와 벨렘 탑까지, 그들이 얼마나 그 시기 자신들의 역사를 자랑스러워하고 그리워하는지도 한눈에 보였다.

복도와 복도가 서로 얽히며 시인 페르난두 페소아나 역사학자 알렉산드레 에르쿨라누, 그리고 수백 명의 제로니무스회 수사들의 무덤이 있는 방으로 이어진다. 수도원의 지붕 꼭대기에서 눈을 들면 뾰족한 첨탑들이 떠받치고 있는 하늘을 볼 수 있다. 모든 벽은 하얀색의 돌로 만들어져 그 고

귀함을 몸으로 느낄 수 있고, 언제 돌아올지 모르는 항해길에 나서는 선원들이 배에 타기 전에 기도를 올리기 위해 들렀다가 발휘한 상상력으로 장식되어 있다. 살아 돌아온 이들이 그들의 여정(타향에서 본 것과 꿈꾼 것)을 그린 멋진 회화로 감사를 표시했다고 하니, 바라보고만 있어도 엄숙해지며 마음이 평화로워지는 곳이었다. 용감한 모험가들의 정신과 함께 성경에서 찾아볼 수 있는 장면도 있었다. 노아의 방주가 그 예인데, 수많은 동물들이 뱃머리를 채우고 있는 고대 선박은 이들이 신세계를 찾기 위해 올랐던 배와 다르지 않게 느껴졌다.

벨렘의 에그타르트 가게. 포르투갈 에그타르트의 원조 가게로 리스본 여행 때 꼭 먹어 봐야 하는 음식으로 추천한다.

친구와 함께 포르투갈의 역사에 대해 이야기를 나누며 왔던 길을 되돌아가다가 드디어 제로니무스 수도원 옆에 그타르트로 유명한 가게를 찾았다. 이것이 바로 친구를 위해 야심차게 준비한 일정이다. 수도원에서 내려오는 에그타르트의 비법을 유일하게 물려받아 1837년 이후로 명성을 유지하고 있는 그

곳은 리스본 여행이 끝나고도 한동안 그 맛을 그리워하게 한 에그타르트 맛집이다. 항상 가게 문 앞에 관광객과 주민들이 길게 줄을 서 있는데, 그 줄은 포장하는 사람들 줄이니 안에서 직접 먹고 가려면 문을 열고 들어가 자리를 찾아 앉으면 된다. 살살 녹는 에그타르트를 다 먹고 난 후 친구는 내게 의미심장한 눈빛을 보냈다. 결국 우리는 6개를 더 포장해서 숙소로 돌아왔고, 포장해 온 에그타르트는 다음 날 우리의 아주 중요한 양식이 되었다.

마법의 성을 품은 도시 신트라, 그리고 대서양에 닿은 땅 끝 마을 호카곶

리스본 근교의 신트라, 호카곶을 당일치기로 다녀오기로 한 우리는 리스본에서의 하루 일정을 비우고 새벽같이 호시우 역에서 버스 티켓(1일권)을 구입한 후 먼저 신트라로 향했다. 1일권을 이용하면 신트라, 호카곶, 카스카이스를 순회하는 버스를 하루 동안 아무 곳에서나 정차 및 승차를 할 수 있기 때문에 여행객들이 리스본 근교를 여행할 때 많이 이용하는 팁이다. 하루 만에 세 곳을 다녀오는 것은 아무래도 시간적 여유가 없기 때문에 신트라에서는 유명한 페나성을 위주로만 구경하기로 했다.

성 앞에서 입장권을 산 후 언덕을 걸어 오르며, 그때까지만 해도 여행 가이드북에 있는 사진만으로 상상을 했던 우리는 성을 마주하고는 환호성을 질렀다.

페나성은 16세기에는 제로니무스 수도원이었으나 1839년 페르난도 2세가 개축한 후에는 왕들의 여름철 주거지로 사용되었다고 한다. 해발 450m의 산꼭대기에 우뚝 솟아 있는 이 성은 이슬람, 르네상스, 마누엘, 고딕 양식 등이 잘 어우러져 있으며, 성 외부가 파스텔조의 색채로 칠해져 있다. 전체적으로 장식 타일인 아줄레주가 장식되어 있어 이국적이고 아름답다. 특히 아멜리아 여왕의 방을 비롯한 방은 장식이 독특하며, 회랑과 예배당에는 아직도 수도원의 분위기가 남아 있다. 겉으로 보기에도 색색의 지붕과 동글동글한 건축물의 모습이 사진보다 훨씬 더 동화 같고, 화려한 문양이나 푸른색의 타일들이 유럽에서 봤던 성당이나 궁전과는 또 다른 아기자기함이 있었다. 게다가 안으로 들어가니 잘 가꾸어 놓은 정원과 주변의 숲이 잘 어울려 잠자는 숲속의 공주가 사는 성이 실제로 존재한다면 이곳이 아닐까 하는 착각이 들 정도였다.

신트라 관광의 하이라이트인 페나성

기괴한 매력의 킨타다헤갈레이라의 모습과 놀이공원 같아서 미로 찾기를 하기에 그만인 동굴

페나성을 구경한 후, 이번에는 반대의 매력을 찾아 숲길을 따라 걸었다. 킨타다헤갈레이라는 20세기의 건축물로 지어진 지는 얼마 되지 않았지만 엉뚱하고 기괴한(?) 매력이 있는 빌라와 정원이라는데, 실제 모습을 보니 정말 딱 맞는 표현이라는 생각이 들 정도였다. 게다가 지하 동굴이어서 마치 놀이공원에 온 듯한 기분으로 동굴 속에서 미로 찾기를 한 우리는 꽤나 즐거운 시간을 보냈다.

페나성을 보기 위해 신트라에 들렀지만 그보다 더 마음에 드는 장소를 만나는 것, 이것이 여행의 또 다른 매력이 아닐까 하는 생각을 하며 유럽 대륙의 서쪽 끝을 향해 403번 버스에 올라탔다.

버스를 타고 30분 정도를 달려 포르투갈의 땅끝 마을인 호카곶에 도착했다. 유라시아 대륙의 서쪽 끝이며 대서양을 만나는 곳이라는 가이드북의 설명 한 줄에 꼭 와 보고 싶어 일정에 넣었던 곳이다. 유명한 볼거리는 없어도 대륙의 끝이며 바다의 시작인 그 경계를 보고 싶은 마음에 도착한 이곳은 기대했던 대로 가슴이 탁 트이는 멋진 풍경으로 감동을 주었다.

땅끝에서 불어오는 바람에 머릿속까지 시원하고 마음이 편안해졌다. 한결 여유로운 여행객의 기분으로 바다를 바라보며 산책하듯이 길을 걷다 보니 더 이상 발을 내디딜 곳 없는 곳에 십자가상의 기념비가 있었다. '이곳에서 땅이 끝나고 바다가 시작된다.' 이 글귀 하나가 지금 내가 있는 곳이 대륙의 끝임을 실감할 수 있게 해 주었다.

리스본 근교 여행은 바쁜 일정 중에 휴식을 맛보게 해 주는 휴양지의 느낌이었다. 물론 리조트나 해수욕장은 아니지만 관광객들이 많은 곳을 잠시 벗어나 나무와 숲 사이를 걷고, 바다를 바라보는 것만으로도 충분한 충전이 된 듯하다.

포르투갈의 여행은 처음에도, 그리고 두 번째에도 숨어 있는 보석을 찾은 느낌이었다. 기대하지 않았던 곳에 대한 만족감이 훨씬 큰 것처럼 말이다. 굴곡이 많은 민족 그리고 역사, 아니 민족이라고 하기보다는 인구 조사도 인종이나 민족 구분이 아닌 국적으로만 구분하는, 그만큼 평등과 자유를 존중하는 나라이기에 가능한 그들의 다양한 문화유산과 자연환경이 아무쪼록 오래오래 남아 주길 바라는 마음이다.

유라시아 대륙과 대서양이 만나는 호카곶 십자가상의 기념비.
이곳에 포르투갈의 민족 시인 카몽이스의 시구가 적혀 있다.

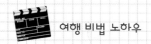 여행 비법 노하우

교통·숙박·음식

☞ 항공...보통 포르투갈은 스페인 여행을 하면서 일정을 같이 짜는 여행자가 많다. 항공권은 루프트한자나 에어프랑스, 터키항공 등을 이용해서 경유하면 더욱 저렴하고, 우리나라 항공사에서는 스페인 직항을 이용하여 포르투갈에 저가 항공이나 버스를 이용하여 이동하면 좋다. 저가 항공은 프로모션 등을 이용하여 빨리 예약할수록 저렴하며, 항공사마다 취항하는 도시가 다르므로 잘 알아보고 예약해야 한다.

☞ 숙박...게스트하우스나 호스텔, 호텔, 파라도르 그리고 한인 민박까지 다양하게 이용할 수 있다. 포르투갈은 스페인에 비해 숙박 요금이 저렴하면서도 시설이 좋은 게스트하우스가 많아서 만족도가 높다. 유명한 관광 도시의 경우 여름에는 성수기이므로 인기 있는 숙박 시설에서 머물기를 원하면 미리 인터넷 사이트에서 예약해 놓는 것이 좋다.
• 부킹닷컴(http://www.booking.com), 호스텔월드(http://www.korean.hostelworld.com), 아고다(http://www.agoda.com)

☞ 음식...포르투갈 요리는 맛이 풍부하고 깊어 지중해 식단의 대표로 꼽힌다. 또한 과거 포르투갈의 식민지 국가에 미친 영향이 아직도 나타나며, 매운 맛의 향신료도 많이 쓰이는 편이다. 계피나 바닐라콩, 사프란도 요리 재료로 자주 등장한다. 스페인 요리처럼 아랍인, 무어인의 영향을 많이 받았으며 남부 지방에는 그 특징이 더 두드러진다. 올리브 유가 향신료나 음식 문화 전반에 필수적인 요소이며, 마늘이나 코리앤더, 파슬리도 향신료의 일종으로 많이 쓰인다. 우리나라처럼 삼면이 바다여서 해산물 요리가 특히 발달했다. 특히 대구(바칼라우) 요리나 문어(폴보) 요리는 종류가 매우 다양해서 어느 식당에서나 찾을 수 있다.
포르투갈 하면 빼놓을 수 없는 것 중 하나는 와인이다. 포르투갈산 와인은 최고급을 자랑하며 최고 와인으로 손꼽힌다. 포트 와인이라고도 알려진 포르투 와인은 도루강 유역에서 생산되는 와인 중 가장 특별한 맛을 지닌 와인으로 생각된다.

기념품

• 코르크를 재료로 한 수공예품: 코르크 나무의 재배지답게 와인 마개로만 생각했던 코르크로 지갑, 모자 등까지 만든 기념품. 특히 포르투갈을 상징하는 동물인 닭을 장식한 와인 마개도 매력적이다.
• 와인: 포트 와인 하면 최고급 와인을 뜻하며, 레드 와인과 화이트 와인을 많이 구입한다.
• 패션 의류 및 소품: 스페인 브랜드 ZARA나 MANGO는 유럽 여행을 가는 여행객들에게는 유명한 의류 매장이다. 유럽 어느 곳에서나 볼 수 있지만 스페인 옆에 붙어 있으면서도 상대적으로 물가가 싼 나라라 더욱 저렴하게 상품을 구입할 수 있다.

참고문헌

· 김지영, 2014, 저스트고-스페인, 포르투갈, 시공사.
· 김창열, 2014, 다시, 포르투갈(외로움도 찬란해지는 나라 포르투갈의 스무 도시를 걷다), 알에이치코리아.
· 김희은, 2009, 포르투갈 내게로 오다(그림 그리는 이의 유별난 포르투갈 러브레터), 즐거운상상.
· 김효선, 2010, 산티아고 가는 길에서 포르투갈을 만나다, 바람구두.
· 편집부, 2009, 론리플래닛-스페인 포르투갈, 안그라픽스.
· 유레일(http://kr.eurail.com)

맛과 멋의 나라

이탈리아

맛과 멋의 나라 이탈리아

피자와 스파게티의 본고장 이탈리아. 지금은 우리에게 흔한 음식이지만 피자와 스파게티의 고향은 유럽의 이탈리아이다. 또한 전 세계 패션의 중심지로 수많은 명품을 만들어 내는 장인의 나라이며, 유네스코에서 지정한 세계 문화유산을 가장 많이 보유하고 있는 나라이기도 하다. 이제 패션과 문화유산의 나라 이탈리아로 떠나 보자.

이탈리아는 남유럽의 지중해에 둘러싸인 장화 모양의 반도 국가이다. 북쪽은 알프스산맥이 자리 잡고 있어 높은 산지가 많으며, 대륙의 영향으로 남쪽에 비해 춥다. 남쪽은 지중해 연안에 위치하여 북쪽 지방보다 상대적으로 따뜻한 지중해성 기후가 나타난다. 그래서 북부 지방에서는 스키와 눈썰매 등으로 관광을 즐기며, 남부 지방에서는 아름다운 지중해 해변에서 해수욕을 즐길 수 있다.

이탈리아에는 커다란 산맥과 산들이 많은데, 유럽에서 가장 큰 산맥인 알프스산맥이 북쪽에 위치하고 있어 1년 내내 녹지 않는 만년설을 볼 수 있다. 이탈리아반도의 남북에 걸쳐 있는 아펜니노산맥에는 폼페이의 비극으로 유명한 베수비오 화산 등 많은 화산이 분포해 있어 지진과 화산 활동이 활발하다. 그로 인해 덩달아 온천도 발달하여 관광 자원으로 활용되고 있다.

고대를 만날 수 있는 곳, 로마

로마에서 흔히 않게 넓은 도로를 볼 수 있는 베네치아 광장.
이탈리아 통일을 이룬 비토리오 2세를 기념하기 위해 세워진 광장이다.

이탈리아의 첫 번째 방문지는 로마이다. 로마는 이탈리아에서 가장 큰 도시로 수도이다. 팔라티노 언덕에서 로물루스와 레무스 형제가 늑대 젖을 먹고 자란 곳으로, 형제의 이름을 따서 로마라는 명칭이 탄생하였다. 처음에는 이탈리아 중앙부에 위치한 도시 국가였는데, 점점 세력이 확장되며 유럽 전역에 대제국을 건설하였다. 북쪽으로는 영국, 동쪽으로는 지금의 서남아시아, 남쪽으로는 아프리카 북부 지역까지 세력을 확장하여 대제국이 되었다. 전성기에는 유럽의 중심지 역할을 했던 곳이다. 도시 전체가 거대한 문화유산인 곳으로, '모든 길은 로마로 통한다'는 말이 있듯이 과거 유럽 일대에 대제국을 건설하였다. 그로 인해 고대부터 르네상스, 바로크 시기까지 유럽 문화의 중심지적 위치를 차지하였으며, 로마에는 다양한 문화의 건축물과 미술 작품 그리고 음식 문화가 발달하게 되었다. 이러한 다양한 문화는 그 이후 유럽 전역에 전달되었다. 로마인들은 다른 나라의 여러 문화를 받아들이는 데 거부감이 없었다. 그러한 특징으로 인해 주변 다른 나라의 여러 문화가 자연스럽게 로마로 들어오고 새로운 문화들이 탄생하게 된다. 이렇게 탄생한 문화는 로마 제국이 주변으로 확장되면서 동시에 전 세계에 전달되었다. 이탈리아의 피자나 파스타 등의 음식을 유럽에 전파하여 이제 피자나 파스타는 이탈리아 음식이 아닌 전 세계인의 입맛을 사로잡는 음식이 되었다.

로마는 오랜 기간 유럽에서 강대국의 위치를 차지하여 많은 건축물과 유물들을 남기게 되었다. 그러한 유산들이 현재까지도 보존되고 있어 길가의 많은 것들이 문화 유적으로 남아 있다. 역사에 조금만 관심이 있다면 이러한 문화 유적들을 보는 것만으로도 즐겁게 여행을 즐길 수 있을 것이다. 수천 년이 지난 지금까지도 건축 당시의 웅장함과 아름다움을 그대로 간직하고 있는 건축물들은 그 자체로 예술품이자 인류의 소중한 문화재이다.

현재 로마는 이탈리아의 수도이자 정치, 문화의 중심지여서 이탈리아 정부와 다양한 정치 기구들이 자리 잡고 있으며, 교황청이 있어 종교적으로도 중심지적 역할을 수행하고 있다. 또한 지중해성 기후 지역으로 전 세계인들이 휴양지로 손꼽는 곳이다.

로마는 많은 유물들로 인해 관광객들이 끊이지 않는 혜택을 보고 있는 반면에 불편한 점도 있다. 도로 건설이나 건축을 하려고 하면 유물들이 나오고 있으니 도시 개발에 어려운 점이 있다. 로마의 지하철 공사를 하던 중 발견된 유물로 인해 노선을 여러 번 변경해 가며 공사를 할 정도이다. 로마의 건축물들은 그리스와는 다르게 실제 시민들의 편의를 위한 실용성을 담은 것들이 많다. 실용성을 추구하면서도 아름다움과 웅장함을 간직하고 있는 로마의 다양한 모습을 보기 위한 여행을 시작한다.

로마의 전성기를 만날 수 있는 콜로세움

미국 뉴욕에는 자유의 여신상이, 프랑스 파리에는 에펠 탑이 있다. 그렇다면 이탈리아를 상징하는 건물은 무엇일까? 문화유산의 나라답게 많은 건축물이 있지만 그중에서도 로마의 상징은 콜로세움일 듯하다. 포로 로마노에 위치하고 있는 고대 타원형의 대형 경기장이다. 정식 이름은 플라비우스 원형 경기장이지만, 세계적으로 콜로세움이라는 이름으로 유명하다. 이 당시 거대한 건축물은 여기저기 위상을 알리기에 가장 좋은 수단이었기 때문에 더욱더 거대하고 화려하게 치장해야 했다. 콜로세움이 지어질 당시 로마 시민들에게는 자부심의 대상이었는데, 현재에도 거대한 건물이지만 건설 당시로서는 기적과도 같은 커다란 건물이었다. 콜로세움이 완성되었을 때, 이를 축하하기 위해 100일 동안 축제를 벌였으며 수천 마리의 동물들을 도살했다고 하니 얼마나 위대해 보였을지 짐작이 간다.

이 콜로세움의 형태는 현재의 대형 경기장을 건설하는 데 기본 형태가 되었다. 콜로세움은 거대하다는 뜻처럼 큰 규모를 자랑하는 로마의 상징물이다. 로마의 위세를 알리기 위해 4만여 명이 8

이탈리아를 상징하는 건축물 콜로세움

년 동안 건축하여 완성하였다. 최대 5만 명을 수용할 수 있는 3층의 타원형 경기장으로 신분에 따라 좌석 배치를 다르게 하였다. 1층엔 귀족석이, 2층엔 일반 서민석이, 3층엔 노예석으로 입석이 마련되어 있다. 1층은 도리아식, 2층은 이오니아식, 3층은 코린트식으로 각 층마다 건축 양식을 달리 표현하여 단순히 크고 웅장하기만 한 건축물이 아닌 아름다운 건축물이 되었다. 콜로세움은 지금보다 더 화려한 건축물이었는데, 많은 귀족들이 자신의 집을 꾸미고 화려함을 강조하기 위해 콜로세움의 화려한 장식들을 훼손하여 현재의 모습으로 남아 있다고 한다. 80개의 아치 형태의 문으로 5만 명이 10분 내에 입장할 수 있도록 건축되었다. 황제를 위한 통로는 따로 마련되어 있으며, 신분에 따라 배열된 좌석표를 보고 입구를 찾아 입장할 수 있도록 하여 수많은 사람들이 신속하게 입장하고 퇴장할 수 있도록 하였다. 현대의 대형 극장이나 공연장에서와 다를 바 없는 시스템을 고대 로마에서는 이미 적용하였던 것이다.

로마뿐 아니라 이탈리아를 상징하는 건축물이 된 콜로세움은 항상 많은 관광객들로 붐빈다. 낮엔 콜로세움 내부로 입장이 가능하여 멋진 건축물과 고대 로마의 위엄을 감상할 수 있고, 밤엔 입장은 불가능하지만 밖에서 조명에 비친 아름다운 콜로세움을 감상할 수 있다.

판테온 신전

다음으로 찾은 곳은 신들을 만날 수 있는 곳이다. 판테온 신전은 신들에게 제사를 지내기 위해 만들어진 건물이다. 이탈리아는 크리스트교 국가인데 국교로 삼기 전까지는 많은 신들을 모셨던 나라이다. 이러한 신들을 모시기 위한 장소 중의 하나가 판테온 신전이다.

판테온은 그리스어로 '모든 신들'이라는 뜻으로 르네상스의 진면목을 보여 주는 건축물이다. 앞부분은 16개의 기둥으로 이루어져 있고, 뒷부분의 지붕은 돔 모양으로 건축되었다. 앞과 뒤의 형태가 다른 것은 건축된 시기가 다르기 때문이다. 그 때문에 두 가지의 다른 형태를 볼 수 있다. 돔

❶ 신들에게 제사를 지내기 위해 지어진 판테온 신전
❷ 세계에서 가장 유명하고 아름다운 트레비 분수.
　분수에 동전을 던지면 소원이 이루어진다는 소문을 듣고 찾아오는 관광객들로 붐비는 로마의 명소이다.

형태의 지붕 한가운데에는 채광창이 있어 햇빛이 들어온다. 낮에는 별도의 조명이 없어도 이 채광창으로 인해 햇빛이 환하게 내부를 비친다. 비가 내리면 신전 내부의 상승기류가 발생하여 내부로 비가 들어오지 않는다고 한다. 예전에 이런 건축물을 만들었다는 것이 참 신기할 뿐이다. 신전 안에는 유명한 화가인 라파엘로의 무덤이 자리 잡고 있다. 2,000년 가까이나 지났지만 건축물의 원형을 그대로 보여 주고 있다. 어찌 보면 단순해 보이는 건축물이지만 과학적으로 뛰어난 감각을 보인 미켈란젤로가 극찬했다고 하는 만큼 완벽한 구조와 형태를 보여 주는 건축물로 유명하다.

사랑과 소망을 이루어 주는 트레비 분수, 그리고 피사의 사탑

로마의 밤을 더욱 아름답게 빛내 주는 곳에 도착했다. 로마에는 예부터 아름다운 분수가 많기로 유명하다. 그중에서도 가장 유명한 분수가 트레비 분수일 것이다. 새하얀 대리석 위에 아름다운 조각상이 채워져 있어 자체로도 아름답지만, 그 위로 분수가 나오니 아름다움이 더한다. 분수의 뒷부분은 개선문을 토대로 하여 만들어졌으며, 그 앞에는 신화 속에 등장하는 신들이 화려하게 장식되어 있다. 바로크 양식의 아름다움을 보여 주는 트레비 분수에는 포세이돈, 인어, 해마 등의 조각상이 자리 잡고 있으며, 반인반수의 해신 트리톤이 이끄는 전차 위로 넵투스상이 조개를 밟은 모습으로 조각되어 있다. 로마의 분수마다 신화 속의 신들이 아름다운 모습을 자랑하고 있다.

고대 로마에서는 시민들에게 물을 공급하기 위해 수로를 건설하였다. 수로가 건설된 이후 도시 내에 물이 풍부해지자 이 물을 이용하여 분수도 많이 만들게 되었다. 처음에는 실용적인 측면이 강했다면 점점 아름답고 화려함을 추구하는 분수들이 등장하였다.

트레비 분수 주변에 모여든 많안 관광객들은 분수를 감상하며 사진을 찍고 분수에 동전을 던지기도 한다. 트레비 분수에 등을 돌리고 동전을 하나 던지면 로마에 다시 올 수 있고, 2개를 던지면 사랑이 이루어지며, 3개를 던지면 사랑이 깨진다고 하니 대부분 하나 아니면 2개의 동전을 던지고 있다. 3개를 던지는 실수는 하지 않도록 하자. 이러한 전설 덕분에 트레비 분수 안에는 세계 여러 나라의 다양한 동전들이 모여 있다. 분수에 모인 동전은 기부되어 로마 시내

피사의 사탑

의 문화재 보호에 쓰인다고 한다. 동전을 챙겨 오는 관광객들로 인해 소매치기도 많다고 하니 분수 주변을 관광할 때에는 조심해야 한다.

세계의 불가사의 가운데 하나라는 피사의 사탑은 기울어지긴 했지만 절대 쓰러지진 않는다고 한다. 처음 공사에 착수한 당시 지반 침하가 나타나 공사가 중단되기도 하였던 종탑이다. 현재는 피사를 상징하는 탑이 되었다. 1990년 더 이상 기울어지면 붕괴의 위험이 있다고 판단되어 보수에 들어갔다가, 2000년대에 들어와 다시 일반에 공개되었다. 기울어져 있는 사탑은 붕괴의 위험보다는 더욱 신비로운 느낌으로 다가와, 해마다 피사의 사탑을 보기 위해 많은 관광객들이 방문하고 있다.

패션의 도시, 밀라노

날씨가 흐리지만 밀라노를 향한 발걸음에 기대가 가득하다. 패션에 관심이 많은 사람이라면 가장 관심이 가는 여행지는 단연 밀라노일 것이다. 우리에게 패션쇼로 유명하며 명품의 도시이기도 하다. 세계적인 디자이너들이 활동하는 장소이고 많은 명품을 배출한 곳이기도 하다. 밀라노에서는 1년에 두 차례 패션쇼가 열리는데, 이때 전 세계의 이목이 집중된다. 밀라노에는 패션을 공부하고자 하는 사람들로 해마다 북적이고 있다.

이탈리아가 전 세계 패션의 중심지가 된 데에는 여러 가지 이유가 있겠지만 가장 큰 것은 장인 정신이다. 이탈리아에서는 모든 사람들이 세 가지를 소중히 여긴다고 한다. 바로 이탈리아의 풍부한 문화유산, 가족, 가업이다. 이탈리아에서는 가업을 잇는 것을 매우 중요하게 여긴다. 할아버지에 이어 아버지, 그리고 아버지가 하던 일을 이어 하는 것을 당연하면서도 소중히 여기기 때문에 이탈리아에서는 대를 이어 하는 가게나 일들을 많이 볼 수 있다. 이러한 문화는 이탈리아를 명품의 나라로 만드는 바탕이 되었다. 대를 이어 축적된 노하우와 한땀 한땀으로 유명한 이탈리아 장인 정신이 깃들어 있는 작품인 것이다. 이러한 장인 정신을 이어 가도록 이탈리아에는 많은 제도적 장치가 마련되어 있다. 가업을 잇도록 전문 교육을 받을 수 있으며, 학교 교육 과정도 실무 위주로 실습하고 있다.

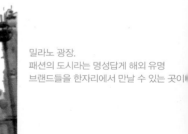

밀라노 광장.
패션의 도시라는 명성답게 해외 유명
브랜드들을 한자리에서 만날 수 있는 곳이

웅대한 고딕을 만나는 두오모

두오모는 구석구석 모든 곳에서 눈을 뗄 수 없게 한다. 우리나라에서는 책과 영화로 유명한 『냉정과 열정 사이』라는 작품의 배경으로 유명해졌다. 두오모는 '대성당'이라는 뜻이다. 오랜 기간 동안 로마에서는 기독교인들이 박해를 당했다. 그러나 이탈리아는 로마 제국 시기의 콘스탄티누스부터 강력한 왕권을 확립하기 위한 통치 수단으로 기독교를 국교로 선포하였다. 오늘날 이탈리아 국민의 90% 이상이 기독교 신자이므로 두오모는 종교 기관뿐 아니라 결혼식, 장례식 등에서도 중요한 기능을 담당하고 있는 장소이다. 이탈리아에서 두오모는 오래전부터 매우 중요한 장소였으므로, 도시에서 가장 중심적 위치에 자리 잡고 있으며 그 규모도 크다.

건물 자체가 작품인 두오모의 조각들

많은 두오모 가운데 일명 밀라노 대성당이라고 알려진 밀라노 두오모는 500여 년에 걸친 건축 기간으로 짐작할 수 있듯 현재 이탈리아에서 가장 큰 규모를 자랑하고 있다. 밀라노는 유럽 대륙

외관이 화려한 밀라노 두오모

에서 프랑스, 스위스 등 다른 지역으로 가는 관문 역할을 하는 경제 중심지인데, 그 도시의 중심에 밀라노 두오모가 자리 잡고 있다. 그 외에도 이탈리아 어느 도시에서든 흔히 만날 수 있는 대표적인 건축물이자 예술품이 두오모이다. 두오모는 성경 내용을 바탕으로 한 조각품과 미술품 등으로 장식하였으므로 이탈리아의 예술을 한 단계 더 발달시키는 데에도 큰 역할을 하였다.

또한 두오모는 레오나르도 다빈치, 미켈란젤로, 라파엘로 등 유명한 화가들과 그의 작품들을 탄생하게 한 배경이 되었다. 두오모의 웅장함과 종교의 신성함을 나타내기 위해 두오모 안에서는 위대한 작품들이 탄생하였다. 레오나르도 다빈치의 〈최후의 만찬〉, 미켈란젤로의 〈최후의 심판〉, 〈천지창조〉 등은 대표적인 작품들이다. 두오모는 그 지역을 상징하는 건축물이었으므로 크고 웅장하게 건축해야 하는 만큼 이탈리아 건축술의 발달에도 많은 영향을 미쳤다. 밀라노 시민들이 좋아하는 휴식 장소로 여유롭게 사진 촬영을 하며 잠시 편안함을 느낄 수 있는 곳이다.

다양한 모습을 보여 주는 이탈리아

이탈리아는 지역에 따라 매우 다양한 모습을 보여 준다. 북부와 남부의 자연환경의 차이는 이탈리아의 문화와 산업 등 인문 환경에도 차이를 나타낸다. 북부 지방은 상대적으로 춥고 산지가 많아 농업이 발달하기에 불리하여 상공업이 발달하게 되었다. 명품의 도시로 유명한 밀라노와 수중 도시인 베네치아가 유명하다. 반면에 남부 지방은 기후가 따뜻하고 지형적으로 평지로 이루어져 있어 농업이 발달하기에 유리하였다. 또한 쾌적한 기후와 아름다운 자연환경으로 관광 산업이 발달하였다. 지중해성 기후에서는 여름철 기온이 높고 건조한 기후를 견딜 수 있는 올리브, 포도 등의 재배가 유명하다. 이로 인해 상공업이 발달한 북부 지방의 소득이 상대적으로 높아, 남부 지방과의 경제적 격차가 발생하고 있어 이탈리아의 문제점으로 지적되고 있다. 현재에도 상대적으로 소득이 높은 일자리를 찾아 남부 이탈리아의 많은 사람들이 북부로 찾아들고 있다.

이탈리아는 지역별 특색과 자부심이 뚜렷하게 나타난다. 지역별로 민족 구성이 다양하며 문화 면에서도 지역별 차이가 크다. 이탈리아 사람들에게 출신지를 물어보면 이탈리아라고 대답하지 않고 자신이 살고 있는 지역을 답한다. 그만큼 출신 지역에 대한 자부심이 강하여 지금까지도 지역 고유의 문화를 이어 가고 있다. 또한 가족과 민족에 대한 자부심도 강하여 가업을 이어 가는 경우가 많다. 이탈리아의 학교 교육 과정 또한 가업을 이어 가기에 도움이 되도록 현장 실습 중심으로 이루어져 있다. '마에스트로'라고 하는 가업을 잇는 장인 정신이 이탈리아의 명품 사업을 세계적 수준으로 만들었을 것이다.

작지만 의미 있는

바티칸 시국

이탈리아 여행의 마지막으로 찾은 곳은 바티칸 시국, 즉 바티칸이다. 바티칸은 이탈리아 로마 안에 자리 잡고 있는 세계에서 가장 작은 나라이다. 인구는 1,000명 정도로 대부분이 성직자와 봉사자들이다. 바티칸에는 교황과 교황청 봉사자 그리고 그의 가족들만 시민권을 가지고 살고 있다. 하지만 시민보다 훨씬 많은 수의 관광객들로 인해 늘 북적거린다.

규모 면으로는 세계에서 가장 작은 나라이지만 국가의 위상만큼은 절대 작지 않다. 가톨릭의 중심지이며 수많은 관광객들이 찾는 곳이다. 원래 로마에서 넓은 면적을 차지하고 있었으나 지금의 면적으로 축소되면서 정식 국가가 되었다. 우편과 근위대 등을 독자적으로 가진 정식 국가이다.

바티칸은 교황이 살고 있는 나라로 가톨릭 신자라면 평생에 한 번은 가 보고 싶은 성지이다. 신자가 아니더라도 라파엘로, 미켈란젤로 등 수많은 예술가들의 작품을 볼 수 있는 곳이므로 관광지로서의 매력이 충분하다. 이 나라는 관광 수입, 우표 판매 그리고 전국에서 보내 주는 기부금으로 운영되고 있다.

세계에서 가장 작은 나라인 바티칸 시국

바티칸은 바티칸 박물관, 산피에트로 광장, 산피에트로 대성당으로 나누어진다. 세계 3대 박물관의 하나인 바티칸 박물관은 역대 교황의 거주지였던 궁전을 박물관으로 개조하였다. 민소매, 반바지, 슬리퍼로는 입장할 수 없으므로 긴바지와 운동화를 준비해야 한다. 박물관 내부에는 역대 교황청의 수집품과 미술 작품들이 전시되어 있다.

산피에트로 대성당에는 역대 교황들이 수집하였던 각종 예술품들이 전시되어 있다. 대성당 앞의 베드로가 순교한 곳인 성 베드로 광장에는 오벨리스크가 있다. 이집트에서 가져온 것이라는 이 오벨리스크 안에는 많은 작품들이 있는데, 그중 유명한 것이 미켈란젤로의 〈천지창조〉, 〈최후의 심판〉이다.

바티칸의 또 하나의 명물은 무표정하게 서 있는 근위병들이다. 국방은 이탈리아에 위임하고 있지만 소수의 스위스 용병이 있다. 바티칸에서는 스위스 용병만이 근위대를 할 수 있다. 미켈란젤로가 디자인한 경비복을 입고 동상처럼 서 있는 용병은 바티칸의 또 하나의 볼거리이다. 스위스 용병을 사진에 담으며 바티칸과 작별 인사를 한다.

❶ 바티칸 박물관 내부
❷ 바티칸의 명물인 근위병의 모습

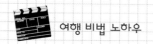 여행 비법 노하우

교통·숙박·음식

☞ 항공...유럽의 국가들은 미리 예약하면 저렴하게 항공권을 구매할 수 있다. 관광 일정이 정해지면 이탈리아 항공, 아랍계 항공, 주변 유럽 국가들의 항공권을 비교하여 구매하면 된다.

☞ 숙박...관광 대국답게 매우 다양한 숙박 시설을 보유하고 있다. 정확한 위치를 확인하여 인터넷으로 다양한 숙박 시설을 미리 비교하고 예약하면 된다

☞ 음식...이탈리아를 대표하는 음식은 피자와 파스타이다. 지역별로 다양한 재료를 사용하므로 관광지의 다양한 피자와 파스타를 만나 보는 것도 재미있다. 또한 이탈리아 와인과 치즈도 꼭 맛봐야 하는 음식이니 관광을 즐기고 호텔에서 저녁에 와인과 치즈를 곁들이며 하루를 마무리하면 좋다.

이곳도 함께 방문해 보세요

낭만의 도시, 베로나
베로나는 오페라로 유명한 도시이다. 오페라 축제가 펼쳐지는 시기에는 많은 사람들이 찾아온다. 축제 기간이 아니더라도 멋진 오페라를 보기 위해 사람들이 찾는 곳이다. 또한 유명한 소설 『로미오와 줄리엣』의 배경이 되기도 한 곳이어서인지 낭만적인 도시로 느껴진다.

마지오레 호수
여행 중 여유를 즐기고 싶다면 마지오레 호수를 방문해 보기 바란다. 물 위에 떠 있는 듯한 아름다운 도시를 만날 수 있다.

 참고문헌

· 백상현, 2011, 이탈리아 소도시 여행, 시공사.
· 정태남, 2012, 이탈리아 도시기행, 21세기북스.
· 최윤준, 2010, 이지 유럽, 트래블북스블루.
· 최철호, 2014, 저스트고 유럽, 시공사.
· 이탈리아 관광청(http://www.italiantourism.com)

13

작지만 강한 나라, 지중해의 보석

모나코

20억에 달하는 고가의 요트들이 있는 라콩다민, 지중해를 바라보는 고성이었던 모나코빌, 유럽의 부유층이 카지노를 즐기기 위해 오는 몬테카를로, 그 이름만으로도 화려함 그 자체다. 지중해를 여행한다면 꼭 한 번은 방문해 봐야 하는 곳이다. 화려한 도시의 면모답게 모든 비용이 비싸다. 가장 대표적인 여행이라고 할 수 있는 요트를 타거나 카지노를 체험하는 것은 일찌감치 포기하는 편이 낫다. 물론 여행객 중에는 카지노에 가서 몇만 원 정도 경험해 보기도 한다. 여행 시간이 길지 않다면 지중해의 이상 국가인 모나코의 이색적인 풍경을 하나하나 둘러보는 것이야말로 가장 값 비싼 여행이다.

역사 속에서 독립을 쟁취했던 모나코

소국가들이 지난 몇 세기 동안 일어난 여러 가지 소용돌이 속에서도 살아남을 수 있었던 이유는 무엇일까? 그것은 아마도 그 국가들이 가지고 있던 경제적 이득 때문일 것이다. 대부분 유럽에 위치한 소국들은 인근 국가의 시민과 기업에 많은 이익을 가져다주었기 때문에 영토의 영속성을 유지할 수 있었다. 그 대표적인 국가가 프랑스 남부 해안에 위치한 모나코이다. 정식 명칭은 모나코 공국으로, 남쪽으로 지중해에 면한 해안을 따라 길이 3㎞, 너비 500m로 바티칸에 이어 두 번째로 작은 소국이다. 전체를 돌아보는 데도 마라톤 경기를 할 수 있는 라인보다 작은 나라이다. 이탈리아를 가는 데도 몇 킬로미터 되지 않고, 프랑스 안에 삼면이 둘러싸여 있는 지중해에 접한 매우 아름다운 국가이다.

그렇다면 모나코는 언제부터 사람들이 살기 시작하였을까? 그 시작은 기원전 10세기경으로 거슬러 올라간다. 페니키아인들이 처음 발을 디딘 후 그리스인, 카르타고인 등 여러 민족이 이곳을 항구로 이용하였다. 로마 시대에는 최대의 무역항으로 성장하였다가 게르만족의 이동 때 항구도 파괴되었다. 랑고바르드 왕국, 아를 왕국, 사라센 제국 등의 지배를 받다가 10세기경에 제노바의 명문가였던 그리말디가가 프랑스의 원조를 받아 진출하면서 1927년부터 이 가문의 영지가 되었다. 1793년 프랑스 혁명 정권이 이곳에 진출하여 그리말디가를 추방하고 프랑스에 합병시키게 된다. 그러나 나폴레옹 1세가 몰락하면서 그리말디가는 다시 복귀한다. 이후 사르디니아 공국의 보호하에 놓이게 된다. 1848년 2월 혁명 이후 모나코의 망통과 로크브륀 두 도시가 반란을 일으키며 사르디니아 공국에서 벗어나고자 했고, 1861년 샤를 3세가 두 도시를 프랑스에 팔아넘기게 된다. 이후 프랑스-모나코 조약을 통해 모나코는 현재의 영토로 줄어든 상태로 사르디니아 공국에서 벗어나 프랑스의 보호하에 독립국이 되었다.

프랑스 대혁명 이후 그리말디가의 재정이 악화되면서 경제적 어려움을 겪게 되었는데, 이를 타개하기 위해 연 것이 카지노이다. 모나코는 1863년 처음 카지노를 열었고 이후 다양한 휴양 시설을 새롭게 정비하였다. 모나코는 1911년 알베르 1세가 헌법을 제정하였고, 국회도 성립시켰다. 프랑스와 안전보장협약과 관세 동맹을 체결한다. 그리고 국민들에게는 일체의 납세 의무를 면제

TIP 한 편의 영화 같은 러브 스토리, 러브 인 모나코

군주제 국가인 만큼 모나코에는 엄연한 공(公: Prince)이 존재하고, 흔히 왕비로 번역하는 공비(公妃:Princess)가 존재한다. 사실 젊은 사람들은 잘 모르지만 1980년대 이전 사람들이라면 다 알고 있는 할리우드 스타가 바로 모나코의 공비이다. 한 시대를 아름다운 미모로 풍미한 그레이스 켈리는 정말 영화와 같은 삶을 살아서 세간의 화제가 되었고, 아직도 많은 사람들이 기억하고 있다. 미국 필라델피아에서 태어난 그녀는 아카데미 영화상을 수상한 대표적인 영화배우였다. 1954년 잡지에 실릴 사진을 찍는다는 이유로 모나코로 향했고, 그곳에서 레니에 3세를 만나게 되었다. 레니에 3세는 그레이스 켈리를 보자마자 청혼을 하고, 선물로 12캐럿짜리 다이아몬드 반지를 주었다. 그레이스 켈리는 바로 그녀의 작품 '상류사회'에 그 반지를 끼고 출연하면서 사랑을 받아들여 세기의 화제가 되었다.

시킨다. 독립국이면서도 국방권과 외교권은 프랑스가 가지며, 공작 임명권 또한 프랑스 대통령이 가지고 있는 특이한 국가이다.

천혜 요새의 최고 부국인 도시 국가

모나코는 남쪽으로 지중해와 접해 열려 있고, 북부 지역은 높은 산지로 연속되어 있어 그 자체가 천연의 요새이다. 산지가 가파르지만 평야가 적어 암석으로 이루어진 산록부까지 주거지가 형성되었다. 처음에는 모나코빌 지역에 길이 800m, 높이 60m의 암석으로 둘러싸인 천혜의 자연환경이 요새의 역할을 하였던 항구였다. 17세기에 들어서면서부터 궁전을 지어 사용해 왔다.

전형적인 지중해성 기후인 모나코는 여름은 덥지만 건조해서 휴양을 즐기기에 안성맞춤이고, 겨울에도 약간의 비만 내릴 뿐 따뜻해서 많은 사람들이 찾는다. 행정 구역은 따로 구분하지 않지만 크게 퐁비에유, 라콩다민, 모나코빌, 몬테카를로의 4개 구역으로 나누고 있다.

모나코는 2010년 기준으로 1인당 국민총소득이 20만 달러에 달하는 부국이다. 최근까지도 10만 달러 이하의 국가였던 모나코가 이렇게 부국이 될 수 있었던 이유는 소규모의 작은 국가이기 때문에 외국 기업들의 적극적인 활동을 보장해 주는 데 있었다. 외국 기업의 영업 활동에 세금을 면제해 주는 정책을 취하고 있어 조세 천국으로 불리는데, 이러한 국가들로는 리히텐슈타인, 룩셈부르크 등이 있다. 또한 지중해 연안에 위치하여 수려한 경관들이 인기를 끌어 여름에 대표적인 휴양지로 각광을 받을 뿐만 아니라, 몬테카를로에는 왕실에서 직접 운영하는 카지노장이 있어 많은 관광객들이 찾고 있다. 소득세가 전혀 없으며 영업세도 낮은 모나코는 외국 기업 천국이라고 불리지만, 일부 호텔과 금융 기관, 산업체에 부가가치세를 적용하고 있다.

모나코 여행은 투어 버스로

모나코 지역을 여행할 때 가장 쉽게 할 수 있는 방법은 투어 버스 여행이다. 투어 버스로 한나절 모나코의 대표적인 코스를 체험하는 데 드는 비용은 한 사람에 15유로, 두 사람이면 20유로밖에 되지 않는다. 연인들이 여행을 올 경우 투어 버스를 이용하면 비용이 굉장히 저렴하다. 일단 투어 버스의 장점은 시간을 절약할 수 있다는 데 있다.

모나코에 대한 기대감을 안고 여러 사진들을 직접 보고 올 경우 실망하는 사람들이 의외로 많다. 하지만 네 개의 지역이 서로 다른 모습을 보여 주고 있으며, 국가가 들어설 수 없는 지형임에도 불구하고 국가나 도시가 만들어질 수 있다는 자체만으로도 여행은 만족스럽다.

모나코 여행을 즐길 수 있는 투어 버스

아무튼 모나코 여행을 하루 정도 잡고 대표적인 것들을 보는 방법으로는 투어 버스를 이용하는 것이 가장 좋다. 사실 모나코라는 도시국가 자체가 나름대로 가지고 있는 숨겨진 명소를 체험하는 방법은 자유롭게 걸으면서 보는 것들을 느끼고 그것이 주는 의미를 찾는 것이다. 시민들을 위한 공원을 찾아보기 어려울 것 같은 이곳에서 고층 빌딩 숲 사이에 숨겨진 작은 공원 찾기, 삭막한 고층 아파트 속에서 아파트의 생명력을 불어넣어 주는 활력소 찾기, 깨끗한 도시 이미지를 자랑하는 모나코에서 노점상 찾기 등은 도시 여행의 묘미를 더해 준다.

지형을 극복한 도시 건축의 장

112번 버스가 라콩다민이라고 쓰인 버스 정류장에 도착하자마자 시야가 확 트인 모나코 전경이 한눈에 들어온다. 그중에서 바로 정면에 언덕 아래로 시선을 내리면 보이는 것이 모나코의 핵심 지역 중 하나인 라콩다민이다. 이곳은 주거지도 많지만, 해안을 따라 '아일랜드'라는 영화 속에서 보았던 초고가의 요트들이 줄지어 자리 잡고 있는 항만 도시다. 일단 한눈에 봐도 평지가 보이지 않는다. 해안 도로만 평지일 뿐 해안에서 바로 산 중턱까지 1km도 안 되는 거리에 수많은 고층 빌딩들이 키를 대고 순서대로 줄을 서 있는 듯하다.

산 중턱에 자리 잡은 112번 라콩다민 정류장에서 바라본 해안

중턱에서 해안까지 내려가는 것이 쉬울 거라고 생각했다. 거리도 가깝게 느껴지고 내려가는 골목이 있을 거라는 생각 때문이었다. 사실 골목을 따라 걷다가 당황한 적이 한두 번이 아니다. 골목을 따라 내려가다 보면 어떤 건물의 옥상이다. 하지만 친구에게 당황한 모습을 보이지는 않았다. 사실 모나코에 대해 사전 조사를 했을 때 이런 것까지 조사하지는 않았다. 누가 이렇게까지 건물 구석구석을 돌아다니겠는가?

"분명 내려가는 길이 있을 거야! 참 신기하지!"

"이제 어디로 가?"

잠시 두리번거리다가 역시나 공간적인 감각이 뛰어난 것인지 무언가를 찾아낸다.

'~Pubuc'이라는 안내판이 눈에 들어온다. 왠지 모를 기대감, 프랑스어인 것 같은데, 영어의 'Public'과 같은 느낌이다.

"저기 엘리베이터 있네, 이거 타고 내려가면 될 거야!"

이런 엘리베이터를 설치해서 지형을 극복했다는 사실을 알아 가는 것이 여행에서 느끼는 쏠쏠한 재미가 아닐까 생각하면서 즐겁게 하나둘 찾아 내려갔다. 어떤 건물에서는 길을 잘못 들어 주차장 건물인데 그것을 모르고 지하까지 내려갔다가 다시 올라와 길을 찾곤 했다.

우리나라에서는 기후 조건상 아직 식물을 벽면으로 장식한 생태 건축이 없는데, 이곳에는 건물 벽면에 식물을 입혀 에너지를 절약하는 페시브하우스 공법을 간간이 볼 수 있다. 서울시청도 생태 건축으로 많이 알려져 있는데, 시청 신청사는 유리 외관을 하고 내부에 수직 정원을 만든 것으로 자연스럽게 생태 건축으로 이어진 모나코 것과는 다르다.

지중해의 요트 천국, 라콩다민

모나코는 여성들이 쇼핑을 즐길 만큼 명품들이 즐비한 곳은 아니다. 몬테카를로 쇼핑센터를 제외하고는 라콩다민에 있는 패션 의류 상점이 전부다. 패션숍이 자리 잡은 거리는 연말연시를 맞아 반값 세일에 들어갔지만 한산하다. 아무튼 모나코에 온 기념으로 가장 저렴해 보이는 티를 반값에 구입한 후 해변으로 이어진 골목길을 따라 내려간다. 겨울철임에도 불구하고 골목길마다 들어선 가로수에는 오렌지가 싱글싱글 빛을 더한다.

드디어 도착한 라콩다민의 해안 길, 세계 여러 나라 국기가 해안 길을 따라 줄지어 있다. 모나코 서킷으로도 명성이 자자한 길이다. 모나코에서 가장 큰 에르퀼레 항에 정박되어 있는 요트들은 정말 화려함 그 자체다. 기존에 살고 있는 주민들의 요트와 세금을 피해 모나코로 이사 온 부호들의 요트가 빼곡하게 정박해 있다. 그 가격은 천차만별로 크기에 따라 수천만 원에서 수십억 원에

❶ 라콩다민의 상업 지구.
작은 도시 국가다 보니 우리나라의 명동, 강남과는 비교할 수 없을 정도로 작고 활성화되지 않았다.
❷ 모나코빌에서 바라본 라콩다민 해변

달한다. 바다를 하얗게 수놓은 화려한 요트들만 보아도 모나코가 얼마나 화려한 도시인지를 충분히 가늠할 수 있을 것 같다.

언덕 위의 고성, 모나코빌

라콩다민 해안과 퐁비에유 해안 사이에 돌출한 곶 지형에 평탄면이 형성되어 그 위에 고성인 듯한 마을이 자리 잡고 있다. 이곳이 오랜 역사를 자랑하는 모나코빌이다. 하나의 행정구인 모나코빌은 모나코에서 가장 먼저 지중해를 접하는 매력적인 장소로, 프랑스어로 바위를 뜻하는 '르로셰'라고 부르기도 한다. 이곳은 기원전 10세기경 페니키아인이 최초로 들어온 후에 그리스인과 카르타고인, 로마인 등도 항구로 이용하면서 도시로 성장하게 되었다. 중세 로마 시대에는 무역

모나코빌. 언덕 위 평탄면에 세워진 행정구로 오랜 역사를 자랑한다.

❶ 모나코 대공궁. 파사드는 화려하지 않지만 내부는 매우 화려하다.
❷ 알베르 1세를 기념하는 동상, 주변에 포탄을 전시한 것이 인상적이다.

항으로 크게 번성했던 곳이다. 모나코빌은 주거 지역도 있지만 모나코의 역사 문화 유산이 그대로 남아 있는 곳이다. 모나코의 공(公)이 거주하는 모나코 공궁을 비롯하여 그레이스 켈리의 무덤이 안치된 성 니콜라 대성당, 그리고 모나코 해양 박물관 등이 있다.

모나코빌의 거대한 성문에 발을 내디딜 때는 중세 요새에 들어가는 듯하다. 현대식 건물로 가득했던 라콩다민과는 전혀 다른 느낌이다. 양쪽으로 놓인 거대한 담벼락이 위엄을 더한다. 골목길을 걷다가 정상에 오르면 큰 광장이 보이고 정면에 모나코 대공궁이 눈에 들어온다. 이 대공궁을 둘러싸고 있는 요새는 그리말디 왕조가 프랑스와 스페인 등의 침입에 항거하기 위해 만든 것이다. 그리고 17세기에 들어 요새 안에 이 대공궁을 새로 세운 것이다. 건물의 파사드는 단출해 보이지만 내부는 무척 화려하다. 무엇보다 매력적인 곳은 레니에 3세와 그레이스 켈리가 결혼식을 올린 트론실인데, 그 안에 당시 벽화가 고스란히 복원되어 있다. 리고와, 고르베, 보나 등이 그린 초상화가 이 궁의 멋을 더한다. 궁전 박물관에서는 나폴레옹이 쓰던 개인 소지품과 메달, 동전, 칼 등 다양한 유물도 볼 수 있다.

지중해를 만나다

대공궁을 관람한 후 왼편 해변 길을 따라 해양 박물관으로 이동하는 첫 시작에는 알베르 1세의 동상이 그 문을 연다. 그는 샤를 3세와 앙투아네트 드메로드 사이에서 태어난 인물로 1889년 모나코 제10대 대공이 된다. 알베르 1세는 1911년의 관광 증진을 위해 몬테카를로 랠리를 개최하였다. 그리고 해양생물학에 관심을 가지고 해양 박물관을 만들었다. 동상 주변에는 동글동글한 쇳덩어리들이 차곡차곡 쌓여 전시되어 있는데 이색적인 전시품인 듯하다.

알베르 동상을 보고 난 후 성곽 길을 따라 걷는데, 옆에는 2~3층 정도 되는 빌라식 건축물이 파스텔톤으로 아름다움을 뽐낸다. 20분 정도 천천히 걸으니 드디어 멀리 숲 사이로 지중해가 눈에 들어온다. 한낮임에도 불구하고 태양이 구름에 가려 검푸른 바다가 펼쳐지고 태양빛은 가려진 틈을 타고 먼 바다에 빛을 내려보낸다. 나중에야 알게 된 사실이지만 지중해 바다에 매료되어 아무 생각 없이 지금까지 길을 안내해 준 아이패드를 벤치에 내려놓고 박물관으로 떠났다. 지중해 바다 풍경을 본 값을 지불하고 온 셈이다.

지중해 따라 걷는 길, 해양 박물관

모나코빌에 세워진 해양 박물관

지중해의 바다 풍경에 빠져 생각 없이 걷다 보니 금세 해양 박물관에 도착한다. 처음 85m 에 달하는 파사드만을 봐도 박물관 정도 되는 건물임을 쉽게 알 수 있다. 이곳이 세계 유수의 해양 박물관 중 하나인 모나코 해양 박물관이다. 앞에서 말했듯이 모나코의 대공 알베르 1세가 세운 박물관으로 장서만 해도 약 5만 권에 달한다. 박물관을 비롯하여 수족관과 실험실, 도서관으로 구성되어 있다. 지하에는 수족관이, 1층에는 심해어를 비롯한 해양 생물의 표본류가 전시되어 있으며, 2층에는 대공이 사용한 관측선 이론델호와 해양학·수산학 관측용 기기 등이 전시되어 있다. 해양 박물관은 파사드 자체가 유럽 전통의 건축 모습을 그대로 담고 있어 기념비적인 건축물로 꼽힌다. 박물관 옆으로 확 트인 지중해의 풍경이 잘 어울린다.

해양 박물관을 체험한 후 가운데 길로 들어서면 양쪽에 파스텔톤의 빌리지가 자리 잡고 있으며, 좁은 골목길에는 여행객을 위한 기념품을 판매하는 상점들이 들어서 있다. 외곽 쪽으로 해양 박물관 길을 따라 걸으면 지중해의 따스한 햇살을 머금은 오렌지가 주렁주렁 열려 있는 풍경이 펼쳐진다. 그리고 왼쪽으로 눈을 돌리면 고급 펜션형 주택들로 가득한 퐁비에유와 항구의 모습이 눈을 즐겁게 만든다.

펜션 단지와 같은 도시, 퐁비에유

모나코의 남쪽 끝, 프랑스와 국경을 접하고 있는 곳이 바로 퐁비에유다. 콘도형처럼 생긴 고급 주택들이 자리 잡은 이곳은 바다를 매립하여 새롭게 건설한 지역이다. 주택 지역 안쪽에는 작은 항구가 조성되어 있고, 그 안에는 역시나 고급 요트들로 가득하다. 거리는 한산하고 한쪽에는 승용차들이 주차되어 있는데, 이곳에서는 세계에서 유명하다는 명차들을 모두 볼 수 있다.

퐁비에유는 우리나라 축구선수가 활약했던 프랑스 리그에도 속한 축구팀 AC모나코 경기장이 있어 TV 화면에 자주 등장했기에 어느 정도 알려져 있다. 사실 모나코 서킷을 제외하고는 인기 있는 스포츠가 없는 모나코는 축구가 유일한 인기 스포츠이다. 모나코 인구로 볼 때 경기장의 규모는 매우 큰 편이다. 많은 사람들이 찾지는 않지만, 매번 AC모나코의 경기가 있을 때마다 주민들은 이 경기장에 찾아와 응원을 펼친다.

카지노의 도시, 모나코의 상징 몬테카를로

모나코 하면 이곳을 빼놓을 수 없다. 바로 모나코를 상징하는 몬테카를로이다. 몬테카를로는 인구가 3,000명 정도이지만, 도박 산업으로 전 세계의 관광객들을 불러들인다. 낮은 평범한 도시의 풍경이지만, 화려한 야경을 자랑한다. 전 세계 도박꾼들과 관광객들을 끌어들이는 매력적인 도시로 왕실에서 직접 대형 카지노를 운영하고 있다. 이를 운영하면서 국민의 세금은 모두 면제시켜 준 것이다. 그리고 무엇보다 국민들은 도박 행위를 할 수 없게 되어 있다는 점이 중요하다. 국가의

바다를 매립하여 새롭게 들어선 신주거 단지 퐁비에유

몬테카를로. 밤이 되면 화려한 네온사인이 도시를 밝힌다.

부를 늘려 주면서 국민들의 안정도 추구하는 모나코, 왠지 우리가 배워야 할 점인 것만 같다. 몬테카를로가 워낙 유명하다 보니 모나코의 수도로 착각하는 경우도 많다.

모나코는 도시 자체가 수도인 국가이다. 모나코를 대표하는 관광지가 모여 있는 몬테카를로에는 그랑 카지노를 비롯하여 국제 회의장과 국립 인형 박물관, 그리고 그랑 카지노에 위치한 오페라 극장과 일본 정원이 있다.

몬테카를로의 중심에 자리 잡은 전 세계에서 가장 유명한 카지노가 바로 그랑 카지노다. 이 카지노의 역사는 100년이 훨씬 넘는다. 샤를 3세는 1865년에 첫 번째 카지노를 지어 커다란 성공을 거두면서 1878년 현재의 새로운 카지노를 지을 수 있었다. 건축에는 파리 오페라 하우스를 지은 세계적인 건축가 샤를 가르니에가 참여하여 전체를 설계하였다. 건물의 파사드는 화려한 벨 에포

❶ 그랑 카지노의 모습
❷ 그랑 카지노 옆에 들어선 호텔 드 파리. 그랑 카지노와 함께 샤를 가르니에가 설계한 건축이다.

크 양식으로 카지노답게 사치스럽고 화려하게 장식되었다.

　그랑 카지노는 여러 책과 영화의 소재가 되었다. 최초의 제임스 본드 시리즈 '007 카지노 로얄'에서도 배경이 되었던 곳이 그랑 카지노다. 입장료를 내는 사람이면 누구든지 '살롱 블랑'이나 '살롱 유로페앙'에서 게임을 즐길 수 있다. 하지만 더 깊숙한 곳에는 고급 도박장이 위치해 있고, 이곳은 엄청난 부자들만 들어갈 수 있다.

　그랑 카지노에 첫발을 올리는 기분은 이상하다. 카지노라는 생각 때문인지 들어가면 안 될 것만 같다. 왼편에서 짐을 맡기고 오른편으로 이동하여 간단히 슬롯머신을 즐긴다. 슬롯머신을 비롯하여 블랙잭, 포커 등이 있는데, 기계로 하는 것이기 때문에 어렵지는 않다. 두 개의 방을 지나서 더 안쪽으로 들어가 본다. 이곳은 사진 촬영이 금지되어 찍을 수 없다는 사실이 아쉽기만 하다.

　카지노 좌우로는 레스토랑 겸 카페인 '카페 드 파리'와 '호텔 드 파리'가 자리 잡고 있다. 역시나 이곳도 그랑 카지노와 함께 몬테카를로에서 가장 유명한 관광 명소다. 샤를 가르니에가 카지노와 더불어 이곳도 설계하여 건축물들이 서로 조화를 이룬다. 카지노 궁의 골든 스퀘어에 위치하고 있는 호텔 드 파리는 1864년 처음 문을 열었다. 세계 100대 호텔 중 하나로 세계 부호들만이 숙박한다. 계단부터 왕세자가 내려올 것 같은 분위기에 안에 들어가면 파티장 분위기의 공간이 펼쳐진다. 커다란 홀에는 그에 걸맞은 커다란 창들이 연속되어 있고 커튼은 열린 채 따스한 햇살이 홀 안으로 들어와 화려함을 더한다. 마치 영화 속에서나 등장하는 중세의 파티장과 같은 모습에 신비롭기만 하다.

일본식 정원과 챔피언 거리 맛보기

　사실 도심에 공원이 있다는 것만으로도 모나코에서는 신기한 일이다. 그만큼 자투리 땅이 남아 있지 않을뿐더러 공원까지 짓기에는 부족하기 때문이다. 그런데 몬테카를로 한가운데에 정원이 하나 있는데, 그 면적이 7,000㎡에 달하는 공원 같은 정원이다.

　그런데 이 정원이 일본식 정원이라는 점은 더욱 놀랍다. 모나코 한가운데서 우리 정원은 아니지만 가까운 일본 정원을 만날 수 있다는

모나코의 그레이스 왕비 거리에 자리 잡은 일본식 정원

것이 설렌다. 일본적 정원은 그레이스 왕비 거리에 자리 잡고 있다. 이 정원이 자리 잡게 된 이유

몬테카를로의 해안 산책로인 챔피언의 거리

는 공주 레이너의 요청에 의해서다. 건축가 야소 베푸에 의해 설계되었으며, 1994년에 첫 문을 열었다. 정말 멀리서부터 일본 영화를 보는 듯한 정원 풍경이 보인다. 정원의 나무들도 우리나라에서 보는 것과 비슷해 낯설지 않다. 무엇보다 유럽에서는 보기 힘든 녹조 낀 연못이 인상적이다. 일본의 자연을 그대로 옮겨 놓은 듯한 느낌이다. 정원은 항상 개방되어 있는 것이 아니므로 개방 시간에 맞춰서 들러야 한다.

몬테카를로 해변을 따라 펼쳐진 해안 산책로, 이곳을 일컬어 '챔피언의 거리'라고 한다. 이런 명칭이 붙여진 것은 모나코에서 해마다 선정하는 골든풋 어워드를 수상한 유명 축구선수들의 풋 프린팅이 있기 때문이다. 해안 산책로를 따라서 한발 한발 내디딜 때마다 유명 축구선수들의 풋 프린팅을 보며 누구인지 생각해 본다. 풋 프린팅은 전 세계 29세 이상의 현역 선수들 가운데 기량이나 사회 기여도까지 고려된 10명의 후보 중 최종적으로 팬들의 투표로 뽑는다. 대부분 유럽 선수들의 이름이 보인다. 우리나라 선수들도 있었으면 하는 바람이 든다.

이곳 주민들이 해안가를 따라 조깅을 즐기거나 강아지를 데리고 산책하는 모습을 쉽게 찾아볼 수 있다. 물론 이곳 주민처럼 보이지 않는 사람들도 간혹 있다. 여러 국가에서 이주해 온 사람들과 휴양을 온 사람들이 섞여 있어 주민임을 가늠할 수는 없다. 아무튼 조용한 가운데 지중해와 맞닿은 모나코의 해변을 걸어 본다는 것만으로도 행복하다.

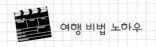 여행 비법 노하우

모나코 관광은 셔틀버스를 타도 하루면 다 돌아볼 있기 때문에 쇼핑이나 개인적인 관광을 즐기고자 한다면 이틀 정도면 충분하다. 모나코 관광청(http://www.visitmonaco.com)이나 블로그 및 여행기를 보고 일정을 잡도록 한다. 코스가 짧기 때문에 니스와 에즈 마을, 칸 등을 함께 넣으면 5일 정도의 지중해 여행을 계획할 수 있다.

교통 · 숙박 · 음식

☞ 교통...모나코는 도시 규모가 협소하다 보니 공항 자체가 없다. 그래서 가까이 있는 니스 공항을 이용해야 한다. 니스 공항에서는 모나코 직행버스가 있다. 니스 여행을 즐긴 후에 모나코 여행을 떠나거나, 바로 공항에서 직행버스를 타고 떠나도 된다. 직행버스 요금은 15유로이다.

☞ 숙박...지중해의 대표 휴양 도시답게 여행자를 위한 편의 시설과 숙박 시설도 잘 갖추어져 있다. 문제는 숙박료가 비싸다는 점이다. 3성급 호텔인 호텔 모나코(Ni Hotel Monaco)와 호텔 앰배서더 모나코(Hotel Ambassador Monaco)가 10유로 내외로 저렴하다. 숙박은 상대적으로 저렴한 니스에서 하는 것이 좋겠다.

☞ 음식...작은 도시지만 유럽에서 맛볼 수 있는 다양한 음식을 경험할 수 있다. 라콩다민 해안가 거리에 있는 카페에서는 저렴한 가격에 피자와 스파게티, 리소토를 맛볼 수 있다. 지중해 여행을 떠난다면 '안초비'라 불리는 이탈리아식 멸치절임이 올려진 피자를 맛보는 경험을 해 보는 것도 이색적이다.

주요 체험 명소

1. 모나코: 라콩다민 해변, 모나코빌 왕궁과 지중해 바다, 퐁비에유 해변, 몬테카를로 카지노 등
2. 니스: 나스 해변, 루메세나, 장메르셍 거리, 가리발디 광장, 메세나 광장, 샤갈 박물관 등
3. 에즈 마을: 고성과 성당, 식물원

주요 축제

모나코는 1929년부터 진행된 전통의 F1 대회로 유명하다. 몬테카를로의 모나코 경주장에서 시작해 세계적 미항 모나코의 시가지를 누비는 경주로 매년 5월에서 6월 사이에 열린다. 고풍스러운 건물과 항구를 가득 메운 수많은 요트들이 펼쳐진 장관 속에 열려 많은 팬들의 사랑을 받고 있다. 시가지 경주의 특성상 평균 속도가 160km/h로 F1 대회 중 가장 느린 경주로도 유명하다. 도시 도로 구조상 속도가 나오지 않아 F1 경주 중 가장 짧은 거리인 260km를 달리는데도 불구하고 경주가 일찍 끝나지 않는 흥미로운 대회이자 축제이다.

지중해 해변의 특별 명소, 니스

모나코 공국 및 이탈리아에서 가까운 지중해의 항만도
시로 '리비에라' 혹은 '코트다쥐르'라고도 불리는 지중
해 연안에 있다. 지중해성 기후로 온화하여 화가들의
별장이 많았던 것으로 유명하며, 마티스 미술관과 샤갈
미술관이 있다. 해변가를 따라 3.5km 길이로 '프롬나드
데 장글레(영국인의 산책로라는 의미의 프랑스어)'라는
산책로가 조성되어 있다.

샤갈의 마을이라 불리는 생폴드방스

생폴드방스는 지중해 연안에 위치한 소담스럽고 앙증
맞은 중세 고성 마을이다. 니스에서는 버스로 30분 남
짓. 예술가의 고장으로 샤갈, 르누아르, 마네, 마티스, 브
라크, 피카소, 모딜리아니…1900년대 초반 마을을 찾
아 몸을 기댔던 예술가들의 면면을 엿볼 수 있다. 샤갈
의 제2의 고향으로 마지막까지 이곳에서 작품 세계를
그렸던 곳이다.

 참고문헌

· 김흥식, 2007, 세상의 모든 지식, 서해문집.
· 박현숙·이연수·김유진, 2013, 유럽여행 바이블(가슴 속 꿈이 현실이 되는 책), 중앙books.
· 에밀리 로즈, 2013, 모나코의 휴일, 신영미디어.
· 이향경, 2012, 프랑스를 사랑한다(그림쟁이의 배낭여행 3, 파리+니스+모나코), 더플래닛.
· 조용준, 2011, 프로방스 라벤더로드, 컬처그라퍼.
· 한윤희, 2012, 남프랑스 코트다쥐르 가이드북, 더플래닛.
· 모나코 일본 정원(http://www.cyworld.com/6ruepasseroni/2808970)
· MK뉴스(http://news.mk.co.kr/newsRead.php?year=2013&no=403655)

신이 내려준 선물, 아드리아해의 진주

크로아티아

아드리아해를 품고 있는 크로아티아. 우리나라에서는 한 여행 프로그램에서 여행지로 소개된 뒤로 이곳을 찾는 관광객이 급격히 늘었지만, 그전에 내가 이곳을 여행지로 선택한 이유는 단지 두브로브니크와 플리트비체의 사진 한 장씩 때문이었다.

온통 주황색 지붕의 중세풍 건물들이 푸른 바다와 어울려 도시를 이룬 모습, 그리고 에메랄드빛 싱그러운 물줄기가 울창한 숲과 어우러져 비현실적인 장면을 만들어 내는 국립공원. 친구가 어디를 갈지 묻기도 전에 이미 나는 크로아티아를 다음 여행지로 정했었다. 물론 가고 싶은 마음은 의심할 여지가 없었지만 그 당시 크로아티아에 대한 정보가 흔하지 않았던 때라 우리는 여행 가이드북을 찾는 것부터 애를 먹었다. 일단 우리나라에서 나오는 가이드북 중에는 크로아티아를 다룬 책이 없었고(지금은 매우 많은 책들이 출판되고 있다), 외국에서 출판되는 유명한 여행 가이드북도 번역본이 없어서 영문판을 구입했다. 그리고 크로아티아 여행기 한 권. 그 두 책을 번갈아 보며 여행지에 대한 기본적인 것을 공부하고 인터넷도 열심히 뒤져 여행을 준비했다.

또 한 가지 우리가 이번 여행에서 도전한 새로운 미션! 다양한 대중교통을 이용했던 그전의 여행들과는 달리 렌터카를 이용해 이동하기로 계획했기 때문에 해외 렌터카 업체들의 가격과 옵션 등을 미리 알아보고 예약하는 등 더 많은 사전 준비를 할 수밖에 없었다. 렌터카 이용의 결과는 당연히 200% 만족이었다. 대중교통으로 갈 수 없는 곳에 들르는 재미와 자유로운 여행 스케줄까지,

특히 크로아티아는 렌터카 여행을 하기에 최적의 여행지였다.

크로아티아로 떠나는 여정, 신이 내린 선물 크로아티아

아드리아해의 진주라 불리는 크로아티아. 정식 국가 명칭은 크로아티아 공화국이며, 크로아티아 사람들은 흐르바츠카라고 부르기도 한다. 크로아티아는 제1차 세계대전 후 1918년에 수립된 슬라브족 다민족 국가인 세르비아–크로아티아–슬로베니아 왕국(1929년 유고슬라비아 왕국으로 개칭)을 거쳐 제2차 세계대전 후에 구 유고슬라비아 사회주의 연방 공화국의 일원이 되었고, 구 유고슬라비아 연방의 해체와 내전을 거쳐 1991년 6월 분리 독립하였다. 면적은 56,594㎢로 한반도의 4분의 1 크기이다. 수도는 자그레브로 약 80만 명이 거주하고 있으며, 주요 도시로 스플리트, 오시예크, 리예카, 두브로브니크가 있다.

아드리아해를 품고 있는 크로아티아의 남부 해안 지역은 전형적인 지중해성 기후이며, 북부 내륙 지역은 대륙성 기후 특징을 보이는 등 다양한 기후대를 지니고 있지만 연평균 기온은 11.6℃ 정도로 온화한 편이다.

최근 우리나라에서는 크로아티아를 찾는 여행객이 많아지면서 직항이 생겼다. 경유해서 가는 경우에는 터키 항공으로 자그레브로 이동하는 항공편을 예약하면 이스탄불에서 경유하여 자그레브에 도착한다. 자그레브에서 렌터카를 이용하여 여행을 하다가 마지막 도시인 두브로브니크에 도착하면 일단 두브로브니크 공항에 렌터카를 반납하고 시내로 오는 셔틀버스(1인당 8쿠나 정

두브로브니크 스르지산 전망대에서 내려다본 시내 풍경

도)를 이용하여 필레 문까지 돌아오면 된다. 두브로브니크는 걸어서 관광하기에 충분한 도시이므로 렌터카를 미리 반납하는 것이 더 효율적이다.

두브로브니크에서 다시 자그레브로 이동할 때에는 버스도 있지만 미리 국내선 항공편을 예약하면 시간적으로도 절약되고 가격도 저렴하다. 국내선 항공편을 이용하기 위해서는 두브로브니크의 여행 일정이 끝나고 다시 시내에서 셔틀버스를 타고 두브로브니크 공항으로 이동하면 된다.

자그레브 공항에 도착한 후, 한국에서 홈페이지를 이용하여 미리 예약한 렌터카 회사 사무실을 찾았다. 자그레브 공항에는 여러 렌터카 사무실이 나란히 있어서 찾는 것은 별로 어렵지 않았다. 직원이 알려 준 대로 공항 근처 주차장에 가서 우리가 선택한 차에 대한 설명을 듣고 본격적인 여행을 시작했다.

사실 미리 여행 준비를 한다기보다는 렌터카 예약과 내비게이션 앱을 다운 받기, 그리고 관광객들이 많이 찾는 두브로브니크의 숙소를 예약해 놓은 것이 전부였다. 막상 자동차로 여행을 시작하면 일정은 거의 바뀔 것이라고 생각했다.

발칸 반도 서쪽에 자리 잡은 작은 나라 크로아티아는 우리에게 축구로나마 조금 알려져 있는 나라이다. 그다지 친숙지 않은 이 작은 나라가 유럽 사람들 사이에서는 꼭 한 번 방문하고 싶은 휴양지로 꼽힌다는 사실은 놀랍기만 한데, 그 대표적인 곳이 플리트비체 호수 국립공원이나 달마티아 해변에 자리한 두브로브니크라고 한다. 스티브 잡스나 빌 게이츠 등 세계의 부호들이 즐겨 찾는 휴양지로도 알려져 있다.

한여름의 크로아티아는 기온이 높고 햇빛이 뜨겁다.

크로아티아는 지리적으로 북서쪽에서 시작하여 남동쪽 디나르 알프스산맥으로 이어지는 산악 지형과 북동부 지역(슬라보니아)에서 헝가리와의 국경 지역을 따라 펼쳐진 파노니아 평원 지대 등 넓지 않은 면적에서 산과 바다, 평야가 모두 펼쳐져 있다. 이러한 지리적 다양성 때문에 북동부는 온화한 대륙성 기후, 중부 및 고지대는 산악 기후, 아드리아해를 따라 펼쳐진 해안 지역은 쾌적한 지중해성 기후를 보인다. 봄과 가을은 특히 해안가를 중심으로 온화한 편이나, 겨울에는 북부 및 중부 지역의 경

크로아티아 이스트라반도의 가정집에서도 흔히 볼 수 있는 올리브나무

우 춥고 눈이 많이 내린다. 자그레브를 포함한 크로아티아 중북부 지역의 연중 기후는 우리나라와 매우 유사하나, 우리보다 습도가 낮아 여름철 높은 기온에도 다소 쾌적함을 느낄 수 있다. 크로아티아 여행의 적기는 5월~10월 사이이며, 특히 6월 말~8월 중순 사이가 최성수기라서 관광객들이 모인다.

크로아티아 국민의 와인 소비량은 세계 5위인데, 이는 프랑스, 이탈리아보다 낮지만 독일보다는 높은 수준이다. 늘 와인을 가까이 두고 살면서도 세계 시장에서 명성을 얻지 못한 이유는 소량 생산하기 때문이라고 한다. 우리나라의 4분의 1 정도 면적에 약 66개의 와인 농장이 있다는 것은 굉장히 많은 숫자를 의미하지만, 농가의 대부분은 와인을 저녁 식탁에 올릴 용도로 만드는 것이지 판매용으로 생산하는 것이 아니다.

크로아티아를 대표하는 또 한 가지의 특산품은 올리브인데, 올리브 오일 마니아들도 인정하는 고급 올리브 오일 생산국이 이탈리아, 스페인, 크로아티아라고 한다. 그중 크로아티아의 이스트라반도에서 수확되는 올리브 열매는 풍부한 향과 선명한 금빛 노란색을 띠는 종으로 최고로 꼽힌다.

여행자들의 기착지, 자그레브

드디어 크로아티아의 수도 자그레브에 도착했다. 사실 자그레브는 다른 도시에 비해 여행자들에게 인기가 많은 편은 아니지만, 크로아티아를 여행하기 위한 시작점과 종점이기 때문에 들르지 않을 수 없는 곳이기도 하다. 우리도 같은 이유로 들어왔지만 이왕 왔으니 자그레브를 상징하는 관광 명소를 둘러봐야 한다고 생각했다. 일단 공항에서 트램을 타고 관광의 중심인 중앙역으로 이동했다. 크로아티아 국부 토미슬라브왕의 동상이 보이고, 자그레브에서 가장 번화한 반 요셉 엘라치치 광장부터 시작하여 언덕을 오르다 보니 자그레브 대성당이 보였다. 두 개의 첨탑으로 유명한 이 대성당은 성 스테판 성당 또는 성모승천 대성당이라고도 불리며, 높이가 105m로 자그레브 시

자그레브 시내 어디에서도 보이는 자그레브 대성당.
이곳은 좌우 첨탑의 위치에 따라 나침반의 역할을 해 주는 소중한 문화재이다.

성 마르코 성당. 자그레브에서 가장 오래된 성당으로
빨강, 파랑, 흰색 타일로 만든 지붕이 특징이다.

내 어디에서도 모습이 보인다. 또한 우리도 만져 보지 못한 크로아티아 화폐 1,000쿠나 지폐의 뒷면에도 새겨져 있는 크로아티아의 대표 건축물이라고 할 만큼 실제로 올려다보니 그 크기가 웅장했다.

대성당을 지나 언덕을 오르다 보면 사진만으로도 그 매력을 발휘하는 성 마르코 성당을 찾을 수 있다. 국민의 80% 이상이 가톨릭 신자인 나라답게 유명한 관광 명소에서 성당을 빼놓을 수가 없는데, 그중 성 마르코 성당은 자그레브에서 가장 오래된 성당으로 지붕의 빨강, 파랑, 흰색 타일 무늬가 독특하여 꼭 보고 싶었던 곳이다.

동화에 나오는 것만 같은 성 마르코 성당을 보고 나서 다시 언덕길을 올랐다. 자그레브 여행의 묘미는 걷는 데에 있다. 시가지가 그리 크지 않기 때문이기도 하고, 유명한 건축물들이 구시가지에 밀집해 있어 산책하듯 걸을 수도 있고, 때로는 푸른색 트램을 타고 자그레브 시민들의 삶 곳곳을 누빌 수도 있는데, 둘 다 오랜 시간이 필요하진 않다. 하루를 묵기로 한 우리는 올드타운 쪽에서 저녁을 먹기로 했는데 분위기 좋은 카페와 레스토랑이 많고, 거리 곳곳에서 작은 콘서트를 볼 수 있어 수많은 여행자들이 찾아오는 곳이었다.

저녁도 잘 먹고 길거리 공연도 감상할 수 있어 기대감으로 가득 찬 크로아티아 여행의 첫날을 보낸 후, 렌터카를 이용하여 본격적인 여행을 시작했다. 일단은 이스트라반도 쪽으로 이동할 계획이라 지도를 미리 봐 두었지만, 내비게이션 앱도 준비해 두었다. 우리나라 돈으로 4,000원 정도면 동유럽 여러 나라의 내비게이션 기능을 하는 앱을 살 수 있다. 실제로 차에 달려 있던 내비게이션보다 주요 관광지나 해안 도로 코스를 추천하면서 더욱더 정확한 정보를 얻을 수 있었다.

환전한 직후라 큰 돈밖에 없어 당황했던 우리는 신용카드를 이용해서 톨게이트를 무사히 통과한 후 이스트라반도를 향해 가는 고속도로를 만났다.

휴게소에서 파는 간단한 음식을 먹고 나서 고속도로를 달리며 창밖으로 크로아티아의 이국적인 풍경을 볼 수 있는 것 또한 렌터카 여행의 묘미였다.

길을 가다 아름다운 풍경을 만나면 멈추기. 시간은 조금 더 걸리지만 어차피 정해진 계획도 없었기 때문에 크로아티아의 구석구석을 보는 즐거움을 제대로 느낄 수 있었다.

언덕 위의 마을, 모토분

이스트라반도를 여행하다가 만난 보석 같았던 마을 '모토분'. 언덕 위에 자리 잡고 있는 모습을 보고 무작정 달려간 곳이었다. 아무것도 알아보지 못하고 만난 이 마을에서 우리는 숙소를 잡고

TIP 크로아티아의 교통

크로아티아는 철도보다 도로망이 잘 발달해서 렌터카로 여행하기에 좋은 나라이지만, 해외에서 운전이 두려운 여행자들은 버스를 이용해도 하다. 그중 북부 지방 일부를 제외하고 유명한 도시인 플리트비체, 스플리트, 두브로브니크 등을 연결하는 버스는 여행에 부족함이 없다. 단, 두브로브니크를 향해 이동하는 버스는 해안 도로를 따라 운행되기 때문에 오른쪽 창가 좌석에 앉으면 아드리아해의 절경을 감상하며 이동할 수 있다는 것을 꼭 기억하자.

크로아티아에는 다양한 버스 회사가 있는데, 그중 가장 많은 노선을 보유하고 있는 버스 회사 autobusni의 홈페이지에 들어가면 운행 시간표를 참고할 수 있다.
• autobusni(http://www.autobusni-kolodvor.com)

언덕 위에 위치한 모토분. 국제 영화제로도 유명한 마을이며, 조용한 곳을 찾는 여행자들에게 인기가 많다.

하루를 머물렀다.

　모토분은 크로아티아의 서부, 이스트리아 주의 중부에 위치한 작은 마을이다. 해발 고도 270m 지점에 위치하며 언덕 위에 주택들이 옹기종기 모여 있는 풍경이 아름다워 만화 '천공의 성 라퓨타'의 모티브가 되었다는 이야기도 있다.

　렌터카를 마을 입구 주차장에 세워 놓고 길을 따라 올라가면 마을을 둘러싼 성벽 안쪽으로는 모토분을 다스렸던 여러 왕조의 문장이 있으며, 1세기경에 만들어진 것으로 추정되는 고대 로마인들의 묘비가 남아 있다. 1278년부터 베네치아 공화국의 지배를 받았다고 하는데, 당시에 지어진 견고한 성벽의 모습이 그대로 남아 있는 것이 정말 신비로웠다. 세 구획으로 나누어진 마을은 요새의 탑과 성문을 통해 서로 연결되어 있으며, 로마네스크 양식과 고딕 양식, 르네상스 양식이 조화된 건축물들은 모두 14~17세기에 걸쳐 지어진 것들로 베네치아 공화국 식민지의 전형적인 건축 스타일을 보여 주는 중요한 역사적 유물로 평가받고 있다고 한다.

　우리는 무작정 마을 입구에서부터 숙소를 찾았다. 이왕이면 창문에서 보이는 풍경이 좋은 곳으로. 숙소를 잡고 마을의 구석구석을 돌아보는데 유난히 관광객도 많고 레스토랑이나 카페의 직원들이 분주한 느낌이 들었다.

　"무슨 행사가 열릴 건가 봐. 축제 준비에 한창인 것 같은데?"

"그러네. 여기 포스터를 보니까 국제 영화제 같은 행사가 열리나 봐."

알아보니 언덕 위의 작은 마을인 이곳은 미르나강을 끼고 있는 아름다운 자연환경과 특산물 등 관광 산업이 발달하고 있으며, 1999년부터 해마다 미국과 유럽의 독립 영화를 다루는 '모토분 국제 필름 페스티벌'이 개최된다고 한다.

우연한 기회로 축제를 즐긴 다음 날 아침, 언덕 위의 마을 모토분에서의 아침은 고요하고 평화로웠다. 크로아티아의 대표적인 마을 외에도 이렇게 여행 중에 만난 작은 마을들은 크로아티아의 매력을 보여 주는 데 크게 한몫을 하는 것 같다.

요정들의 낙원, 플리트비체

햇살마저 풍요로운 곳 이스트라반도는 크로아티아의 서부, 아드리아해안 북쪽 끝에 있는 반도로서 주변의 섬들은 유럽에서 가장 인기 있는 휴양지이며, 매혹적인 경관을 지닌 마을들이 해안가에 자리 잡고 있다. 이곳의 총면적은 3,160㎢이고, 인구는 약 30만 정도로 행정적으로는 대부분 크로아티아에 속한다.

우리는 이스트라반도에서 가장 큰 도시라고 하는 '풀라'에 들러 보기로 했다. 유럽인들이 사랑하는 휴양지라고 하더니 정말 많은 관광객들을 볼 수 있었다. 풀라는 크로아티아의 로마라고 불

플리트비체 국립공원 코스 중 언덕 위에서 내려다본 절경

❶ 매혹적인 해변 경관을 지닌 이스트라반도. 최근 유럽인들에게 휴양지로 각광받고 있다.
❷ 플리트비체 국립공원의 신비할 정도로 아름다운 물빛

리는 도시이다. 일찍부터 오스트리아 제국의 해군 기지가 있었던 만큼 항구가 발달하였고, 이런 이유로 자연스럽게 국제공항도 들어섰다. 한마디로 이스트라반도의 교통 중심지라는 것이다. 10 쿠나 지폐 뒷면에 새겨진 크로아티아의 대표 역사 유적지로 남아 있는 콜로세움은 검투장으로 사용되었던 중세와는 달리, 현재는 영화, 오페라, 콘서트 등이 열리는 공연장으로 이용된다고 한다. 이 외에도 풀라에서는 세르기우스 개선문, 아우구스투스 신전 등 로마 시대에 세워진 다양한 건축물을 볼 수 있다.

이제 다음 코스로 이동할 차례. 이스트라반도의 해안 도로를 따라 국도를 구석구석 돌아 요정들의 낙원이라 불리는 플리트비체로 향했다. 차를 멈춰 쏟아지는 한낮의 태양빛을 받아 푸른색으로 반짝이는 환상적인 아드리아해의 바다를 바라보는 것도 여행의 일부로 기억하기 아까울 만큼 훌륭했다. 플리트비체 국립공원 주변에 도착하니 날이 어두워졌다. 아직 숙소를 예약하지 못한 우리는 불안한 마음에 근처에 있는 마을을 찾았다. 국립공원 주변이라 산길을 따라 군데군데 작은 마을이 형성되어 있었는데, 그 불빛을 따라 안으로 들어가니 통나무로 만든 산장이 모여 마을을 이루고 있었다.

우여곡절 끝에 방을 구한 후 밀려 있던 여독을 풀고 상쾌한 공기를 맞으며 플리트비체에서의 아침을 맞았다. 어두워서 미처 보지 못했던 플리트비체의 아침. 상쾌한 공기를 맞으며 아침 식사를 하고, 숙소의 주인에게 국립공원을 다 보려면 반나절은 필요하다는 정보를 입수하고는 먹을 간식과 간편한 복장, 그리고 카메라를 준비해서 공원으로 향했다. 특히 여름은 성수기라 많은 관광객들이 찾는데, 공원 보호를 위해 입장 인원이 제한되어 있기 때문에 아침 일찍 나섰다. 입구에서 입장권을 사고 셔틀을 타니 드디어 플리트비체 국립공원의 트레킹 코스를 시작하는 지점으로 데려다주었다.

플리트비체 국립공원은 1949년 크로아티아 최초의 국립공원으로 지정된 이후 1979년 유네스코 세계 자연유산으로 등재된 곳이다. 깊은 골짜기를 따라 계단식으로 자리 잡은 16개의 호수는 폭포로 연결되어 있는데, 봄·여름·가을·겨울의 물빛이 각각 다르고 주변의 숲들과 어우러지면서 마치 전설 속 장소에 온 듯한 느낌이 든다. 수천 년에 걸쳐 자연적으로 형성된 천연 댐과 호수, 동굴, 폭포 등이 요정 마을 같은 풍경을 이루면서 크로아티아를 찾는 관광객들이 꼭 가 봐야 할 장소 중 하나가 되었다.

국립공원의 규모가 매우 크기 때문에 폭포와 언덕까지 걸으면 3~4시간 정도 소요된다. 사진을 찍으면서 여유를 부리다 보니 시간이 훌쩍 지나 버렸다. 우리는 준비해 온 간식과 그곳에서 파는 음식으로 점심을 먹고 숲을 따라 걸어 나와 국립공원 트레킹의 종점에 왔다.

"이 공원은 정말 아름다운 것 같아. 친구들에게도 크로아티아에 오면 꼭 가 볼 장소로 추천해야겠어."

"맞아. 이곳 호수의 물빛은 계절마다 그 색깔이 다르다고 하더라구."

"그래? 어떻게 다른데?"

"안내서에 보면 이 호수는 탄산칼슘을 다량 함유하고 석회 침전물을 생성하여 빛의 굴절에 따라 녹색, 푸른색, 청록색, 회색을 띤다고 해. 가을에는 단풍도 드니까 계절마다 풍경이 달라질 것 같아."

"봄이나 가을에 와도 정말 멋있겠다. 다음에 꼭 다시 와 보고 싶어."

우리는 그렇게 다음 여행을 기약하며 아쉬움을 달랬다.

이곳을 여행하는 관광객 중에는 며칠 동안 근처의 숙소에 머물면서 날마다 다른 코스를 걷는, 또는 같은 코스를 걷는 이들도 있다고 한다. 이쯤 되면 크로아티아 국민들이 얼마나 사랑하는 장소인지 상상이 된다.

기대했던 플리트비체 국립공원을 한나절 동안 보고 난 후 다시 차를 타고 해안 도로를 따라 다음 도시인 흐바르로 향했다. 물론 숙소를 예약해 놓지 않았기 때문에 가는 도중 마음에 드는 마을에서 머무는 것은 또 다른 경험이었다.

자연과 문명이 맞닿은 곳, 아름다운 중세 도시 두브로브니크

공항에서 올드타운의 필레 문에 도착하는 버스를 타고 15분 정도를 달리면 다시 두브로브니크 시내에 도착한다. 크로아티아 여행을 계획할 때 가장 기대되는 도시, '아드리아해의 진주'라 불리는 두브로브니크에 드디어 입성했다.

달마티안 해변에 있는 이 도시는 13세기경에 축조되었을 것이라고 예상되는 철옹성 같은 성벽을 기준으로 내부의 구시가과 외부의 신시가로 나누어진다. 그 이후 지중해의 요충지 역할과 동시에 옛것을 고스란히 보존하는 차단막이 되었다. 1667년의 지진으로 막대한 피해를 입었음에도 불구하고 아름다운 고딕 양식 건축물, 르네상스와 바로크 양식 교회, 수도원, 궁전과 분수가 잘 보존되었지만, 1991년 크로아티아가 유고슬라비아 연방으로부터 독립을 선언하면서 세르비아군이 3개월에 걸쳐 총공격을 해 와 도시 전체가 파괴되었던 아픈 과거도 있었다고 한다. 하지만 1994년 구시가지가 유네스코 세계 문화유산에 지정되면서 이후 도시 복원 작업을 통해 성채, 왕궁, 수도원, 교회 등 역사적인 기념물 가운데 가장 크게 손상된 건물들이 복원되었고, 현재 옛 명성을 되찾을 만큼 아름다운 해안 도시로 거듭나고 있다.

아일랜드 출신의 극작가 겸 소설가 버나드 쇼는 이 아름다운 도시를 보고 "진정한 낙원을 원한다면 두브로브니크로 가라."라는 말을 남겼다. 그 말이 무엇을 의미하는지 두브로브니크에 도착하니 느낄 수 있었다.

두브로브니크에 첫 이미지는 숙소의 주인 아주머니에게서 결정되었는데, 크로아티아에 머물면서 자신의 집을 숙소로 개조해서 빌려 준 아주머니는 우리가 숙소에 도착하자마자 초콜릿과 아이스크림을 가득 주며 환영해 주고, 도움이 필요할 때 언제든 이야기하라는 말씀과 함께 떠나셨다. 언덕 꼭대기에 있는 숙소라 오르내리기에는 조금 힘들었지만 내려다보이는 풍경은 정말 아름다웠다. 5일을 머물었던 이 숙소에서 우리는 매일 최고의 절경을 보면서 아침을 먹곤 했는데, 언제

두브로브니크 하면 떠오르는 올드타운의 주황색 지붕과 푸른 바다

이런 풍경을 보면서 여유롭게 아침을 먹을 수 있을까 하는 생각에 행복해했다.

숙소에서 짐을 풀고 대부분의 유명한 건축물과 볼거리가 있는 올드타운으로 입성했다. 공항 버스가 도착했던 필레 문을 지나자 플라차 거리라 불리는 구시가의 중심 도로가 뻗어 있는데, 1층에는 상점과 레스토랑들이 가지런히 늘어서 있었다. 플라차 거리의 초입에는 프란치스코 수도원이 있고, 건너편에는 오노프리오 분수가 있는데 과거 성 안의 식수로 사용되었다고 한다.

플라차 거리의 끝에 다른 건축물에 비해 유난히 아름답고 웅장한 스폰자 궁전을 만날 수 있었다. 16세기 초에 지어진 이 궁전은 한가운데에 지붕이 없는 아케이드가 있는 것이 또 다른 특징이다. 건물의 1층에는 전시관을 보는 재미도 쏠쏠했다.

"여기 좀 와 봐. 축제가 열리는 것 같은데?"

"여기가 렉터스 궁전인가 봐. 1435년에 건축되어 스폰자 궁전과 함께 두브로브니크를 대표하는 건축물이래. 그런데 왜 이렇게 사람이 많이 모여 있을까?"

"여름 축제가 열리나 봐. 공연 준비를 하는 것 같은데?"

두브로브니크의 여름 페스티벌은 60년 전통을 지닌 대축제이다. 7월 중순에서 8월 중순까지 한 달간 이어지는데 다양한 재즈, 클래식 공연이 구시가 전역에서 펼쳐진다고 한다. 굳이 여행자들이 북적이는 성수기에 성을 찾는 것도 이 축제에 참가하기 위해서라고 하는데, 무엇보다 어두워지는 저녁, 은은한 조명 아래 바닷바람을 느끼며 보는 공연은 축제의 백미라고 할 수 있다.

유럽의 고성 안이 대부분 오래된 유적들로 채워진 것과 달리 두브로브니크성의 구시가는 일상의 삶이 고스란히 배어 있다. 골목을 지나다 보면 오전에 들어서는 과일 시장이나 주민들의 단골 이발소, 정육점, 그리고 유럽에서 가장 오래된 약국도 만날 수 있다. 중앙로 뒤편으로 돌아서면 미로 같은 골목을 만나는데, 분주한 구도심을 벗어나 골목 한편에 앉으면 또 다른 중세의 공간에 있는 기분이었다.

올드타운에서 나와 언덕 쪽으로 올라가다 보면 스르지산 전망대를 만날 수 있는데, 입장료는 따

❶ 두브로브니크 여름 축제의 모습. 렉터스 궁전을 중심으로 각종 공연이 펼쳐진다. (출처: http://blog.adriaticluxuryhotels.com/
2011/08/dubrovnik-triumph-by-sulic-and-hauser.html)
❷ 케이블카를 타고 오른 스르지산 두브로브니크 시내(출처: http://thefluffy mojito.com/2014/08/16/croatia-dubrovnik-the-
hill-which-cant -be-pronounced)

로 없고 케이블카 이용료를 내면 올라갈 수 있다. 그곳에서 케이블카를 만난 것이 얼마나 반가웠
는지, 실은 언덕을 오르고 내리는 것이 그리 쉽지는 않은 일이었다.

스르지산 전망대에서는 두브로브니크 시내와 아드리아해를 한번에 볼 수 있다. 맑은 날에는
60km 밖까지 보인다고 하는데, 우리가 간 날도 맑은 편이라 꽤 멀리까지도 보였다.

아름다운 풍경에 취한 김에 전망대에 있는 레스토랑에서 저녁을 먹기로 했다. 날이 어두워지자
시내 곳곳에서 불을 밝히면서 낮과는 또 다른 환상적인 야경을 볼 수 있었다.

시내 구경도 충분히 하고 아무런 일정도 잡지 않은 날. 카메라도 들지 않고 해변에 가서 물놀이
를 하기로 했다. 두브로브니크의 성곽 밖에는 이 도시를 대표하는 두 개의 해변이 있다. 하나는 성
벽 도시의 플로체 게이트 가까이에 있는 반제 해변이고, 다른 하나는 성 야코브 교회 아래에 자리
한 성 야코브 해변이다. 반제 해변은 구시가 가까이에 있어 이국적인 전망을 선보이고, 실제로 관
광객들도 많이 찾아 해변 주위에 레스토랑이나 펍도 줄지어 있다. 반면 성 야코브 해변은 구시가에
서 약 1.5km 떨어져 있지만, 그 덕에 인적이 드물어 여유로운 해수욕을 즐길 수 있는 장점이 있다.

우리는 가까운 반제 해변으로 결정했다. 파라솔 사용료를 내고 물놀이를 하다가 누워서 여유도
부리다 보면 어느새 저녁이 되고, 올드타운에 가서 저녁을 먹으면 평화로운 하루 일정 끝. 잘 보존
된 구시가의 유적지와 푸른 아드리아해, 멋진 전망과 여유롭게 물놀이를 할 수 있는 해변. 이것이
두브로브니크가 유명한 휴양지로 인정받고 있는 이유가 아닐까 싶다.

두브로브니크의 마지막 날, 우리는 주인 아주머니네 집에 가서 차도 마시고 꼬마 아이에게 물
놀이 용품도 선물로 주며 인사를 했다. 아주머니는 마지막 날까지도 두브로브니크 공항으로 가는
버스가 있는 곳까지 차로 태워다 주고는 우리의 안전한 여행을 기원해 주었다.

여행지의 첫인상이란 아주 사소한 일로부터 결정되는 것 같다. 우리에게 크로아티아는 신비로
운 자연환경과 오래된 유적지가 조화로운 모습이 너무도 매혹적인 나라, 그리고 순수하고 친절한
사람들로 오래 기억될 것 같다는 생각이 들었다. 강렬한 태양, 그리고 시원한 바람과 함께.

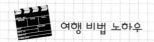 여행 비법 노하우

교통 · 숙박 · 음식

☞ 교통...크로아티아 도로의 특성상 렌터카 여행을 추천하지만 버스 여행도 충분히 가능하다. 10일 정도 여유를 두고 자그레브에서부터 해안 도로를 따라 크로아티아의 구석구석을 보고 난 후 두브로브니크까지 이동하는 경로로 여행 계획을 세우는 것이 좋다. 플리트비체 국립공원은 시간적 여유가 된다면 1박을 하며 휴식의 시간을 갖고, 지나가다 마음에 드는 작은 마을에서 머무는 것도 추천한다. 우리나라에서 크로아티아로 가는 직항편은 없기 때문에 보통 유럽이나 터키를 경유하는 비행기를 타고 자그레브로 입국한다. 자그레브에서는 렌터카를 이용하거나 터미널에서 버스를 이용하여 여행을 시작할 수 있다. 도로의 특성상 철도보다는 자동차 여행이 수월하며, 아름다운 해안 도로를 달려 보는 것을 추천한다. 두브로브니크에서 여행을 마무리하고 국내선을 이용하여 다시 자그레브로 돌아올 수 있다.
· 크로아티아 항공(http://www.croatiaairlines.com)

☞ 숙박...유명한 관광 도시의 경우 여름에는 성수기이므로 인기 있는 숙박 시설에서 머물기를 원하면 미리 인터넷 사이트에서 예약해 놓는 것이 좋다. 호텔이나 호스텔을 예약해도 좋지만 현지인이 운영하는 숙소(아파트먼트나 스튜디오라는 표현을 쓴다)에 머물면서 현지인과 교류하는 것도 좋다. 숙소의 위치는 대부분의 볼거리가 모여 있는 올드타운에 잡으면 편하다. 하지만 성수기에는 예약하기 어렵거나 가격이 비싸기 때문에 올드타운 밖의 마을에서 머무를 수도 있다.
· 부킹닷컴(http://www.booking.com), 호스텔월드(http://www.korean.hostelworld.com), 아고다(http://www.agoda.com)

☞ 음식...아드리아해를 품고 있는 지형이라 바다에서 얻을 수 있는 해산물 요리를 추천한다. 신선한 식재료를 얻을 수 있기 때문에 어떻게 요리해도 맛있다. 와인이 생산되는 지역이 있어 저렴한 가격에 질 좋은 와인을 마실 수 있으며, 올리브의 생산지로도 유명하다. 모토분에서는 비싼 식재료인 '송로버섯(트뤼플)'이 생산되며 기념 상품으로도 만들어 판매한다.

기념품

와인의 생산지가 있어 자국의 와인을 사 오는 것도 추천한다. 특히 이스트라반도에서 나오는 와인은 평이 좋다. 또한 이스트라반도는 최고 품질의 올리브를 생산하는 곳이기 때문에 올리브유도 지인들의 선물용으로 좋다. 모토분에서는 송로버섯이 특산품으로 유명한데, 가격이 비싸기 때문에 송로버섯 오일이나 송로버섯이 들어간 크림소스를 살 수 있다. 흐바르에서는 라벤더로 만든 오일이나 방향제 또는 라벤더를 콘셉트로 한 다양한 인형이나 마그넷을 팔기도 한다.

주요 축제

1. 두브로브니크의 수호성인 성 블라이세 축제: 2월 3일
2. 두브로브니크 여름 축제: 7월 초~8월 말
3. 모토분 필름 페스티벌: 7월 말
4. 스플리트 디오클레티아누스 황제의 날: 8월 중순
5. 자그레브 영화 축제: 10월

보스니아 헤르체고비나의 '모스타르'

모스타르는 보스니아 헤르체고비나의 서부, 헤르체고비나 지방에서 가장 크고 중요한 도시이다. 크로아티아 옆에 위치하고 있어서 자동차로 국경을 넘어갈 수 있다. 국경에서 여권 검사만 하고 쉽게 들어갈 수 있으며, 크로아티아의 지형상 보스니아 국경을 두 번 넘어야 하기 때문에 넘는 김에 여행 코스에 넣어도 좋다.

중세 시대 건축물이 많이 남아 있는데, 1556년 건설된 다리는 모스타르의 상징 중 하나로 유고 연방의 내전 당시 이 다리를 사이에 두고 이슬람파와 가톨릭파가 치열하게 싸웠다. 내전 중인 1993년 11월 9일 크로아티아 방위평의회 부대에 의해 파괴되었으며, 전쟁의 참상을 잊지 말자는 'Don't forget'이라는 문구가 쓰인 기념비가 세워져 있다. 시내 곳곳에는 총탄의 흔적이 아직도 남아 있으며, 주변 도시와는 또 다른 분위기인 이슬람풍의 건물과 이슬람교 사원 등이 유명하다. (출처: http://blog.naver.com/gumaima/112219939)

 참고문헌

• 김랑, 2011, 크로아티아 블루(언젠가, 어디선가, 한 번쯤은), 나무수.
• 론리플래닛편집부, 이동진 역, 2014, 크로아티아(론리플래닛 트래블가이드), 안그라픽스.
• 백승선·변혜정, 2009, 행복이 번지는 곳 크로아티아, 쉼.
• 이준명, 2012, 어느 멋진 일주일 크로아티아(7박 8일을 여행하는 최고의 방법), 봄엔.
• 정병호, 2014, 크로아티아, 발칸을 걷다(시간으로의 여행), 성안당.
• ABROAD 배낭여행자들을 위한 가장 똑똑한 여행법
  (http://navercast.naver.com/magazine_contents.nhn?rid=1639&rid=&contents_id=66611)

15

지중해를 품은 신들의 나라

그리스

    우리에게는 모 음료 광고의 배경이 되었던 산토리니섬으로 더 유명해진 그리스는 신화가 탄생한 웅장한 신전과 조각품들을 보유하고 있을 뿐만 아니라, 위치상으로도 유럽과 지중해의 특성을 모두 지니고 있어 관광객들이 많이 찾는 여행지이기도 하다.

    국토는 주로 산과 섬으로 이루어져 있으며, 면적은 한국의 3분의 2 정도이다. 수도인 아테네는

그리스의 작은 섬 산토리니.
그리스의 대표적인 관광지로 우리에게는
음료 광고 배경으로 등장한 하얀 마을로 잘 알려져 있다.

그리스 전체 인구의 3분의 1이 살고 있는 정치·종교·문화의 중심지이다. 지중해성 기후 지역이라 사계절 내내 따뜻하고 맑은 날씨가 계속되어 여행하기 좋은 나라지만, 그리스의 분위기를 느끼려면 조금 덥더라도 여름에 여행하는 것을 추천한다. 겨울에도 우리나라의 가을이나 초겨울(최저 기온이 5~6℃) 날씨 정도이고 찾는 사람이 많지 않아 다니기에는 좋지만, 주요 관광지 특히 섬의 레스토랑이나 카페가 문을 닫고 우기가 찾아와 사진이나 영화에서 보던 맑고 푸른 그리스의 느낌을 얻기에는 아쉬운 면이 있다.

우리의 그리스 여행은 아테네부터 시작하여 저가 항공과 페리를 이용해 섬으로 이동하는 일정으로 계획되었다. 아테네에서 산토리니까지는 저가 항공을, 산토리니에서 미코노스, 그리고 다시 미코노스에서 아테네까지의 이동은 페리를 이용하기로 했다. 일부러 찾은 지중해의 여름은 뜨겁지만 맑은 하늘의 연속이었고, 습하지 않아 어느 곳에서든 그늘만 찾으면 그것으로도 충분했다.

최근 그리스는 심각한 경제적인 위기를 겪고 있어 그리스 국민뿐만 아니라 전 세계적으로 주목받고 있다. 어려운 환경 속에서도 민주주의의 시초가 되고 헬레니즘 문화를 꽃피운 나라인 만큼 이 시기를 잘 극복할 것이라고 믿는다.

신화가 된 도시, 아테네

그리스는 산지가 많고 평지가 적은 지형의 특성 때문에 각 지역 간의 교류가 쉽지 않았다. 따라서 정치적·사회적으로 독립된 도시 국가인 폴리스(polis)가 고대 그리스 곳곳에서 독자적인 정치 형태로 발전했다. 특히 아테네에서는 평등을 기초로 전 시민이 모인 집회에서 나랏일을 결정했는데, 이것이 바로 민주주의의 시초이다. 그러한 중요한 역사를 지닌 아테네 땅을 밟다니, 그리스 여행은 시작부터 가슴이 설레었다.

"이게 지중해의 태양인가 봐."

저녁이 다 되어서 도착한 우리는 재빨리 숙소에 짐을 놓고 거리로 나왔다. 어두워질 것이라는 예상과 달리 여전히 태양볕은 강렬했다.

일단 저녁 식사부터 하기로 하고 수많은 레스토랑과 카페, 갤러리, 기념품점이 들어서 있는 '플라카 지구'를 찾았다. 무작정 찾아간 그곳은 말 그대로 여행자들의 천국이었다. 대리석 바닥으로 된 미로 같은 골목을 따라가다 보면 어느 한 곳도 그냥 지나칠 수 없을 정도로 매력적이었다.

우리는 그리스까지 왔으니 전통 음식을 먹어야 한다며 신중하게 음식을 골랐다. 건강한 음식의 상징인 그릭샐러드, 한치에 아주 얇은 튀김옷을 입혀 만든 칼라마리와 고기를 꽂은 꼬치를 숯불에서 구운 수블라키, 그리고 지중해 요리를 먹을 때 빼놓을 수 없는 와인. 다음 날 먹을 것까지 미

리 주문한 듯한 양이었다.

다음 날 본격적인 여행을 시작하면서 지혜의 여신인 아테나의 신화를 품은 아크로폴리스부터 찾기로 했다. 아테네 여행의 장점이라면 대부분의 유적지를 걸어서 이동할 수 있다는 것이다. 우리는 기원전 6세기 때 지어진 고대 아테네의 극장으로 드라마 예술의 근원지였으나 지금은 유적지만 남아 있는 디오니소스 극장을 지나 음악당, 그리고 아고라를 마주하게 되었다.

그리스의 도시 국가에서 신전과 주요 관공서가 있는 아크로폴리스가 정치와 종교의 중심지였다면, 아고라는 일상적인 활동이 활발히 이루어지는 시민 생활의 중심지였다. 시민의 경제 활동 중심지이자, 사교 활동을 하면서 여론을 형성하던 의사소통의 중심지였다. 또한 학문과 사상에 관한 토론이 이루어지던 문화와 예술의 중심지였으며, 시민들이 민회를 열어 국방이나 정치 문제를 토론하던 정치의 중심지이기도 했다. 그러므로 '아고라'는 오늘날에도 사회의 공적인 의사소통 혹은 직접 민주주의가 이루어지는 공간이나 그러한 행위 자체를 상징하는 말로 널리 사용된다.

아테네의 아크로폴리스.
도시 국가 폴리스에 있는 높은 언덕을 가리키는 아크로폴리스는 아테네에 있는 아크로폴리스가 가장 널리 알려져 있다.

❶ 아크로폴리스. 그늘 없는 뜨거운 태양 아래에서도 위대한 유산을 보기 위해 많은 관광객들이 찾는다.
❷ 파르테논 신전의 모습

유명한 검색 사이트에 존재하는 게시판도 그런 의미에서 붙여졌다.

드디어 아테네의 수호 여신이며 지혜의 여신인 아테나에게 바친 파르테논 신전을 만나러 가는 길이다. 아크로폴리스에 위치한 이 신전은 가장 아름답고 웅장한 건축물로 불리며 유네스코 세계 문화유산의 상징이 되었다. 기원전 448년부터 기원전 432년까지 당대 최고의 조각가와 건축가의 설계로 16년에 걸쳐 완성되었지만 세월이 흐르면서 교회, 회교 사원, 무기고 등으로 사용되어 많은 손상을 입었다. 이를 보호하기 위해 유네스코에서 세계 문화유산으로 등재했으며, 신전을 형상화하여 유네스코를 나타내는 마크로도 사용하고 있다.

다른 관광객들처럼 한참 동안 신전을 바라보던 친구가 물었다.

"이 기둥의 건축 방법이 독특하다고 하던데?"

"도리스 양식의 최고봉이라고 해. 얼핏 보면 직선으로 만든 것 같은데 자세히 들여다보면 곡선과 곡면으로 이루어져 있대."

파르테논 신전의 기둥은 시각 효과에 따라 굵기를 다르게 조절했는데, 사람의 착시까지 감안하여 곧바르고 균일하게 보이도록 만든 것이라고 한다. 또한 지금은 비록 지붕의 일부만 남았지만, 2,500년 이상 그 무게를 견디기 위해 과학적인 원리를 이용해 지었기에 서양 건축물의 모델이 되었다.

늦은 오후까지 아테네의 유적지를 여행한 우리는 시내 중심에 위치한 신타그마 광장에서 휴식을 취하며 어두워지기를 기다렸다. 신타그마 광장은 그리스 각지로 뻗어 나가는 거리의 중심으로 관청이나 회사뿐만 아니라 쇼핑 거리나 여행사 등이 자리해 있어 늦은 밤까지 사람들로 붐빈다. 아크로폴리스는 낮에도 볼만하지만 어두워진 후 파르테논 신전에 조명이 들어오면 그 웅장함이 더욱 빛을 발한다. 야경을 보기 위해 조금 떨어진 리카비토스 언덕에 올라 그 광경에 넋을 잃고 바라보았던 시간이 아직도 기억에 남는다.

아테네 시내 어디에서든 유적지나 역사의 흔적을 볼 수 있다. 많이 손상되어 기둥만 남아 버린 모습에 안타까운 마음도 있지만, 무너뜨리고 새로운 건물을 짓기보다는 역사와 함께 자연스럽게 살아가는 그들의 모습에서 당당함이 느껴져 인상 깊었던 시간이었다.

국기를 그대로 닮은 동화 같은 섬, 산토리니

그리스를 여행지로 선택한 이유의 60% 이상은 바로 이곳 때문이 아니었을까. 하얀 원피스를 입고 등장한 배우가 파란 바다와 새하얀 건물들을 배경으로 골목을 걷던 모습의 TV 광고로 많이 알려진 섬. 그 배경이 된 섬이 '미코노스'인 것을 나중에야 알게 되었지만 어찌 되었든 그리스 섬 여행은 산토리니가 시작이었다.

아테네에서 산토리니까지의 교통편은 1시간 정도 걸리는 저가 항공이나 4~5시간 걸리는 고속 페리가 있다. 시간적으로 여유는 있었지만 결국 뱃멀미의 두려움을 이기지 못한 우리는 저가 항공을 이용하여 산토

산토리니의 안내도. 크지 않은 섬이지만
곳곳을 여유롭게 둘러보다 보면 2~3일로는 아쉽다.

그리스의 아름다운 섬 산토리니. 파란 바다와 하얀 건물들이
어우러진 풍경은 그 자체로 그리스 국기를 연상시킨다.

산토리니의 상징인 풍차. 여행을 오기 전 우연히 풍차 사진 한 장을 보고 산토리니에서 이곳을 찾아 헤맨 보람이 있었다.

리니의 피라(Fira) 마을에 도착했다. 처음에 그리스인들이 산토리니를 보통 '티라(Thira)'라고 부른다는 사실을 모른 채 티라와 피라를 구분하지 못해 당황하기도 했다. 이곳은 산토리니의 대표 마을인 이아 마을까지 이동하려면 버스로도 가능하지만 버스도 쉬는 날이 있으므로 렌트를 추천한다. 우리가 도착한 다음날이 바로 그 버스 기사의 휴무일이었는데, 렌트를 택한 우리는 다행히 큰 어려움 없이 여행을 즐길 수 있었다. 게다가 산토리니의 구석구석을 가 볼 수 있었으니 더욱더 만족스러웠다.

산토리니는 그리스의 400개가 넘는 섬 중 가장 아름답기로 소문난 화산섬이다. 에게해를 품고 있으며 화산이 터져 만들어진 절벽에 하얗게 채색이 된 가옥들이 바다를 마주하고 있어 어디든 눈부신 풍경이 펼쳐진다. 피라 마을에서 하루를 보내고 렌터카를 이용해 이아 마을로 향했다. 가는 길에 그리스 '와인'을 만드는 와이너리를 발견했고, 시음과 함께 가족들과 기념품으로 마실 와인도 구입했다. 마침내 도착한 이아 마을은 엽서나 그림, 광고에서 자주 등장하는 곳으로 상상했던 것처럼 어디를 찍어도 엽서 같았다. 실컷 사진을 찍고 덥다 싶으면 바다가 보이는 카페에서 시원한 음료를 마실 수도 있다. 잠깐 쉬는 사이 늦은 오후가 되어 이아 마을에서 노을이 가장 잘 보이는 곳으로 향했다. 이 시간쯤이면 산토리니에 온 관광객 대부분은 풍차, 노을, 바다, 절벽이 있는 이곳을 찾는다.

숙소가 있는 피라 마을은 저녁이면 번화가가 되는데, 관광객들이 모이는 테토코풀루 광장 주변으로 아테네와 또 다른 분위기의 레스토랑, 카페, 바가 늘어서 있다. 곳곳에서 산토리니를 닮은 아기자기한 기념품 가게도 실컷 구경할 수 있다.

하루는 산토리니섬 남쪽에 있는 카마리 해변을 찾았다. 고대 티라산을 끼고 자리한 이곳은 산토리니에서 가장 인기가 높은 해변으로 검은 모래가 특징이다. 유명한 관광지답게 관리도 잘되어 있고 사람도 많지 않아 실컷 해수욕을 즐기는 행운도 얻었다.

산토리니 여행은 휴양과 관광을 모두 만족시킨 여행이었다. 2~3일이면 산토리니를 대부분 구경할 수 있지만, 넉넉한 일정으로 온 우리는 매일같이 노을을 보러 이아 마을에 가고, 골목을 산책했다. 그 시간들 덕분에 낙천적이고 여유로운 그리스를 만날 수 있었다고 생각한다.

아름다운 풍차와 미로의 섬, 미코노스

아테네에 저가 항공이나 페리가 있지만 산토리니에서도 페리를 타고 이동할 수 있다. 산토리니에서 페리로 3시간 정도 이동하여 미코노스에 도착했다. 우리나라에서는 산토리니보다 덜 유명하지만, 그리스섬에서 가장 아름다운 섬을 묻는다면 산토리니와 미코노스 중에 고민하게 될 것이다. 무라카미 하루키가 쓴 여행 에세이 『먼 북소리』는 미코노스에서의 한 달

검은 모래가 특징인 카마리 해변. 검은 모래와 자갈 때문에 맨발로 걷기에는 발바닥이 아프다.

TIP 그리스는 언제 여행하면 좋을까?

그리스는 지중해성 기후 지역으로 여름에는 기온이 높고 매우 건조해 맑은 날씨가 계속되며, 겨울에는 따뜻한 가운데 우기가 있어 습한 편이다. 연평균 강우량은 서쪽에서 동쪽과 남쪽으로 갈수록 줄어들어 그 차이가 3배를 넘기도 한다. 북쪽은 여름에 상대적으로 강수량이 많은 편이다. 같은 계절에도 지역에 따라 기후가 다르기도 한데, 산악 지대는 기온이 낮은 반면 해안 지역은 건조하고 더울 수 있다. 그리스를 여행하기 좋은 시기는 여름이다. 이 시기에는 유럽 각지에서 관광객들이 몰리는 성수기라 인기 있는 숙소나 섬으로 이동하는 페리는 예약이 필수이다. 겨울에는 추운 날씨는 아니지만 우기가 있어 맑은 날씨를 만나기 어렵고, 주요 레스토랑이나 카페 등이 문을 닫아 썰렁한 분위기를 느낄 수도 있다.

❶ 미코노스를 대표하는 풍차. 나란히 바다를 마주하고 있는 풍차가 미코노스를 알려 주는 이미지이다.
❷ 어디서나 감상할 수 있는 일몰 풍경

반 생활을 담아내며 한여름의 미코노스를 소개했으며, 『상실의 시대(노르웨이 숲)』를 이곳에서 쓰기 시작했다고 하니 더 말할 필요가 없지 않을까.

처음 미코노스에 도착했을 때, 산토리니보다 아늑하면서도 무엇인가 다른 느낌을 받았다. 건물과 미로에 풍차, 바다가 보이는 풍광은 마찬가지지만 미묘한 차이가 느껴졌다. 섬은 크지만 대표적인 관광지는 한곳에 몰려 있으며, 그 외의 다른 곳은 말 그대로 소박한 어촌 마을이었다.

이번에는 미코노스를 여행하는 기분을 느끼기 위해 산토리니와는 다른 조금 특별한 숙소를 잡았다. 마을에 사는 현지인이 운영하는 렌트하우스였는데, 다른 가정집과 다를 바가 없어 그들의 삶을 잠깐이나마 경험해 볼 수 있었다. 아침에 일어나 동네를 구경하고, 아침 식사도 해 먹고, 빨래를 널어 보기도 했다. 또 미로 같은 골목길을 걷다 보니 높은 건물과 나무 그늘 때문에 산토리니보다 걷기가 훨씬 수월하다는 장점도 찾을 수 있었다.

관광지가 한곳에 모여 있어 걸어서 여행할 수 있는 미코노스에서는 아침에 보았던 풍차를 해 질 녘에 다시 찾았다. '코라'라고 불리는 다운타운에서부터 코라 초입의 리틀베니스에서 보는 일몰, 그리고 밤에는 클럽들이 즐비한 만토 광장 주변까지, 낮과 밤이 전혀 다른 것이 미코노스의 또 다른 매력이었다.

굳이 어떤 코스로 움직이고 어디를 먼저 보는 계획을 세울 필요 없이 미코노스 여행은 하루하루 즉흥적이었다. 걸어서 여행할 수 있는 장소의 장점은 바로 그것이다. 아무리 현지인처럼 생활하더라도 여행자는 이방일 뿐이라고 하지만, 그럼에도 불구하고 가장 현지인 닮은 여행을 할 수 있었던 시간이었다.

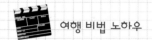 여행 비법 노하우

☞ 교통...항공은 우리나라에서 그리스 아테네로 가는 직항도 생겼지만, 터키와 함께 그리스 여행을 하려면 좀 더 저렴한 터키 항공을 이용하여 터키를 경유해서 여행하는 편이 경제적이다. 아테네-산토리니-미코노스로의 이동은 직항과 페리를 모두 이용할 수 있다. 성수기에는 예약이 필수이며, 비수기에 산토리니-미코노스 구간은 페리가 운항되지 않는다.
- 터키 항공((http://www.turkishairlines.com/ko-KR)
- 저가 항공: 에게안 에어(Aegean air), 부엘링 에어(Vueling air)
- 그리스 페리(http://www.openseas.gr/en/index.html)

☞ 숙박...성수기(여름 7~8월)에 산토리니나 미코노스는 유럽 관광객들이 많이 찾으므로 좋은 숙소를 원하면 반드시 예약을 해야 한다. 우리나라 호텔 예약 사이트에서 다양한 숙소 유형을 골라 예약할 수 있으며, 현지 가정집에 머물고 싶다면 에어비앤비를 이용할 수도 있다.
- 호텔스닷컴(https://kr.hotels.com), 부킹닷컴(http://www.booking.com), 에어비앤비(http://www.airbnb.co.kr)

☞ 음식...지중해를 품고 에게해에 위치한 섬이기 때문에 해산물 요리는 무조건 추천한다. 또한 올리브 생산지로 유명한 그리스에서는 올리브오일, 절인 올리브를 기념품으로 사 와도 좋다. 그릭샐러드나 유제품(그릭요거트), 그리고 와인이나 포도향 가득한 그리스 전통 술인 우조도 마셔 보자.

터키, 이스탄불
보통 그리스 여행은 터키 여행과 함께 계획한다. 이스탄불은 아시아와 유럽의 문화를 모두 간직한 터키의 독특한 문화를 경험할 수 있는 도시이다.

 참고문헌

- 김지훈, 2006, 환상의 섬 산토리니, 지지퍼블리싱.
- 무라카미 하루키, 윤성원 역, 2004, 먼 북소리, 문학사상사.
- 진교훈, 2015, 저스트고-그리스, 시공사.
- 최윤선, 2015, 아모르 그리스, 보누스.
- ABROAD(http://navercast.naver.com/magazine_contents.nhn?rid=1639&contents_id=86050)
- 유네스코와 세계유산(http://heritage.unesco.or.kr)

봄이 돌아왔다, 사랑에 빠지는 나라

체코

　지나가던 사람과 눈만 마주쳐도 사랑에 빠진다는 아름다운 나라 체코. 파란 하늘빛과 빨간 지붕이 잘 어울리는 이 나라는 CF나 드라마의 배경으로 우리에게 익숙하다. 수도인 프라하 곳곳에 유네스코 세계 문화유산이 남아 있으며, 체스키크룸로프는 도시 전체가 세계 문화유산으로 등재되어 있다. 2000년 유럽연합(EU)이 지정한 유럽 문화의 중심지도 체코의 수도 프라하였다. 프라하의 빨간 지붕은 불규칙하지만 아기자기한 조각이 모여 있는 것처럼 다정한 풍경을 만들어 낸다. 밤이면 홀로 빛나는 프라하성의 모습에 넋을 놓고 빠져든다.

　1,000년 이상 그 모습을 간직해 온 프라하는 도시 전체가 로마네스크 양식부터 고딕, 르네상스, 바로크, 아르누보 양식까지 온갖 건축 양식의 역사를 보는 듯 다양한 건축물로 가득하다.

　프라하는 음악의 도시이기도 하다. 세계적인 음악가 스메타나와 드보르자크가 프라하 출신일뿐 아니라, 모차르트는 자신의 음악을 가장 잘 이해하는 곳이라고 말할 만큼 프라하를 사랑했다. 세계 최고의 음악 축제 '프라하의 봄'은 매년 5월 12일부터 6월 1일까지 열린다. 전통적으로 개막일에는 스메타나의 '나의 조국', 폐막일에는 베토벤 교향곡 9번이 연주된다. 제2차 세계대전이 끝난 후부터 시작된 이 축제는 여전히 체코 사람들의 음악에 대한 긍지로 활발하게 진행되고 있다.

　사실 '프라하의 봄'이라고 하면 체코슬로바키아 당시에 일어난 자유민주화 운동을 떠올린다. 1968년 체코 사태 당시 외신 기자가 음악 축제였던 '프라하의 봄'을 인용하여 "프라하의 봄은 언제 올 것인가."라고 타전한 이후 '프라하의 봄'이 체코 자유민주화 운동을 상징하는 말로 사용되기 시작하였다. 이제는 건축, 예술, 민주화, 이 모든 것들이 모여 독특한 분위기를 자아내어 이곳에 발을 딛은 순간부터 눈을 떼지 못할 만큼 아름다운 도시로 남아 있다.

부다페스트에서 브라티슬라바를 경유하여 오는 기차를 타고 프라하로 들어왔다. 무채색의 중후한 건물이 많던 부다페스트, 여전히 무채색이지만 심플하고 깔끔한 매력을 가진 브라티슬라바와 달리 사진으로 만난 체코는 알록달록하고 환한 느낌이었다.

프라하 중앙역에 내렸을 때는 밤 9시가 채 되기 전이었는데, 역 안은 기차를 타고 막 도착한 여행객들 외에는 한산했다. 왜 그런가 했더니 폭우가 쏟아지고 있었다. 그림 같은 도시, 프라하에 도착하자마자 비라니…. 원래 계획은 숙소로 가기 전에 프라하 시내를 한 바퀴 돌아보려고 했는데, 그냥 숙소로 가기로 했다. 우산만으로는 피할 수 없는 비여서 우비를 꺼내 입었는데, 일행의 우비색이 우연히도 분홍, 파랑, 노랑, 하양색이었다. 색색의 우비를 입고 캐리어를 끌고 부루퉁한 표정으로 이동하는 우리를 지나가던 사람들이 신기한 듯 바라보았다. 그 와중에 저 멀리 보이는 프라하성, 울퉁불퉁한 돌길이 지금 내가 프라하에 서 있음을 실감 나게 해 주어, 폭우 속에서도 여행 생각에 들뜨는 마음을 가라앉힐 수가 없었다.

프라하의 시작, 바츨라프 광장

바츨라프 광장은 프랑스의 '샹젤리제 거리'를 닮은 곳으로 쇼핑, 레스토랑, 기념품 가게 등이 즐비한 대표 번화가이다. 넓은 광장일 것으로 상상했는데, 언덕을 따라 길게 늘어선 넓은 대로에 가까웠다. 또한 이 광장은 체코의 역사가 고스란히 담겨 있는 생생한 현장이기도 하다. 체코슬로바키아 당시 민주화를 외치며 비폭력 혁명이 일어나 공산당 정권이 무너졌던 벨벳 혁명의 현장이기

'동유럽의 파리'라고 불리는 체코의 수도 프라하.
1,000년 이상 된 중세 모습 그대로의 거리 풍경이 남아 있다.

❶ 바츨라프 광장. 거리의 양옆과 아래쪽으로 번화한 상점들이 들어서 있고,
   위에는 바츨라프왕의 기마상과 민주화를 외치며 분신자살을 한 학생들의 유적지가 남아 있다.
❷ 하벨 시장. 신선한 과일이나 다양한 공예품 등을 아주 저렴한 가격에 살 수 있다.

때문이다.

바츨라프 광장을 따라 올라가면 가장 위쪽에 말을 탄 사람의 동상이 있다. 체코의 바츨라프왕을 나타낸 동상이다. 체코에서는 기마상의 말을 보면 그 왕의 업적을 알 수 있다. 말이 한쪽 발을 들고 있으면 전쟁에서 승리한 왕, 두 발을 다 들고 있으면 패전한 왕, 발을 내려놓고 있으면 전쟁 없이 평화로운 삶을 영위한 왕이라고 한다. 바츨라프왕의 기마상은 한 발을 높이 든 말 위에서 깃발을 위풍당당하게 들고 있는 모습으로 제작되어 있다. 정복자의 모습을 나타내고 있는 것이다.

기마상 앞에는 두 청년을 기리는 기념판이 마련되어 있고 꽃, 촛불, 사진 등이 놓여 있다. 공산 체제하에 있던 체코슬로바키아에 자유민주화 바람이 불기 시작하며 1968년 개혁파 둡체크가 집권하였다. 오랜 시간 소련의 간섭을 받으며 공산 체제에 물들어 있던 체코슬로바키아가 민주주의를 찾아가는 시간이 만물이 약동하는 봄 같다 하여 '프라하의 봄'이라고 하였다. 하지만 이것이 못마땅했던 소련은 바르샤바 조약군을 앞세워 체코슬로바키아를 침공한다. 체코슬로바키아 대중은 비폭력 저항으로 대항하고, 21세의 대학생 얀 팔라치는 분신자살로 반발한다. 그의 학교 후배였던 얀 자익도 팔라치의 희생을 기억하자는 의미로 같은 장소에서 분신자살을 한다. 하지만 결국 바르샤바 조약군에 제압당하고 자유민주주의화 시도는 실패한다. 이곳의 기념비는 분신자살로 민주주의를 외친 두 학생을 기리는 것이다. 지금까지도 헌화가 계속되고 있다.

기마상 바로 밑에는 2011년 작고한 바츨라프 하벨 대통령의 사진이 놓여 있다. 1969년 민주화에 실패한 체코슬로바키아는 이후 19년 동안 여전히 공산권의 지배를 받으며 살아갔다. 지식인들의 자유민주주의에 대한 갈망은 더욱 커져 갔고, 소련의 힘이 약해지는 동안 다른 공산권 국가들은 점점 무너져 갔다. 1989년 폴란드에서 일어난 민주화 운동의 영향으로 그해 11월 체코슬로바키아에서도 대규모 학생 시위가 일어난다. 비폭력으로 진행되던 학생 시위를 공산 정권은 무력으로 진압하고 이에 반발하여 전국적인 시민 봉기가 일어나게 된다. 바츨라프 하벨은 조직적인 시민 봉기를 위해 시민 포럼을 설립하여 대규모 시위를 주도하게 된다. 소련의 지원이 끊기고 주변 공산권 국가가 무너져 가는 상황 속에서 체코슬로바키아의 공산 정권은 전국적이고 조직적인 민주화 운동이 일어나자 스스로 퇴진한다. 시민 혁명이 성공한 후의 연설에서 하벨은 "우리는 평화적으로 혁명을 이루어 냈다. 이는 벨벳 혁명이다."라고 말하였다. 임시 대통령으로 바츨라프 하벨이 선출되고 이후 선거에서도 재선되며 자유와 민주주의를 사랑한 대통령으로 체코 국민들에게 기억된다.

체코의 돌바닥은 역사가 아주 깊다. 도로 공사를 한다고 해서 새로운 돌로 채우는 것이 아니라, 원래 깔려 있던 돌을 하나씩 빼내며 돌에 번호를 새긴다. 그렇게 돌을 다 빼낸 후 공사를 하고 번호에 따라 돌을 다시 끼워 넣어 도로를 복원한다. 현재 내가 밟고 있는 돌은 적어도 나보다 나이가 많구나 하는 생각에 체코 특유의 작은 돌이 가득한 돌바닥이 왠지 마음에 쏙 들었다. 바닥을 보며 바츨라프 광장을 따라 올라갔다. 어느 순간부터 도로 부분이 돌바닥 대신 아스팔트로 메워져 있었다. 벨벳 혁명 당시 탱크가 사람들이 밀집해 있는 이곳 광장까지 들어와서 돌바닥이 부서지고, 사람들이 죽었다고 한다. 그때 죽은 사람들을 기리고 역사를 기억하고자 탱크가 내려왔던 곳을 아스팔트로 깔아 놓은 것이었다. 굳건하고 단단할 것만 같던 돌바닥이 부서지고 아스팔트가 깔려 있는 모습을 보자 당시의 아픔이 떠오르는 것 같았다.

바츨라프왕의 기마상 뒤편으로는 체코 국립박물관이 자리하고 있다. 세계 10대 박물관의 하나로 꼽히는 곳이다. 민주화 요구 당시 소련군에 의해 포격을 받아 아직도 탄환 자국이 남아 있지만 어느 정도 복원된 상태이다. 바츨라프 광장을 따라 내려오면 색색의 천막과 상점이 들어서 있는 하벨 시장을 만날 수 있다. 다양한 기념품이나 수공예 인형 등을 판매하고 있는 재래시장으로 곳곳에 음식을 먹을 수 있다.

유네스코가 인정한 다양한 건축 양식의 전시장, 구시가 광장

프라하의 대표적인 장소를 꼽으라 하면 프라하성, 그리고 프라하 구시가지를 꼽을 것이다. 11세기부터 시장이 형성되어 지금까지 이어 오고 있다. 프라하에서 소매치기를 주의해야 할 첫 번째 장소라고 소문날 만큼 관광객과 상인으로 붐빈다. 광장을 둘러싸고 있는 틴 성당과 좌우의 건물들은 그 자체를 유네스코에서 보호하고 있다.

구시가 광장의 중앙에는 얀 후스 동상이 있다. 얀 후스는 마르틴 루터보다 1세기 앞서 종교 개혁을 주장한 사람으로 체코에서 존경받는 위인이다. 체코어로 설교를 함으로써 누구나 예배를 드릴 수 있도록 하였으며, 면죄부 판매에 대해 비판하다가 이단으로 몰려 화형을 당하였다. 얀 후스

틴 성당

동상은 그와 그의 추종 세력을 기념하기 위해 사망 500주년을 추모하며 세워진 기념비이다. 프라하를 대표하는 상징물로 알려진 이 기념비를 벤치가 둘러싸고 놓여 있어 많은 사람들이 지친 다리를 쉬어 가는 모습을 볼 수 있다.

얀 후스의 시선을 따라가면 그가 종교 개혁 연설을 했던 틴 성당이 보인다. 기존의 가톨릭 교회를 부정하고 종교 개혁을 실천했던 곳으로 체코 종교사에 매우 의미 있는 장소이다. 1365년 건립되었으며, 그 후 계속 변형이 가해져서 현재의 모습이 되었다. 외관은 고딕 양식으로, 내부는 바로크 양식으로 되어 서로 다른 분위기를 자아낸다. 아담과 이브가 기도할 때 두 손을 모으는 모습을 따서 만든 높이 80m의 2개의 첨탑이 매우 인상적이다. 밤이 되면 은은한 노란빛을 받는 다른 건물들 사이에서 하얀색의 핀 조명으로 홀로 빛나 또 다른 매력을 선사한다.

틴 성당의 맞은편으로는 구시가지의 명물인 구시청사와 천문 시계가 있다. 전형적인 고딕 양식으로 지어진 구시청사는 제2차 세계대전 때 독일의 공습으로 파괴되었는데, 전쟁의 끔찍함을 되새기기 위해 그대로 보존하고 있다. 1338년에 완공되었지만 옆 건물들을 사 모아서 지금의 규모를 이루게 되었다. 이 건물의 벽면에는 1437년 제작된 천문 시계가 있는데, 매 정각마다 1분 내외의 짧은 퍼포먼스가 있어 시간마다 엄청난 사람들이 몰려들어 한곳만 바라보고 있는 광경을 연출한다. 그 사람들의 셔터 소리만 가득한 그 1분이 소매치기들에게는 환상의 기회라고 하니 항상 주의해야 한다. '인간의 죽음이 임박함을 알리는 해골'이 종을 치면 열두 사도의 인형이 움직이기 시

안 후스 동상을 중심으로 들어서 있는 다양한 건축 양식의 건축물들. 왼쪽부터 프라하 구시청사와 성 니콜라스 성당

작한다. 그 아래로 천동설에 기초하여 연, 월, 일, 시간, 일출, 일몰과 시간까지 알 수 있는 두 개의 원이 나란히 돌아간다. 이 시계를 설계한 하누슈는 프라하의 명물을 다른 도시에 뺏길까 염려한 사람들에 의해 눈이 멀고 죽음을 맞았으며, 그가 숨을 거둘 때 천문 시계도 함께 멈추어 버렸다. 100년 후 몇 번의 수리와 전동 장치에 의해 다시 움직이게 되어 지금까지 아름다운 프라하의 자랑으로 남아 있다. 천문 시계가 설치된 탑 내부에 들어가 구시가지를 내려다볼 수 있고, 구시청사 내부를 둘러볼 수 있는 투어 프로그램도 있다.

광장 한편에는 동그란 비취색의 청동 지붕이 인상적인 성 니콜라스 성당이 있다. 프라하에서 가장 아름다운 바로크 양식의 건축물로 꼽히며, 모차르트가 자주 찾아와 연주한 곳으로 유명하다. 본당 천장에는 어린이들의 수호성인인 성 니콜라스를 찬양하는 대형 프레스코화가 있다. 유럽에서 가장 큰 규모를 자랑하는 상징물로 현재 후스파 교회로 사용되고 있으며 미사 외에도 다양한 고전 음악회가 열리는 장소이기도 하다.

구시가지에서 첼레트나 거리를 쭉 따라 걸으면 화약탑을 발견할 수 있다. 프라하의 구시가지와 신시가지를 나누는 관문으로, 1475년에 구시가지로 들어서는 13개의 성문 가운데 하나이자 대표 요새로 건설되었다. 여러 가지 용도로 사용되다가 연금술사들의 화학 창고 겸 연구실로 쓰이면서 화약탑이라는 이름이 붙여졌다. 고딕 양식으로 역사

프라하 화약탑. 옛날 대관식 행사를 치르는 보헤미아 왕과 왕비들은 화약탑에서 출발하여 구시가 광장을 거쳐 카를교를 건넌 후 프라하성까지 행렬을 지어 갔다.

구시민회관

를 간직한 웅장한 건축물이지만 유산으로 지정되지는 못했는데, 그 이유는 프라하에서 500여 년 된 건축물은 비교적 역사가 짧은 건축물로 인식되기 때문이라고 한다. 역사 도시 프라하의 위엄이 새삼 느껴지는 대목이다.

화약탑에 연결되어 있는 구시민회관은 화려한 아르누보 양식으로 알폰스 무하를 비롯한 당대 최고의 미술가와 건축가들이 참여하여 완성된 건물이다. 건물 정면에 알폰스 무하의 모자이크화 〈프라하의 경배〉가 있으며, 500여 개의 공간으로 이루어진 내부는 콘서트홀과 전시회장으로 사용되고 있다. 300년간 합스부르크 왕가의 지배를 벗어나 1918년 체코슬로바키아 민주공화국이 선포된 역사적인 장소이기도 하다. 어둡고 중후한 느낌의 화약탑과 밝고 우아한 느낌의 구시민회관이 함께 있는 모습이 인상적이다.

실용 미술을 순수 미술의 단계로, 무하 박물관

타로 카드나 만화에서 본 듯한 매혹적인 여성들의 모습, 화려한 색채와 캔버스 가득한 기하학적 무늬의 그림. 아르누보 양식의 대표 작가 알폰스 무하의 작품이다. 영국에서 시작된 아르누보 양식은 아름답고 실용성 있는 미술을 창조함으로써 미술 속의 삶, 삶 속의 미술을 이루고자 하는 특징이 있다.

어려서부터 미술에 관심과 재능을 보인 알폰스 무하는 매우 종교적인 분위기의 가정에서 성장했다. 스승이었던 요세프 젤라니가 프라하 미술 아카데미에 입학할 것을 권해 지원하였지만 입학하지 못했다. 하지만 빈의 무대 미술 회사에 무대 미술 분야의 견습생으로 채용되어 새로운 기회

무하가 세상에 알려지고 상업적으로도 성공한 미술가가 될 수 있는 디딤판이 되었던 '지스몽다'는 독특하면서도 우아함이 깃든 화려한 분위기로 사라 베르나르를 사로잡았을 것이다.

를 얻게 된다. 빈에서 근무하면서 다양한 문화와 예술을 접한 무하는 회사에서 나온 뒤, 칼 쿠엔-벨라 백작에게 채용된다. 백작은 무하의 재능을 인정하고 그의 후원자가 되어 파리에서 미술 공부를 할 수 있도록 도와주었다. 더 이상 후원을 받지 못해 공부를 갑작스럽게 그만둔 뒤, 우연히 톱스타 사라 베르나르의 포스터 '지스몽다'를 디자인한 후로 무하의 삶은 뒤바뀌게 된다. 이후 무하는 파리 아르누보의 주창자로서 입지를 확고히 하고 각종 부문에서 의뢰가 넘쳐 나는 성공한 미술가가 된다. 무하는 슬라브족의 독립과 체코슬로바키아 국가의 탄생을 위해 작품을, 그리고 지폐, 우표 등을 모두 무상으로 디자인하였다. 하지만 곧 체코슬로바키아는 나치의 지배를 받게 되고 무하는 체포되어 심문을 받는다. 이를 계기로 건강을 해친 무하는 생을 마감한다.

갤러리에는 무하가 어린 시절 그린 예수님부터 죽기 직전까지 체코슬로바키아의 국민으로서 마음을 담아 그린 그림들이 잘 정리되어 있었다. 상업적인 목표를 가지고 만들어진 작품들이 많았고, 마치 만화책 그림처럼 아기자기하고 예쁘게 그려진 무하의 작품을 처음 보았을 때는 '예쁘다' 외에 다른 느낌이 들지 않았다. 그러나 볼수록 피사체의 아름다움을 찾아 최대한으로 드러내고, 피사체가 가장 돋보이도록 배치하여 자신의 의도를 전달하는 것이 명쾌하고 유쾌했다. 아르누보 양식의 대표적인 인물이 되어 새로운 미술

❶ 알폰스 무하의 '지스몽다' 포스터. 새로운 형식의 구도와 서체가 조합된 독특한 포스터는 새로운 장르의 시각 예술로 구축되었다.
❷ 무하 박물관. 건물 외관은 평범하지만 창문에 붙어 있는 무하 특유의 그림체를 보고 무하 박물관임을 누구나 알아차릴 수 있다.

사조를 창시해 나가기까지 무하에게는 힘들고 오랜 과정이었겠지만 그의 작품을 감상할 수 있어 행복하다는 생각이 든다. 또한 그토록 사랑했던 조국이 힘들었던 시기를 함께 겪으며 이를 이겨낼 수 있도록 염원을 담은 작품을 발표하고 도움을 줄 수 있는 분야에서 재능을 발휘함으로써 국민들에게 힘이 되었던 무하의 인생 자취도 찾을 수 있었다. 예술가로서 가장 모범적이고 자신의 재능을 가치 있게 활용한 사람이 아니었을까?

만화 같은 그림체에 편견을 가졌던 사람이라고 해도, 여성스러운 색채와 신비로운 분위기에 매료되어 다니다 보면 어느새 작은 박물관 속에 가득한 무하의 힘을 느낄 수 있을 것이다. 예쁜 그림체 속에 녹아 있는 조국에 대한 깊은 고뇌와 인간에 대한 따뜻한 시선을 발견하는 순간, 따뜻한 화가 무하를 오래 기억할 수 있을 것이다.

프라하에서 가장 아름다운 돌다리, 카를교

카를교는 블타바강의 서쪽 프라하강과 동쪽 상인 거주지를 잇는 최초의 다리로, 카를 4세 시대에 고딕 양식으로 만들어졌다. 이전에 있던 목조 다리와 돌다리가 홍수에 떠내려간 후 60년에 걸쳐 완공되었다고 한다. 600년 가까이 건재하며 홍수에도 끄떡없이 버텨 오고 있다. 보행자 전용 다리인데 수많은 관광객과 예술가, 상인들로 가득하다.

다리의 양쪽 입구에는 교탑이 세워져 있는데 탑 위로 올라가 카를교를 바라볼 수 있다. 하지만 카를교만으로도 볼거리가 가득하니 위에서 보는 풍경은 포기하기로 했다. 카를교 좌우 난간에는

블타바강을 가로지르는 프라하에서 가장 오래된 카를교

❶·❷ 성 요한 네포무크상. 동상 아래 부조에 손을 대고 소원을 빌면 행운이 깃든다는 전설이 있다.
❸ 성 프란치스코 자비에르상. ❹ 카를교 최초의 장식물인 예수 수난 십자가

각 15개씩 30개의 바로크식 성인상이 자리 잡고 있어 야외 바로크 박물관이라고도 불린다. 성인
상은 역사적인 성인이나 영웅을 모델로 하고 있는데, 다리가 건설된 후 17세기부터 250년에 걸쳐
체코의 최고 조각가들에 의해 만들어졌다. 현재 다리 위에 있는 것들은 모두 모조품이며, 원작품
은 라피다리움 국립박물관에 보관되어 있다.

각 조각상들이 가지는 의미와 얽힌 이야기가 있어 미리 알고 가면 더욱 흥미롭게 다리를 지키
는 귀중한 조각상들을 감상할 수 있다. 혹시 알지 못한다 해도 유독 많은 사람들이 모여 있는 조
각상이 보인다면 잠깐 멈춰 서서 사람들의 행동을 유심히 살펴보는 것이 좋다. 소원을 빌거나 프
라하성에서도 떠올릴 만한 이야기들이 가득하기 때문이다. 성 요한 네포무크상은 다리의 조각상
중 가장 오래되고 유일한 청동상이다. 동상 아래 부조에 손을 대고 소원을 빌면 행운이 깃든다는
전설 때문에 그 부분만 반질반질하게 퇴색되어 있다. 성 프란치스코 자비에르상을 떠받치고 있는
사람 중에는 동양인으로 보이는 인물들이 보이기도 한다.

구시가지 광장 쪽에서 바라봤을 때 왼쪽 11번째에 있는 트렌티노의 성 니콜라스상 뒤쪽으로 내
려가는 층계가 보인다. 프라하의 베네치아라고 불리는 캄파섬이다. 붐비는 카를교와는 달리 내려
오자마자 한적하고 체코인들의 일상이 엿보이는 소박함이 묻어났다. '악마의 수로'라는 뜻의 체르
토프카 수로가 말라 스트라나 지역과 캄파섬 사이로 이어지고 있다고 한다. 악마의 수로답게 캄

다리 너머로 보이는 프라하성. 다리 위에서 만나는 연주자들, 화가, 상인 들도 카를교의 색다른 묘미이다.

프란츠 카프카의 박물관   캄파섬의 존 레넌벽

파섬 일대는 홍수로 인해 종종 물에 잠긴다고 하였다. 2013년 봄에도 물난리가 크게 났는데, 특히 2002년에 있었던 큰 홍수 피해를 알리는 사진전이 진행되고 있었다.

작은 마을 같지만 캄파섬에는 제법 상징적인 볼거리들이 가득하다. 체코를 대표하는 작가 프란츠 카프카의 박물관에는 카프카에 관한 사진, 출판물 등이 전시되어 있다. 특별한 점은 한국어판 책자가 준비되어 있다는 것이다. 세세하게 설명되어 있어 입장료가 아깝지 않다.

캄파섬에서 가장 찾고 싶었던 곳은 '존 레넌벽'이었다. 명성에 비해 가는 길이 안내되어 있지 않고 현지인들도 잘 알지 못하는 데다 구석진 곳에 있어 찾는 데 꽤나 고생했다. 존 레넌이 암살당했던 1980년, 소련군의 눈을 피해 비틀스의 노래 가사를 옮겨 적기 시작한 것이 유래가 되어 지금까지도 많은 이들의 꿈과 소망을 담은 낙서장으로 남아 있다. 여전히 많은 이들이 자유와 평화를 노래하며 이곳에 새롭게 그림을 그려 나가고 있다.

캄파섬 곳곳을 누비며 다니는 동안 우스꽝스럽고 유쾌한 모습의 조각상들을 많이 볼 수 있었다.

캄파섬.
30년 전쟁 당시 이곳에 주둔한 스웨덴 군대가 캄투스라고 부르는 것을 체코 인들이 캄파로 이해하면서 붙여진 이름이다.

체코의 유명한 조각가 데이비드 체르니의 작품이라고 했다. 프라하는 체코의 예술가들을 참으로 아끼고 자랑스러워하고, 그들 역시 체코를 너무나 사랑한다는 생각이 든다. 청계천 옆에 있던 올든버그의 조각이 떠올랐다. 우리나라에서 세계적으로 유명한 사람의 작품을 만날 수 있다는 것은 매우 큰 행운이지만, 자국의 예술가들의 작품도 더 자주 만나 볼 수 있으면 좋겠다는 바람이 든다.

프라하의 상징, 옛 정취를 담은 프라하성

'프라하의 야경'은 생각만으로도 가슴이 설레는 말이다. 숙소 중 대부분의 민박집에는 야경 투어 프로그램이 마련되어 있다. 프라하의 야경은 몇 개의 시설물만 반짝반짝 빛나 독특한 모습을 자아내지만, 그렇기 때문에 발 닿는 대로 갔다가는 핫 플레이스를 놓칠 수 있다. 그런 야경의 중심은 단연 프라하성이다. 카를교 뒤로 환하게 빛나는 프라하성의 존재감은 체코의 전부라고 해도 과언이 아닐 정도이다.

프라하의 상징으로 낮이든 밤이든 자리를 지키고 있는 프라하성을 찾았다. 카를교를 건너니 흐라차니 언덕 위의 프라하성을 만날 수 있었다. 흔히 생각하는 '성' 건물이 아니라, 성벽으로 둘러싸인 매우 넓은 부지에 구왕궁, 성 비트 대성당, 황금소로 등이 함께 있는 곳이었다. 그래서 매표소에서 코스에 따라 판매하는 티켓의 종류가 다르므로, 프라하성에 대해 미리 알아보고 어떤 코스로 둘러볼 것인지 정하는 것이 좋다.

제1정원에 있는 성 정문 위에는 거대한 석상이 있는데, 곤봉과 단검으로 상대를 제압하고 있는

프라하에서 가장 높은 위치에
요새의 목적으로 지어진 프라하성의 야경

❶ 레오폴드 분수를 중심으로 안내소로 사용되는 성 십자가 예배당이 있는 제2정원, ❷ 프라하성의 성 비트 대성당

모습의 '타이탄의 석상'이다. 두 개의 석상 옆에는 황금 왕관을 쓴 사자와 독수리 석상이 있는데, 각각 체코와 합스부르크 왕가를 상징한다. 합스부르크가 체코인들에게 경고의 의미로 세운 석상이지만, 치욕의 역사를 기억하기 위해 아직 남겨 두었다고 한다. 정문 아래 서 있는 근위병들과 사진을 찍기 위해 많은 사람들이 몰려 있었다. 정오에는 근위병 교대식이 이루어진다고 하는데 아쉽게도 시간이 지나 볼 수 없었다. 드디어 프라하성으로 입성했다!

제2정원을 지나 제3정원으로 들어가니 압도적인 모습의 성 비트 대성당을 볼 수 있었다. 카를교 너머에서 프라하성을 바라보았을 때 높이 보이던 두 개의 첨탑이 이 성당에 있는 것이었다. 너무 아름다운 모습에 감격해서 사진으로 담고 싶었지만 한 프레임에 담기지 않는다. 성당 외벽은 그냥 벽돌이 아니라 아주 작은 돌멩이에 색을 칠해 모아 붙인 것이다. 이런 정성과 기술이 모여 대단한 위압감을 자랑할 수 있는 것인가 보다. 이 성당은 본래 930년에 평범한 로마네스크 양식으로 건축되었지만 20세기까지 계속 개축되어 지금의 모습을 갖추었다고 한다. 크리스털이 발달한 체코의 성당답게 성 비트 대성당 안은 19~20세기에 제작한 스테인드글라스로 장식되어 있다. 성당의 천장까지도 3만 개가 넘는 조각으로 장식된 장미의 창이라는 스테인드글라스로 이루어져 있었는데, 사진기로는 그 색감이 다 담아지지 않아 아쉽기만 하다.

성 비트 대성당에서 나와 구왕궁을 지나자 프라하성에서 가장 오래된 붉은빛의 성 이지 성당이 보였다. 이곳의 두 첨탑은 아담과 이브를 상징하는 것인데 두 개의 굵기가 조금 다르다. 소박한 외관, 독특하게 붉은빛과 다른 크기의 첨탑 때문인지 그동안 보던 성당과는 다른 모습이 눈길을 사로잡는다.

성 이지 성당에서 북쪽으로 향하니 동화 속에 나올 법한 색색가지의 집이 가득한 좁은 골목이 나왔다. 옹기종기 모여 있는 작은 집들을 구경하면서 쇼핑도 할 수 있는 핫 플레이스, 황금소로였

❶ 스트라호프 수도원, ❷ 로레타 성당

다! 이곳은 본래 성의 방어를 위해 성벽으로 설계된 공간이었기 때문에 왕실 정원에서는 단층 건물로 보이지만 사실은 2층으로 되어 있는 집들이 들어서 있다고 한다. 2층은 한 개의 복도로 연결되어 성을 지키는 용도로 활용되었고, 공간이 작은 1층 집은 하층민들에게 임대되었다. 주로 연금술사, 사기꾼들이 많이 살아 '황금을 꿈꾸는 사람들이 모여 사는 골목'이라는 뜻의 황금소로라는 이름이 붙여졌다. 22번 집은 프란츠 카프카의 작업실이었던 공간이다. 이 집을 보기 위해 프라하성이 너무 커서 힘들어도 황금소로까지 쉼 없이 걸어왔는데, 카프카에 관련된 물품은 없고 판매하는 기념품만 가득하다.

프라하성의 제1정원 입구 돌아가서 밖으로 나왔다. 프라하성을 나왔지만 아직 볼거리들이 가득하기 때문에 아픈 발을 부여잡고 힘차게 걷는다. 흐라차니 광장으로 나오니 왼쪽에 정원이 보인다. 프라하성 아래에 숨겨져 있다던 5개의 정원이다. 귀족들이 자신들의 위세를 자랑하기 위해 만들었다는 정원, 미로 같기도 하고 비밀의 정원 같은 이곳에서 한숨 돌리고 나니 다시 걸어갈 힘이 생겼다.

보헤미아 각지에 성모 마리아의 집을 본떠 만든 35개의 성당 중 가장 오래되고 가장 아름다운 로레타 성당이 보인다. 로레타 성당에는 여주인의 6,222개 다이아몬드로 만든 성체 현시대가 있다고 하는데, 도대체 어떤 모습일까 생각하며 문 앞까지 다가갔다. 마침 정각이 되기까지 얼마 남지 않아 그 앞에서 기다린다. 곧 입구 위의 탑 안에 27개의 종이 연주하는 음악이 들려오기 시작한다. 흐라차니 광장을 지나 프라하에 음악이 울려 퍼졌다. 따갑던 햇살이 부드러워지고 바람이 살랑살랑 불어오는 언덕에서 종소리를 듣고 있으니 성체 현시대를 갖지 못했어도 세상이 내 것인 듯 행복해진다.

조금 더 걸으니 스트라호프 수도원이 나온다. 26만여 권의 책이 소장되어 있는 꿈의 장소! 수도원 안으로 들어가면 넓은 부지에 성모승천 성당, 수도원 도서관, 양조장 등 많은 시설이 위치해 있었다. 도서관 속의 철학의 방과 신학의 방은 내부까지 들어갈 수는 없지만 입장료를 내고 입구까지 가 볼 수 있다. 중세로 돌아간 것 같은 착각에 빠지며 움베르토 에코의 『장미의 이름』 속 주인공이 된 듯한 느낌까지 든다. 스트라호프 수도원 뒤쪽으로 돌아 나가니 프라하 시내를 한 번에 볼 수 있는 뷰 포인트가 있다. 저마다 난간에, 계단에 걸터앉아 지는 해를 바라보며 사진도 찍고 지친 몸을 쉰다.

동화 속에서 보아 오던 그림 같은 그곳, 체스키크룸로프

마을로 들어가는 부데요비체 문

많은 이들이 체코 하면 프라하를 떠올리지만 사실 더욱 보물 같은 도시, 놓쳐서는 안 되는 도시는 체스키크룸로프이다. 1992년 유네스코 세계유산으로 등재된 체스키크룸로프는 13세기에 지어져 지금까지 그 모습을 유지해 오고 있다. 블타바강이 마을 사이를 휘둘러 흐르고 산과 계곡으로 중세 모습을 그대로 간직한 거리가 펼쳐져 있는 도시. 꼭 가 보고 말겠다는 의지로 버스를 타고 출발했다. 가장 후회되는 일은 이곳에서 1박을 하지 않은 것이다. 프라하에서 3시간 정도 거리에 있고 워낙 작은 지역이어서 당일로도 충분히 여행은 가능했지만, 좀 더 오래 머물고 걸으며 만끽했으면 좋았겠다는 아쉬움이 남는다.

버스에서 내리니 저 멀리 마을이 아주 작게 보였다. 나무에 가려 잘 보이지 않아서 더욱 궁금하고 설레기 시작한다. 민박집과 펜션이 가득한 곳을 지나 다리를 건너 문을 지나자, 나지막한 붉은 지붕의 집들이 가득한 골목이 등장한다. 두근두근 벌써부터 펼쳐진 산과 강, 중세의 건물들이 어우러진 모습에 카메라 셔터를 쉴 새 없이 눌렀다. 문에 이어진 거리는 옛 영주들을 모시던 하인들이 거주한 라트란 거리라고 한다. 소박하고 작은 집들이었지만 이제는 300년의 역사를 다 안고 있는 무게감을 지닌 돌바닥의 거리와 어우러져 낭만이 느껴진다.

작은 마을이기 때문에 특별히 여행할 코스를 정해 두진 않았지만, 이곳 어디를 가도 보이는 체스키크룸로프성부터 올라가고 싶어진다. 보헤미아 지방에서 프라하성 다음으로 규모가 큰 성으로 체스키크룸로프가 시작된 것도 13세기에 비트코프가가 이 성을 건설하면서부터였다. 처음 건축한 이후로 새로운 건물들이 추가되어 지금의 거대한 모습이 되었다고 한다. 광장에서 블타바강 위로 놓인 다리를 건너니 성문으로 들어가는 길이 나온다. 이 다리의 이름은 왠지 친근한 '망토 다리'. 성과 영주들의 사냥터를 연결하는 역할로 유사시에는 이 다리를 파괴하였다고 한다. 블타바강 위에서는 보트를 타는 사람들이 많다. 관광객, 주민 모두들 어디를 바라봐도 아름다운 이곳에서 보트를 타며 행복해 보인다.

체스키크룸로프성은 언덕 위의 바위를 깎지 않고 그대로 둔 채로 그 위에 건축하였다. 자연 그대로의 바위 절벽과 어우러진 성벽이 그 웅장함을 더해 주고 있다. 성안에서 성벽에 난 창을 통해 바라보는 체스키크룸로프의 풍경은 그림을 그대로 옮겨 놓은 듯했다.

성에서 내려와 마을로 향하면 중세의 느낌을 그대로 간직한 스보르노스티 광장이 나온다고 한다. 관광지 치고는 안내 책자나 안내 표지판 등이 잘되어 있지 않은 데다가 좁고 구불구불한 골목길이 미로처럼 얽혀 있어서 조금 헤매게 된다. 그럼에도 불구하고 발이 닿는 곳마다 그 풍경에 감탄하며 걷다 보니 소박하고 아늑한 광장이 드러난다. 옛 모습을 해치지 않기 위해서인지 맥도날드 같은 체인점도 없다. 해마다 6월이면 이곳에서 열리는 축제에는 마을 사람들이 르네상스 시대의 복장을 하고 공연을 한다고 한다. 건물뿐 아니라 사람들의 생활까지도 옛 모습을 기억하고 즐기고 있는 것 같아 부럽기만 하다.

부데요비체 문을 지나면 펼쳐지는 체스키크룸로프의 역사 지구.
체스키크룸로프 도심의 절반은 유적과 상점, 절반은 민박집 등으로 이루어져 있다.

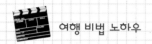 여행 비법 노하우

교통 · 숙박 · 음식

☞ 교통

• 항공: 비행기를 통해서는 프라하의 루지네 국제공항으로 도착하게 된다. 공항 내에 은행, 관광 안내소, 렌터카 사무실, 레스토랑 등이 있어 이용할 수 있다. 루지네 국제공항에는 터미널이 2군데 있는데, 터미널 1은 국제선, 터미널 2는 국내(유럽 내)선을 운행한다. 두 터미널 간 간격이 꽤 멀기 때문에 행선지에 따라 터미널 위치를 확인하고 가는 것이 좋다. 특이하게도 이곳의 표지판에는 한글이 함께 표기되어 있어 복잡한 공항 길을 찾는 것에 많은 도움이 되기도 한다.

• 스튜던트 에이전시 버스: 프라하에서 체스키크룸로프 등의 다른 도시나 다른 국가로 갈 때 쉽게 이용할 수 있는 교통수단으로 버스가 있다. 버스 회사도 여러 종류가 있지만 가장 대중적인 것은 '스튜던트 에이전시'이다. 특이하게도 이층 버스에 승무원이 있다. 화장실도 마련되어 있으며, 음료나 TV 시청도 제공되어 편안하게 이동할 수 있다는 장점이 있다. 가격도 7유로 정도로 적당하지만, 단점은 미리 예매하고 가야 한다는 것. 현장에서는 티켓을 구입할 수 없다.

☞ 숙박...유럽 지역에서는 보통 호스텔, 호텔, 게스트하우스 등의 숙소를 많이 이용한다. 프라하는 한국인들이 많이 여행하는 지역이어서인지 한국인이 운영하는 민박집이 매우 활성화되어 있다. 보통 한 층에 여러 개의 방이 있어 방을 임대하는 식이다. 민박집에 따라 2인실, 4인실, 도미토리 등으로 이루어져 있어 선택할 수 있다. 한인 민박의 장점은 아침과 저녁 식사가 한식으로 제공된다는 점. 다른 나라를 여행하며 그 지역의 음식을 맛보고 경험하는 것도 중요하지만, 오랫동안 여행하다 보면 한국 음식이 무척 그리워진다. 또 낯선 여행지에서는 음식을 먹을 식당이나 장소를 찾는 것조차 부담이 될 때가 있기 때문에 며칠 정도는 이곳에서 묵으며 편안히 휴식을 취하는 것도 좋다. 한인 민박인 만큼 주인과 손님 모두 한국인들이어서 친분을 쌓기도 하고, 야경 투어 프로그램에 참여할 수도 있다. 프라하의 밤은 아름답지만 전체가 환하지는 않기 때문에 혼자 다니는 것보다 안전하다.

☞ 음식...한국에는 족발이 있다면 체코에는 콜레뇨. 돼지 무릎 부위를 화덕에 구워 만든 요리로 족발과 비슷하지만 단시간에 구워 겉부분이 바삭하고 기름지며 쫄깃한 맛이 난다.

유대인 지구

프라하 구시가 광장에서 성 미쿨라시 교회 쪽으로 가면 여러 갈래의 골목길이 있다. 그중 널찍한 길로 들어가면 명품 브랜드의 상점들이 즐비하게 늘어서 있다. 우아하고 세련된 파지주스카 거리이다. 이 거리 양쪽으로 펼쳐진 곳이 유대인 지구이다. 10세기부터 유대인들이 자리 잡고 거주하기 시작하였고, 13세기 로마 제국은 유대인들을 모아 이곳으로 강제 이주시켰다. 19세기 중반에야 프라하 시 일부로 인정받았고, 그 후에 비위생적이고 미로 같던 지역을 정비하여 지금에 이르렀다고 한다. 13세기부터 박해받던 유대인들은 제2차 세계대전 이후 이곳에서 살아남은 사람은 2,500명에 지나지 않는다고 하였다. 지금은 깨끗하게 정비되어 있지만 유대인들에게 의미 깊은 장소들은 그대로 남아 있다. 카프카의 작품 속에서도 당시의 어두운 분위기가 생생히 드러나 있다.

구·신 시나고그(유대교 회랑)는 유럽에서 가장 오래된 시나고그이다. 현재도 시나고그로 사용하고 있기 때문에 금요일에는 예배 중이어서 입장이 불가한 경우도 있다. 본래 신시나고그라고 불렸지만 다른 시나고그가 세워지면서 지금의 이름을 갖게 되었다.

핀카스 시나고그는 테레진 강제 수용소에 수감되었다가 학살당한 유대계 체코슬로바키아 시민을 위한 기념관이다. 내부 벽 한 면에는 학살당한 유대인 약 8만 명의 이름과 사망 장소 등이 새겨져 있다.

핀카스 시나고그 옆에는 구유대인 묘지가 자리하고 있다. 1439년부터 1787년에 폐지될 때까지 유대인들이 매장되었던 묘지이다. 이 지역에 격리되어 있는 동안 유대인들은 이곳에 묻혀야 했기 때문에 자리가 부족해 서로를 겹쳐서 매장할 수밖에 없었다고 한다. 석판 모양의 묘석이 겹쳐지고 쓰러져 있는 스산하면서도 아프게 다가왔다. 구유대인 묘지의 가운데 부분에 마이젤 시나고그가 있다. 다른 시나고그에 비해 경관이 밝고 아름다운 곳으로 유대 민족의 역사, 학문, 생활 모습 등을 전시하고 있다.

도나우의 진주, 잿빛의 낭만이 가득한 나라

헝가리

　　낭만의 나라 헝가리. 도착하기 전까지는 왠지 생소하고 폐쇄적인 느낌마저 드는 이방 국가였다. 그래서 헝가리를 여행한다고 하자 주변 사람들은 치안 상태나 옛 공산주의에 관해 이야기를 꺼내며 우려하는 반응을 보였다. 실제로 부다페스트에서 받은 첫인상은 어둡고 부정적이었다. 하지만 여행하는 동안 잿빛 도시의 매력에 흠뻑 빠졌다. 디즈니의 '알라딘' 속에 나올 법한 아름다운 부다 왕궁, 영화 '글루미 선데이'의 배경이 된 세체니 다리, 적막한 풍경에서 위엄이 느껴지는 영웅 광장. 왜 이곳이 세계 문화유산으로 지정되어 있으며, 사람들이 왜 이 잿빛 도시에 낭만을 기대하고 끊임없이 찾아오는지 이해할 수 있었다.

　　부다페스트 네플리겟 역에 도착하자마자 나를 반긴 것은 39℃에 육박하는 날씨에 유럽답지 않은 높은 습기였다. 더워서 숨 쉬기도 힘든 와중에 역내는 관광객과 호객 행위를 하는 사람들로 매우 붐볐다. 헝가리에서는 화폐 단위가 포린트(Ft)이기 때문에 유로화를 가져가서 환전을 해야 한다. 역 안에는 환전소가 몇 곳 있는데, 환전소 앞마다 개인적으로 환전을 해 주겠다는 호객꾼이 매우 많다. 환율과 수수료가 환전소와 같고 환전소에 기다리는 사람이 너무 많아 한 호객꾼에게 다가가 환전을 하고자 했다. 지하철표를 구입할 때가 되어서야 왜 사람들이 호객꾼이 아니라 긴 줄을 기다려 환전소에서 환전하려고 하는지 깨달았다. 호객꾼들은 5,000포린트 이상의 단위로만 환전을 해 주었지만, 지하철 매표원은 1,000포린트 이상의 화폐 단위는 받지 않았다. 결국 한숨

한 번 크게 쉬고 다시 환전소에 다녀와야 했다.

숙소에 도착하기까지의 과정이 너무 힘겨웠던 터라 빨리 쉬고 싶다는 생각이 머리를 가득 채울 때쯤, 숙소가 있는 데크테르 역에 도착한다. 지금까지 본 헝가리는 회색빛 건물이 가득한 어두운 곳이었는데, 장터가 열린 듯 북적이는 데크 광장에 내리쬐는 햇살, 트램과 버스, 지하철 등 사람들이 모여드는 변화한 이곳에 도착하자 어리둥절해졌다. 이때부터 헝가리의 진짜 매력을 발견하는 여행은 시작되었다.

성모 마리아의 기적이 일어난 곳, 마차시 성당

부다페스트는 본래 부다와 페스트라는 별개의 도시였다. 부다는 왕과 귀족이 살던 언덕 지역으로 14세기경부터 헝가리의 수도였으며, 현재 세계 문화유산으로 지정되어 있는 지역이기도 하다. 페스트는 평탄한 지역으로 서민들이 살던 곳에 상업 지구가 점차 발달한 곳이다. 1872년 부다와 페스트는 비로소 하나의 도시로 합병되었다. 도나우강을 사이에 두고 부다 지구에는 부다 왕궁,

마차시 성당과 같은 역사적인 건축물들이 많다. 페스트 지구에는 국회의사당, 바치 거리, 오페라하우스 등의 정치, 문화 시설들이 들어서 있다.

어부의 요새, 마차시 성당, 부다 왕궁까지 이어지는 왕궁의 언덕으로 이동하기 위해, 모스츠크바테르 역에서 내려 16번 버스를 탄다. 그런데 버스가 작아도 너무 작다! 사람이 앉을 수 있는 자리가 15좌석 정도밖에 되지 않는 초소형 버스에 몸을 실었다. 버스가 출발하고, 맨 뒷좌석에 앉은 나는 뜨거운 스프링 위에 앉은 것처럼 들썩거림을 견디며 어부의 요새로 향한다.

버스에서 내리고 보니 조용한 마을이었다. 나중에 알고 보니 내가 버스에서 내린 'church'는 마차시 성당이 아니라, 루터파 교회였다. 버스가 떠난 방향으로 언덕을 조금 오르니 '어부의 요새'라고 쓰인 표지판이 보인다. 헝가리에서 가장 기대하던 곳에 도착했다는 설렘에 신나는

화려한 모자이크로 장식된 지붕의 마차시 성당

마음으로 스텝을 밟으며 뛰어올라간다.

마차시 성당은 13세기 중반 부다 성 안에 성모 마리아 성당이라는 이름으로 건축되었다가 15세기에 첨탑이 증축되었으며, 증축을 명한 마차시 1세의 이름을 따서 마차시 성당이라고 알려지게 되었다. 오스만 제국의 점령하에 있던 시기에는 모스크로 리모델링되기도 했다. 1686년 대터키 전쟁 당시, 반터키 신성동맹에 의해 성당의 벽이 파괴되자 숨겨져 있던 마리아상이 드러났다. 이때 기도 중이던 오스크 제국의 이슬람교도 앞에 마리아상이 나타났고, 부다 주둔군의 사기가 붕괴되어 오스만 제국의 지배가 종결되었다. 이로 인해 마차시 성당은 '성모 마리아의 기적이 있었던 장소'라고 불리기도 한다. 이곳에서는 합스부르크 왕가의 마지막 황제 카를 1세와 헝가리 국왕들의 대관식이 거행되었다. 프란츠 요제프 황제와 에르제베트 황후의 대관식도 이곳에서 열렸으며, 이 행사를 위해 리스트가 헝가리 대관 미사곡을 작곡, 지휘하기도 하였다.

누구나 영화의 주인공이 되는 곳, 왕궁의 언덕

마차시 성당의 바로 왼쪽에 보이는 성곽이 어부의 요새이다. 고깔 모양의 흰 탑 7개가 성벽을 따라 늘어서 있다. 7개의 탑은 헝가리 인의 조상인 마자르 7개 부족을 가리킨다고 한다. 저널리스트 헬레나 바크만은 이곳에 대해 "어부의 요새는 도나우강에 놓여 있는 7개의 다리를 볼 수 있는 훌륭한 전망을 제공한다."라고 말하기도 했다.

어부의 요새

마차시 성당을 등지고 바라보면 어부의 요새가 펼쳐져 있다. 어부의 요새는 전체가 긴 회랑으로 연결되어 있어 그 구조를 한눈에 파악하기 어렵다. 그 가운데 위치한 기마상은 헝가리 최초의 국왕인 성 이슈트반이다.

계단 아래까지 내려가 어부의 요새를 바라보았다. 이렇게 아름다운 풍경 속에 내가 서 있다는 것이 실감나지 않을 정도다. 야경으로 유명한 체코의 프라하성이 그림을 보는 듯한 아름다움이라면, 부다페스트의 어부의 요새는 내가 그 야경 안에 서 있게 만들어 준다. 나도 위에서 본 신부처럼 동화 속의 주인공이 된 것 같은 기분에 사로잡혀 한참을 제자리에 서 있었다.

어부의 요새에서 마차시 성당을 지나 오른쪽으로 방향을 틀면 부다 왕궁으로 가는 길이 펼쳐진다. 대표적인 관광지답지 않게 가는 길은 무척 고요하다. 밤인데도 꽤 더워 가는 길에 있던 카페에 들어가 시원한 음료를 한 잔 주문한다. 왕궁에서 어부의 요새로, 어부의 요새에서 왕궁으로 카메라를 들고 이동하는 관광객들, 천천히 산책하러 나온 듯한 헝가리 사람들, 부다페스트의 야경을 즐기러 나온 사람들이 간간이 보인다. 관광지임에도 시끄럽게 붐비지 않고 여유로운 모습이 오히려 마음을 편안하게 해 준다.

카페에서 일어나 조금 더 걸으니 세체니 다리와 페스트 지구가 내려다보이는 성벽 안쪽으로 자리 잡은 광장이 나타났다. 광장 한편에는 헝가리 대통령의 집무실이 자리하고 있다. 대통령 집무실이라는 것을 모르고 보면 자그마한 박물관 정도로 보일 만큼 소박한 건물이다. 왕궁으로 들어

부다 왕궁. 내부 중 역사 박물관, 노동운동 박물관, 국립 미술관만 일반인에게 공개되어 관람할 수 있다.

가기 전에 성벽에 서서 도나우강과 세체니 다리를 바라본다. 깜깜한 도나우강 위에서 반짝반짝 빛나는 세체니 다리와 강 건너에 보이는 국회의사당까지. 헝가리에서는 야경을 위해 조명에 많은 돈을 투자한다고 한다. 낮에는 도시를 회색빛으로 채우던 무채색의 건물들에 조명을 더하니 묘하게 아름다운 광경이 완성된다.

헝가리 전설의 새라는 투룰상이 있는 성문을 지나니, 고풍스러운 왕궁의 모습이 드러난다. 부다 왕궁은 화려하진 않았지만, 곳곳에 있는 조각상과 잘 관리된 작은 정원이 오랜 역사를 지닌 왕궁의 위엄을 보이고 있었다. 13세기에 몽고의 침입을 받은 벨라 4세는 방어를 하기 위해 높은 언덕 위에 왕궁을 건축하였다. 마차시왕 시절에 르네상스 양식으로 변형되었는데, 유럽 최고의 르네상스식 궁전으로 뽑히며 중부 유럽의 문화, 예술, 정치의 중심지로 부상하였다. 그 후 수차례 파괴되고 재건축하기를 반복하다가 17세기 합스부르크의 마리아 테레지아에 의해 현재와 같은 크기로 개축되었다. 그러나 이것 역시 제1, 2차 세계대전의 폭격으로 크게 훼손되었다가 1950년이 되어서야 복원되었다.

부다 왕궁은 현재 헝가리의 중세 시대부터 현대에 이르는 회화 작품을 전시하는 국립 미술관, 초콜릿 제조업자인 루드비크가 수집한 포스터, 전쟁 사진, 70점의 회화 등을 전시하는 루드비크 박물관, 왕궁을 복원하는 과정에서 발견된 유물들을 전시하는 부다페스트 역사 박물관, 2만여 권의 장서를 소장한 국립 세체니 도서관 등으로 사용하고 있다.

글루미 선데이 선율 속에서, 세체니 다리와 국회의사당

왕궁의 언덕에서 세체니 다리로 이동하는 방법은 케이블카, 도보, 버스 등이 있다. 천천히 걸어보고 싶었지만 늦은 시간이라 버스를 타기로 한다. 부다 왕궁에서 나와 어부의 요새 쪽으로 다시 나오니 16번 버스 정류장이 있다. 표지판이 너무 작아 정류장인 줄 모르고 그냥 지나칠 뻔했다가 사람들이 많이 모여 있는 것을 보고 비로소 정류장인 것을 깨

세체니 다리 입구 양쪽으로 총 4마리의 사자가 앉아 있는 사자상

달았다. 왕궁의 언덕에 올라오는 16번 버스가 모두 미니 버스인 것은 아닌가 보다. 이번에는 제법 큰 버스가 왔다. 왕궁의 언덕에서 야경을 감상하다가 밤늦게 내려가려는 사람들로 버스는 매우 붐볐다.

세체니 다리. 우리나라 드라마 '아이리스' 2편 촬영 당시 세체니 다리를 모두 통제하는 헝가리의 전폭적인 지원을 받고 촬영되었다고 한다.

　언덕을 내려오는 것은 버스로 왔지만, 세체니 다리만큼은 직접 걸어 보고 싶어서 다리가 보일 때 하차한다. 세체니 다리는 도나우강의 진주라고 불리는 부다페스트에서 가장 먼저 건설된 다리로, 건설될 당시 경제와 사회 발전의 상징이었다고 한다. 헝가리인들에게 세체니 다리는 매우 의미가 있다. 19세기 합스부르크가 독립전쟁 당시, 합스부르크가 군대는 그때 막 완성된 세체니 다리의 일부를 파괴하였다. 이후 헝가리는 패배하였고 합스부르크가의 지배하에 들어가게 되었다. 제2차 세계대전 때 역시 독일군에 의해 파괴되었으나 복구하였고, 1956년 헝가리 동란 때에는 구소련 전차가 헝가리에 압박을 가하기 위해 이 다리를 건넜다. 1989년 헝가리가 사회주의 체제에서 벗어난 날에도 시민들은 이 다리에 모여 축하하였다고 한다.

　다리의 양끝에 세워진 사자 조각상에는 총 4마리의 사자가 있는데, 너무도 완벽한 사자상에 혀가 없다고 해서 '혀 없는 사자상' 혹은 '울지 못하는 사자상'이라 불린다. 혀가 없는 사자상은 울지 못한다는 데서 헝가리 사람들은 '가능성 없는 일'을 이야기할 때 종종 '사자가 울면…'이라는 표현을 사용한다고 한다.

　세체니 다리는 주철로 이루어져 있는 현수교이며, 밤이 되면 380m의 케이블로 이어진 수천 개의 전등이 빛나는 모습이 사슬 같다 하여 사슬다리라고도 불린다. 영화 '글루미 선데이'에 등장했던 다리답게 글루미 선데이의 선율과 잘 어울리는 다리였다. 붉은색 전등 하나하나에 수놓은 불빛들이 도나우강에 비쳐 내가 걷고 있는 이곳이 또 하나의 그림이 되었다. 천천히 다리 위를 걷는다. 앞으로 보이는 페스트 지구와 뒤로 보이는 부다 지구, 옆으로 보이는 자유다리. 어느 것 하나 놓칠 수 없는 광경이어서 종일 두리번거리며 걸었다. 이렇게 아름다운 다리가 '글루미 선데이'를 듣고 수많은 사람들이 몸을 던지기 위해 가장 많이 찾는 다리라는 것이 서글프게 느껴진다.

　다음 날, 국회의사당으로 이동하였다. 영국 국회의사당에 이어 세계에서 두 번째로 규모가 큰 곳이며, 유럽에서도 매우 오래된 의회 건물 중 하나다. 여권을 지참하고 관람료를 내면 가이드 투

국회의사당. 국회의사당 가이드투어는 일찍 마감되므로 예약을 하는 것이 좋다.

어를 통해 내부를 관람할 수 있다. 단 3월 15일, 헝가리 혁명 기념일에는 무료로 입장할 수 있다. 건국 1000년을 기념하여 민족적 자존심을 세우고 어두운 과거를 청산하는 국회의사당을 건설하고자 건축 설계를 맡은 슈테인들이 런던의 웨스트민스터궁을 벤치마킹하였다. 건축 자재와 기술, 인력 모두 헝가리 고유의 것으로만 충당하여 '민족 자존'의 목적을 지키고자 하였다. 외국 전문가를 초빙해야 할 때에도 직접 건축에 참여시키는 것이 아니라 헝가리 기술진이 이를 배워 적용하는 방식을 택했다고 할 정도니, 헝가리 국민들이 이 건물에 얼마나 자부심을 느낄지 이해가 된다. 건물 벽을 따라 88명의 헝가리 역대 통치자 동상이 있으며, 1년 365일을 상징하는 365개의 첨탑, 총 691개의 내부 집무실이 있다고 한다. 가까이 다가가서는 한눈에 들어오지 않을 정도로 큰 규모였다. 1956년 혁명 당시 부다페스트 대학생과 시민들이 소련군의 철수와 헝가리의 민주화를 요구하면서 데모를 벌이던 곳이기도 하다. 민족에 대한 자긍심을 갖고 지어진 장소, 민주화를 위해 투쟁하던 장소, 자부심을 갖고 이곳을 찾는 국민들. 단지 아름답고 화려한 건물이라고 생각하고 방문하였는데, 이곳에 직접 들어서니 헝가리의 민족적인 힘이 느껴진다.

1호선을 타고 부다페스트의 보물을 찾아보자

부다페스트의 지하철은 우리나라처럼 1호선, 2호선, 3호선이 색으로 구분된다. 노란색의 1호선, 빨간색의 2호선, 파란색의 3호선으로 되어 있는데, 3개의 노선은 지하철역과 전동차 전체에

버이더후녀드성과 세체니 온천. 부다페스트에는 100여 개의 온천이 있다.

서 풍기는 느낌이 전혀 다르다. 그중에서도 지하철 1호선은 세계에서 두 번째로 건설된 전철로 자그마한 옛 전철의 느낌을 그대로 간직하고 있다.

1호선의 끝에 있는 세체니피르도 역에서 내리면 버이더후녀드성과 세체니 온천에 갈 수 있다. 버이더후녀드성은 트란실바니아 지방의 드라큘라 전설이 깃든 성을 재현해 놓은 곳이다. 성 입구에서 대금 연주 같은 음악이 들린다. 성을 관리하는 곳에서 음악을 켜 놓았나 하고 보았더니 어떤 사람이 악기를 연주하고 있었다. 헝가리 전통 악기인지 처음 보는 독특한 악기를 불고 있었다. 을씨년스러운 성의 풍경과 피리 소리가 잘 어울려서 정말로 드라큘라의 성에 들어가는 기분이다. 드라큘라의 성이라고 하지만 성 안쪽에는 예쁜 성당과 농업 박물관이 있었다. 성 왼편으로는 호수와 공원이 있어 주변을 산책하거나 일광욕을 즐기는 사람들도 많다. 안쪽에 역사를 기록하는 서기관의 동상이 있는데, 동상의 펜대를 잡으면 행운이 온다는 설이 있다고 하여 사람들은 저마다 사진을 찍느라 바쁘다.

버이더후녀드성에서 나와 다시 역 쪽으로 걷다 보면 세체니 온천을 볼 수 있다. 헝가리의 온천은 세계적으로 유명한데, 고대 로마 시대에 로마인들이 곳곳에서 온천수가 나오는 헝가리를 개발하였다고 한다. 세체니 온천은 유럽 최대의 온천으로 겉모습은 흡사 온천이라기보다 작은 왕궁 같다.

지하철을 타고 한 정거장 이동하여 호소크테레 역에서 내리면 영웅 광장이다. 헝가리 건국

영웅 광장

테러하우스

성 이슈트반 대성당

1000년을 기념하기 위해 만든 광장이다. 광장에 들어서면 민족 수호신인 천사 가브리엘이 있는 건국 1000년 기념비가 우뚝 서 있으며, 그 아래로 초기의 부족장 6명의 기마상이 있다. 기념비 좌우로 14개의 동상이 있는데, 헝가리의 영웅을 나타낸 것이다. 각 동상 아래쪽에는 헝가리 역사에서 중요한 장면들을 담은 부조물이 걸려 있다.

영웅 광장을 기점으로 하여 국립 오페라하우스가 있는 오페라 역까지는 부다페스트의 문화 거리, 안드라시 거리이다. 샹젤리제 거리를 본떠 만들었다는 이 거리를 걷다 보면 여러 관광지뿐 아니라 대사관이나 명품관 등의 건물도 볼 수 있다.

안드라시 거리를 따라 걷거나, 지하철역에서 내리면 테러하우스에 방문할 수 있다. 사회주의였던 헝가리 당시의 역사를 보존하여 후세에 알리고자 설립하였다고 한다. 또한 제2차 세계대전에 희생된 사람들을 애도하고 암울했던 역사를 상기시키고자 했다는데, 헝가리 민족의 역사 인식에 대해 다시 한 번 생각하게 된다. 영웅 광장과 국회의사당을 다녀와서 자긍심이 매우 강하다는 것을 느끼기는 했지만, 이렇게 어두운 역사의 한 부분을 감추지 않고 오히려 드러내어 잊지 않고자 노력하는 모습이 대단하다는 생각이 든다. 실제로 나치와 공산당이 사용하던 건물을 사용하고 있으며, 건물 밖에는 희생자들을 애도하는 촛불이 켜 있다.

다음으로 성 이슈트반 대성당을 찾아갈 수 있다. 헝가리에 기독교를 전파한 이슈트반 성왕을 기리기 위해 세워진 것으로, 부다페스트 최대의 성당이다. 부다페스트에서 가장 높은 탑이 있는데, 부다페스트의 건물은 이보다 높을 수 없도록 규제되어 있다고 한다. 역에서 성당으로 가는 길은 성당의 뒤편을 먼저 보게 되어 있어, 처음에는 어디가 입구인지도 헷갈리고 얼마나 크다는 것인지 감도 잘 오지 않는다. 하지만 입구를 찾으며 빙 둘러가다 보니 비로소 그 장대함에 압도된다. 성당의 입장료는 없지만 기부금을 받는 곳이 있다. 성당 내부를 둘러 보다가 사람들이 많이 모여 있는 쪽으로 가 보니 성 이슈트반의 오른손이 보존되어 있다.

황금빛 언덕 겔레르트 언덕과 치타델라 요새

　부다페스트의 야경은 헝가리 여행의 8할을 차지한다 해도 과언이 아닐 만큼 아름답다. 그 야경을 제대로 즐기기 위해서는 겔레르트 언덕에 오르는 것이 필수이다. 로마 가톨릭의 거물이었던 겔레르트 수도사는 헝가리의 초대 국왕인 이슈트반 왕을 도와 헝가리에 기독교를 전파하고자 하였다. 그러나 이에 반대하여 폭동을 일으킨 이교도들에게 붙들려 겔레르트 언덕에서 순교하였다. 그의 이름을 따서 이곳을 겔레르트 언덕이라 했다 한다. 에르제베트 다리를 건너오면 언덕의 중간 쯤에 겔레르트 석상이 보인다. 겔레르트 호텔 뒤편으로 돌아 산책로를 따라 걸어오면 동굴 성당도 찾을 수 있는데, 기독교적·역사적 의미가 깃든 곳으로 여전히 하루 7차례 미사가 진행되고 있다고 한다.

　겔레르트 언덕은 오밀조밀 모여 있는 다른 곳과 달리 다소 떨어져 위치하고 있어, 따로 오후 시간을 내서 방문하였다. 지하철역에서 19번 트램을 타고 겔레르트 호텔에서 내려 걸어 올라갈 수 있는데, 올라가는 길이 약간 외지고 인적이 드물다고 해서 대중교통을 이용해 올라가기로 했다. 버스는 주택가가 있는 언덕을 따라 올라갔다. 주택가 사이로 레스토랑이나 카페도 보이는 것이 우리나라의 삼청동 같다. 그곳에서 하차하여 완만한 산책로를 따라 걷다 보니 길가에 늘어서 있는 노점들이 하나둘 나타나기 시작한다. 노점 사이사이로 보이는 부다페스트의 풍경이 겔레르트 언덕 정상에 섰을 때 어떤 모습일까 더욱 기대하게 만든다. 노점 행렬의 끝에 이르렀을 때, 왼쪽으로는 탁 트인 부다페스트의 전경이, 오른쪽으로는 치타델라 요새가 나타난다.

해 질 무렵과 해가 진 후 겔레르트 언덕에서 내려다본 부다페스트

치타델라 요새는 현재 호텔과 레스토랑으로 쓰이며 전망대로서의 역할을 톡톡히 하고 있지만, 합스부르크가 통치 시절에는 합스부르크가의 위엄과 힘을 과시하고 헝가리의 독립운동을 감시하기 위한 목적으로 만들어졌다고 한다.

치타델라 요새를 오른쪽으로 끼고 계속해서 올라가면, 탱크와 대포 등이 전시되어 있고 자유의 여신상이 있는 광장으로 갈 수 있다. 성벽 곳곳에 그대로 남아 있는 포탄과 총탄 자국이 그간 이곳이 겪은 수난과 혼란을 대변해 주고 있는 듯하다. 테러하우스에서도 느꼈지만, 굴욕적인 역사를 인정하고 그 아픔을 잊지 않으려는 모습이 훌륭하다는 생각이 든다.

다시 내려와 언덕길을 따라 놓여 있는 벤치에 앉았다. 해가 지면서 건물들에 서서히 불빛이 들어오고 있다. 도나우강을 사이에 두고 왼쪽으로 부다 지역, 오른쪽으로는 페스트 지역이 한눈에 들어온다. 부다 왕궁과 어부의 요새, 세체니 다리와 국회의사당으로 이어지는 부다페스트의 아름다운 광경은 말로 다 표현할 수 없다. 낮과 밤 모두가 아름다운 부다페스트. 한낮의 부다페스트는 어딘가 퉁명스럽고 고독하다. 무채색의 건물들과 고풍스럽지만 어딘가 투박하기도 한 조각들이 '글루미 선데이'와 잘 어울리기 때문이다. 하지만 그 위에 반짝반짝한 조명이 더해져 도나우강에 비칠 때, 그 고독함은 화려함이 되고 포근함이 되어 그 안에 있는 모두를 영화의 주인공으로 만들어 준다.

세계유산으로 지정된 아름다운 도시, 직접 여행한 사람만이 느낄 수 있는 아름다움과 고독함. 투박함 속에 숨겨진 소박하고 따뜻한 아름다움을 발견하고 싶다면 부다페스트로 떠날 것을 적극적으로 추천한다.

TIP 부다페스트의 대중교통 이용하기

부다페스트의 대중교통은 트램, 버스, 지하철 등이 있다. 가장 이용하기 편리한 수단은 지하철이다. 다른 나라에서 부다페스트로 들어오는 동역은 켈레티 역과, 남역은 비플리게트 역과 연결되어 있어 이동이 편리하다. 또한 1호선은 안드라시 거리를 따라 놓여 있어 문화적·예술적으로 의미 있는 장소들을 연결하고 있다.

지하철 티켓은 지하철 역, 신문 가판대, 자동발매기 등에서 구입할 수 있다. 지하철역에서 구입하는 것이 가장 편리한 방법이다. 기본적으로 1회권이 있는데 3정거장 이내로만 이동할 것이라면 더 저렴한 3구간 이내 티켓도 있다. 환승을 하기 위해서는 환승 티켓을 구입해야 하는데 90분 이내라는 시간 제한도 있다. 이 모든 것을 생각했을 때 24시간권을 구입하는 것이 편리할 수 있다. 24시간 동안 지하철, 트램 등을 자유롭게 이용할 수 있는 티켓으로, 티켓을 구입하면 사용을 시작하고자 하는 시간을 적어 준다.

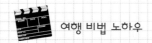 여행 비법 노하우

☞ 교통...헝가리는 오스트리아의 빈, 슬로바키아와 국경을 맞대고 있다. 부다페스트로 들어오는 버스, 기차가 여러 종류 있는데, 오렌지웨이 버스가 가장 많이 이용된다. 빈, 프라하 등과 같은 도시와 연결되어 있는데, 빈의 경우 10유로 (3,300포린트) 정도면 이용할 수 있다. 40유로인 OBB(기차)에 비하면 매우 저렴한 편이다. 오프라인에 사무실이 없으므로 온라인상으로 예매를 하고 이용하여야 한다. 단점은 버스 정류장이 잘 표시되어 있지 않으므로 미리 버스를 타는 곳의 위치를 확인하고 가야 불편함이 없다.

☞ 숙박...부다페스트의 Wombat's 호스텔은 데크 광장에 위치하고 있다. 지하철 3개 노선이 모두 모이며 버스와 트램이 시작하는 곳이기 때문에 어디로든 이동이 편리하다는 것이 장점이다. 또한 번화가에 위치하고 있어 밤에도 어둡거나 외지지 않고, 편의 시설이 가까이에 있다. 유럽 전역에 지점을 두고 있는데, 밝고 활기찬 분위기여서 한국인 배낭 여행객들에게도 입소문이 난 곳이다. 방은 4~6인실, 도미토리로 선택할 수 있으며, 다른 숙소에 비해 깨끗하고 방이 커서 인기가 많다. 조식, 와이파이, 캐리어 보관 서비스 등을 이용할 수 있다.

☞ 음식...헝가리의 전통 음식은 굴라시이다. 쇠고기, 양파, 파프리카, 고추 등을 넣어 매콤하고 걸쭉하게 끓인 수프이다. 따뜻하고 약간 매콤한 맛이 나므로 유럽식 식사에 지쳤을 때 마음을 달랠 수 있다. 우리나라 여행객들에게는 육개장의 유럽 버전이라고도 소개되고 있다.

헝가리를 사랑한 여인을 닮은 에르제베트 다리
부다페스트에는 도나우강을 가로지르는 3개의 대표적인 다리가 있다. 세체니 다리, 자유다리, 그리고 에르제베트 다리이다. 합스부르크가의 프란츠 요제프 1세의 왕비 엘리자베트는 헝가리어로 에르제베트라고 불렸다. 사랑받았음에도 불구하고 일생을 혹독하게 살아온 에르제베트는 헝가리를 무척 사랑했다. 헝가리어를 배우고 헝가리에 자주 머무름으로써 헝가리는 1867년 오스트리아와 동등한 자격이 되어 오스트리아-헝가리 제국으로 인정받을 수 있었다. 그런 그녀를 위해 지어진 다리가 완공되기 전 에르제베트는 사망한다. 웅장하고 투박한 세체니 다리와 달리 새하얗고 현대적인 감각의 다리로 겔레르트 언덕 앞에 놓여 있다.

18

베일에 싸인 수수께끼

러시아

추운 겨울이면 생각나는 대륙 러시아. 진정한 추위를 맛볼 수 있는 러시아로 떠나는 겨울 여행은 매우 유혹적이다.

러시아의 공식 명칭은 '러시아 연방'으로 총면적은 남한의 약 170배(1,707만 5,383㎢)에 달하며 수도는 모스크바이다. 모스크바에는 소비에트 혁명의 이념이 고스란히 담긴 상징물들이 자본주의 물결과 함께 공존하고 있다. 동시에 대표적 종교인 러시아 정교회의 종교적 색채가 도시 곳곳에서 발견되며, 이슬람교와 샤머니즘이 공존하기도 한다. 윈스턴 처칠의 말처럼 러시아는 '수수께끼 속의 또 하나의 베일에 싸인 수수께끼' 그 자체이다. 여행 중 러시아 고유의 비밀스러운 모습이 발견될 때마다 그 신비로운 예술성에 놀라 종종 발길을 멈추게 된다.

9박 10일 일정으로 둘러볼 수 있는 러시아의 모스크바와 상트페테르부르크를 소개하고자 한다. 무엇을 상상하든 그 이상으로 아름다운 러시아의 매력을 발견할 수 있는 춥지만 뜨거운 나라.

어둠이 깔릴 즈음 모스크바 공항에 도착해서인지 이방인을 바라보는 시선에 둘러싸여 첫걸음을 내딛던 러시아의 첫인상은 조금 무거웠다. 곤혹스러울 정도로 불친절한 공항 직원과 무표정한 얼굴의 시민들을 마주하며 낯선 이국땅에서 우리와 다른 문화를 이해하고 소통하며 그들의 문화적 정신을 조금이라도 나눌 수 있을지 걱정이 되었다. 하지만 모스크바 거리를 조금씩 마주하면서 걱정스러운 마음은 조금씩 누그러졌다. 모스크바는 '러시아 문화, 예술의 어머니'라는 별칭답게 곳곳의 아름다운 건축물들이 도시 자체를 박물관처럼 느끼게 했기 때문이다. 이러한 아름다운 예술성을 지닌 국민들에게는 결코 차갑지 않은 예술과 역사에 대한 뜨거운 열정이 숨어 있으리라는 기대감을 품어 본다.

야간 침대 열차 타고 모스크바에서 상트페테르부르크로!

모스크바에서 상트페테르부르크로 이동할 때 많이 이용되는 교통편은 야간 침대 열차이다. 22~24시 사이에 모스크바를 출발하면 다음날 아침 7~8시에 상트페테르부르크에 도착한다. 따라서 야간 침대 열차를 경험하고 싶다면 여행 일정을 모스크바에 저녁 무렵 도착하도록 계획하는 것이 좋다. 모스크바의 숙소에 짐을 풀고 간단히 저녁 식사를 한 다음, 상트페테르부르크행 열차에 올라 한숨 자고 일어나면 예술의 도시에서 아침을 맞이할 수 있기 때문이다.

우선 모스크바에서 상트페테르부르크로 가기 위해서는 레닌그라드 역 2층 매표소(1층 매표소는 복잡하다)에서 표를 구입해야 한다. 이 역은 모스크바 북서쪽의 도시

야간 침대 열차의 내부. 탑승 후 차장들이 기차표와 승객 명단을 확인한다.

로 이동할 때 주로 이용된다. 표를 구할 때 언어의 장벽 때문에 의사소통이 어렵다면 메모지에 출발 일자와 시간 등을 적어 보여 주는 것도 하나의 방법이다.

열차는 고속 열차와 완행열차로 나뉜다. 고속 열차를 타면 약 4시간 만에 도착하며, 5시간 40분 정도 소요되는 완행열차인 아브로라호도 밤사이에 이동하면서 잠을 청하기에 적당하다.

유네스코 지정 세계 8대 매력의 도시, 상트페테르부르크에 도착하다

상트페테르부르크는 모스크바로부터 북서부 쪽으로 약 850㎞ 떨어진 곳에 위치한다. 모스크바가 러시아의 행정 수도라면, 상트페테르부르크는 표트르 대제의 명령으로 건설되어 네바강을 따라 수많은 궁전과 기념비가 즐비한 러시아 '제2의 도시', '문화 수도'이다. 도시 자체가 유네스코가 지정한 '세계 8대 매력의 도시'이다 보니, 한 걸음 내딛을 때마다 만나는 도시 경관 자체가 박물관이다.

상트페테르부르크는 핀란드만과 발트해를 향해 형성된 삼각주에 위치하고 있다. 44개의 크고 작은 섬들 사이로 세워진 365개의 다리는 '세계에서 가장 다리가 많은 도시', '운하의 도시'라는 별명을 선사하기도 한다. 그뿐만이 아니다. 많은 문학가를 배출한 나라여서인지 도시의 아름다움을 표현하는 수식어가 유난히 많다. 도스토옙스키는 '찬란한 아름다움과 우울함, 고전과 퇴폐가 동시에 피고 지는 세속적인 도시'라고 표현했으며, 시인 푸시킨은 '유럽을 향한 창'이라고 표현했다. 작가 고골은 '연극 무대처럼 허구로 가득 찬 도시'라고 지칭하기도 했다. 러시아의 문학가들이 상트페테르부르크를 가리켜 왜 이러한 수식어를 붙였는지, 문학가들의 눈에 비쳤을 도시의 모습을 찾아보는 것도 러시아를 여행하는 색다른 방법이 될 수 있을 듯하다.

위엄 있는 카잔 성당

카잔스카야 광장에 가면 한눈에 담을 수 있으나, 카메라에는 다 담지 못하는 길이의 카잔 성당을 볼 수 있다. 카잔스카야 광장을 두 팔로 감은 듯 가로로 긴 건물 위에는 네오클래식 양식의 돔이 우뚝 서 있다. 지하철로 이동할 경우 넵스키 프로스펙스 역에서 내리면 건너편에서 카잔 성당을 찾을 수 있다.

카잔 성당은 1811년 이탈리아의 건축가인 안드레이 보로니힌이 설계를 맡은 로마의 산피에트로 성당을 모델로 하여 지어졌다. 굵고 높은 수십 개의 기둥이 가로로 늘어선 건물을 위풍당당하

카잔 성당

게 받치고 있어 그 위엄에 우선 놀라고, 작은 모서리도 세심하게 조각된 정교함에 또 한 번 놀라게 된다.

카잔 성당 내부에 들어가기 위해서는 입구를 찾아야 하는데, 출입구를 쉽게 찾으려면 동쪽 방향을 찾아가는 것이 좋다. 러시아 정교회의 전통에 따라 재단과 출입구가 동쪽에 위치하기 때문이다. 현재 카잔 성당은 성당으로서가 아닌 종교 역사 박물관으로 활용되고 있는데, 19세기 초 거장들이 그린 이콘화(기독교의 내용을 그린 종교화) 및 1812년 전쟁 당시 프랑스 군으로부터 획득한 휘장과 군기들이 전시되어 있다.

카잔스카야 광장에는 쿠투조프 장군의 동상도 서 있다. 금방이라도 앞을 향해 돌진할 듯한 말 위에 탄 쿠투조프 장군의 동상은 나폴레옹 장군과 싸워 이긴 공을 만천하에 알리듯 그 위엄을 자랑한다.

궁전 광장과 예르미타시 박물관

여행 3일차의 일정은 매우 간단했다. 예르미타시 박물관 관람과 마린스키 극장에서 오페라 감상하기로 딱 두 군데의 일정만 계획되었다. 하지만 러시아 여행 9박 10일 중 가장 다리가 아프고 힘들었던 일정이었다. 예르미타시 박물관의 규모가 매우 컸기 때문이다.

마이카강과 네바강 사이에는 반원 형태의 궁전 광장이 있고, 궁전 뒤로 예르미타시 박물관이 위치한다. 궁전 광장 중앙에는 높이 47.5m, 무게 600톤에 달하는 알렉산드로프 전승 기념비가 서 있다. 이는 1812년 나폴레옹군과의 전쟁에서 승리한 것을 기념하기 위해 1834년 세워졌다. 십자가를 안고 있는 천사상이 장엄한 듯 고요하게 승전을 기리며 러시아 역사의 한 켠을 엿보게 했다. 실제로 이 궁전 광장은 '1905년의 피의 일요일', '1917년 10월 혁명' 사건의 주요 무대가 되었던 곳으로 러시아 근대사를 논할 때 빼놓을 수 없는 곳이다.

프랑스 파리의 루브르 박물관, 영국 런던의 대영 박물관과 함께 세계 3대 박물관 중 하나로 알려진 예르미타시 박물관은 로코코, 바로크 양식의 화려함으로 둘러싸인 곳이다. 예르미타시 박물

궁전 광장   예르미타시 박물관에서 바라본 얼어붙은 네바강

관에는 총 1,057개의 방에 250만여 점의 다양한 예술 작품들이 전시되어 있다. 1754년 엘리자베스 여제가 명하여 건축가 라스트렐리가 설계하였고, 무려 83년이 지난 1837년에 완성되었다. 당시 최고급 고전주의를 추구했던 예카테리나 여제가 서유럽에서 사온 4,000여 점의 예술 작품을 포함한 250만여 점의 예술품들은 러시아 왕족들의 호화로운 삶을 고스란히 보여 준다. 덕분에 박물관을 관람하며 상트페테르부르크 시를 건설한 표트르 대제의 귀중품들, 예카테리나 여제가 서유럽 등 세계 각지에서 수집해 온 희귀 물품들, 니콜라스 2세의 유품들을 접할 수 있다.

독특한 것은 박물관이라고 해서 사진 촬영 자체가 금지되지는 않고 소정의 돈을 지불하면 캠코더 촬영까지 할 수 있다는 것이다. 또한 박물관에서 운영하는 투어 프로그램을 예약하면 90여 분 동안 영어 해설로 각 작품에 대한 설명까지 들을 수 있다.

눈 내리는 밤의 성 이삭 성당

눈 내리는 밤에 본 성 이삭 성당은 낮에 보는 것과는 또 다른 모습을 하고 있었다. 성 이삭 성당은 마이카강과 네바강 사이, 궁전 광장과 멀리 떨어지지 않은 곳에 위치한다. 눈 내리는 밤에 마주한 성 이삭 성당은 성당을 밝히는 조명과 어우러져 성스러운 기운을 뿜어냈다. 러시아 최대 규모의 성당이라고 하니 웅장할 수밖에 없다. 실제로 이 성당을 건축할 때 투입된 인원만 10만 명이 넘는다고 알려져 있다. 황금색 돔의 높이만 100m에 이르며, 화강암 벽돌을 지탱하는 8개의 돌기

성 이삭 성당

둥은 러시아 최대 규모의 성당답게 그 높이가 매우 높다.

성당 내부는 당시의 유명한 화가와 조각가들이 성인들의 모습과 성서 내용을 아름다운 스테인드글라스 장식 및 모자이크 벽화로 담아냈다. 262개의 계단을 올라 전망대로 올라가면 네바강을 따라 늘어선 상트페테르부르크의 전망을 훤히 볼 수 있어 바티칸 대성당과 견줄 수 있을 정도라는 평을 받는다. 지형 자체가 습지대였기 때문에 지형상의 취약점을 보완하고자 성당의 견고함을 보강해 줄 대리석, 화강암, 유리 등의 건축 자재들이 우랄산맥 등지에서 열차, 배 등을 통해 옮겨졌다. 1858년에 완성된 이후 현재까지 견고하게 그 웅장함을 뽐내고 있다.

양파 껍질 같은 매력의 모스크바

밤새 러시아 대륙을 달린 기차는 약 7시간을 달려 나를 모스크바에 내려놓았다. 모스크바는 또 어떤 모습으로 매료시킬지 기대되는 아침이었다. 러시아 정교회의 전통이 고스란히 살아 있는 러시아의 수도 모스크바에서는 러시아 종교, 문화, 예술의 진수를 만날 수 있다. 그뿐만 아니라 자본주의의 진입 이후로 진행되는 경제적 변화가 일으키는 도시 경관의 변화가 러시아 역사와 전통 속에 어떻게 녹아들어 있는지도 주목할 점이다.

1712년에 상트페테르부르크로 러시아 제국의 수도가 옮겨지며 모스크바는 경제, 문화, 상업 중심지로서의 역할을 담당하게 되었다. 도시가 성장하며 노동자와 자본가 사이의 빈부 격차가 벌어지기 시작했고, 정부 당국이 이 문제를 해결하지 못해 갖가지 도시 문제들이 발생했다. 이에 반발한 노동자들이 주축이 되어 모스크바를 거점으로 일으킨 혁명이 바로 유명한 1917년의 10월 혁명이다.

10월 혁명 이후 러시아의 수도는 다시 모스크바가 되었고, 모스크바는 스탈린 양식이라는 새로운 기법으로 지어지는 건축물들과 함께 새로운 모습으로 변모해 나갔다. 1935년부터 시작된 모스크바 경제개발 10개년 계획, 1997년의 모스크바 복원 사업 등을 거치며 모스크바는 주거 지역·공업 지역·녹색 지대가 구분된 모습으로 정비되었다. 최근에는 세계화가 진행됨에 따라 대형 쇼핑몰들이 러시아의 역사 깊은 건물들 사이에서 한자리를 차지하며 공존하고 있다.

며칠 동안의 짧은 여행이지만 그들의 삶을 있는 그대로 보는 것만으로도 러시아 문화를 이해하는 데 큰 도움이 될 것 같다는 생각으로 모스크바 여행을 시작한다.

모스크바 시내 북서부 – 아름다운 성벽, 크렘린 궁전

'크렘린'이란 러시아 주요 도시에 있는 성벽을 통칭하는 말이다. 하지만 크렘린 하면 대부분의 사람들이 모스크바를 떠올릴 정도로 모스크바의 크렘린이 가장 유명하여 이곳은 '러시아의 심장'이라고 불린다. 산지가 적고 넓은 평지로 이루어진 러시아는 옛날부터 외부 침략이 잦았다. 이에 외적으로부터 도시를 방어하고자 성벽을 쌓게 된 것이다. 1156년에 모스크바 공국의 왕자인 유리 돌가루키의 명령을 시작으로 건축된 것이 오늘에 이르렀으니 그 역사가 600여 년 전으로 거슬러 올라간다. 물론 처음부터 지금과 같은 모습을 갖춘 것은 아니었다. 초기 목조 요새는 현재의 1/10 크기였는데, 15세기에 이반 4세가 확장 공사를 명하면서 총길이 약 2.2km, 면적 28만 k㎡에 달하는 대규모 성벽의 규모를 갖추게 된 것이다.

안타깝게도 1712년 표트르 대제가 상트페테르부르크로 수도를 옮기면서 찬란했던 시기는 막을 내렸다. 대신에 황제의 대관식 또는 장례식을 치르는 정도로 사용되었다. 이후 원인을 알 수 없는 대형 화재까지 겪으면서 목조 건물이었던 크렘린은 또 한 번의 시련을 겪기도 했다. 현재의 크렘린은 1918년 소비에트 정부가 들어서며 수도가 모스크바로 옮겨지는 과정에서 다시 복원된 것

크렘린 대회 궁전(왼쪽)과 삼위일체 탑(오른쪽)

이다. 아픈 상처를 딛고 다시 복원된 크렘린은 제정 러시아 시대와 소련의 모습을 모두 거친 긴 역사를 뽐내듯 더욱더 위풍당당하고 화려한 모습으로 우리를 맞이한다.

삼위일체 탑은 크렘린 안으로 들어가는 입구 역할을 한다. 나폴레옹의 군대가 이 탑을 통해 궁 안으로 입장했고, 17세기에는 지하실이 감옥으로도 사용되었다고 하니 단순한 입장 통로가 아닌, 비장함이 느껴지는 역사의 현장 같았다.

삼위일체탑 외에도 크렘린 성벽에는 20개의 탑이 세워져 있다. 일정한 간격으로 세워진 탑들은 각기 다른 모양과 의미, 명칭을 지니고 있다. 트로이츠카야, 스파스카야, 니콜스카야, 바로비츠카야, 바드부즈바도나야 탑은 밤이 되면 꼭대기에서 예쁜 별이 빛나기 때문에 관광객에 많은 인기를 받고 있다.

크렘린 대회 궁전

삼위일체 탑 입구 바로 옆에는 크렘린 대회 궁전이 위치한다. 네모 반듯한 현대식 대리석 건물의 모습을 하고 있어 도서관인가 하는 생각을 했을 정도로 주변 크렘린 내의 건축물들과 어울리지는 않았다. 실제로 주변 경관과 조화를 이루지 못한다는 지적을 많이 받고 있는 건물이다. 하지만 레닌 상 건축 부문을 수상했을 정도로 실용성이 뛰어나다. 대강당에는 6,000명을 수용할 수 있으며, 대형 홀에는 2,500명을 수용할 수 있어 볼쇼이 제2극장으로도 활용된다. 게다가 30개국 언어를 동시통역할 수 있는 장치를 갖추고 있어 각종 대규모의 국제 학술 세미나 장소로도 활용되니 러시아의 예술, 학술의 새로운 역사를 계속 창조해 내는 장으로서의 역할을 크게 해내고 있다.

크렘린 대회 궁전 뒤편으로는 성당 광장이 위치한다. 동화 속에서나 봤을 법한 성당들이 눈앞에 펼쳐진다. 이 성당들은 대부분 15~16세기에 건축되었는데 르네상스 문화, 비잔틴 문화가 혼합된 형태를 보인다. 이곳에서 왕족의 결혼식, 원정을 가는 군대의 출정식과 사열식이 거행 되었다고 하니 과거의 화려했을 그 순간들을 상상해 본다.

성모승천 성당은 러시아 국보 제1호로 차르의 대관식, 외국 사신 접견식 등이 이루어진 성당 광장에서 가장 오래된 성당이다. 1812년 나폴레옹 군대가 약탈한 금 40톤과 은 5톤을 되찾아 금으로는 성서 장면을 새기고, 은으로는 대형 샹들리에를 장식하는 데 활용했다는 이야기가 유명하게 전해진다.

차르 일가를 위한 예배 공간으로 활용된 성 수태고지 성당은 외관뿐만 아니라 실내 장식이 매우 눈부시다. 이렇게 화려한 성당에서 한 일가만의 예배를 드릴 수 있었다니 놀라울 따름이다. 15세기 말 건축된 이 성당에는 이콘화를 비롯하여 요한묵시록이 그림으로 재해석된 프레스코화 등으로 가득하다. 바닥은 옥과 대리석으로 차르 일가 걷는 한 걸음, 한 걸음이 모두 귀하게 느껴지도록

성모승천 성당   성 수태고지 성당

장식되었다. 성당 꼭대기의 황금색 쿠플이 햇빛에 비치며 당시 차르 일가의 황홀했을 시기를 상상하게 해 주었다.

붉은 광장과 그 주변

러시아를 대표하는 랜드마크로서 가장 먼저 떠올리는 성 바실리 성당이 위치한 곳이 바로 붉은 광장이다. 붉은 광장 주변으로 성 바실리 성당, 국립 역사 박물관, 레닌 묘, 굼 백화점, 카잔 성당 등이 위치하고 있어 러시아의 중추 역할을 하는 광장이라고 해도 과언이 아닐 것이다. 17세기 이후로 모스크바 최대의 광장으로 주목받으며, 소비에트 시대에는 혁명 기념일(11월 7일)에 군인들의 퍼레이드와 영웅 환영식, 공산당 집회 등이 열린 장소이기도 하다.

성 바실리 성당은 유명한 테트리스 게임에 등장하는 성당으로 더 많이 알려져 있다. 양파처럼 보이기도 하는 돔을 얹은 8개의 첨탑들이 제각기 다른 모양의 형형색색으로 장식되어 시선을 이끈다.

러시아 성당의 지붕 위에는 다양한 모양과 색으로 꾸며진 양파 모양의 돔이 얹어져 있다. 이것을 '쿠플'이라고 한다. 눈이 많이 내리는 러시아에서는 겨울에 지붕 위에 눈이 쌓이는 것을 방지하기 위해 경사가 가파르게 지붕을 만든다. 아마도 쿠플은 눈이 자연스럽게 흘러내리도록 돔을 가파르게 만드는 과정에서 형성된 건축 양식일 것이다. 비잔틴 양식에 영향을 받아 러시아만의 기후적·종교적 특색이 더해져 새로운 형태의 건축 양식이 등장하게 된 것이다. 독특한 것은 돔의 형태뿐만이 아니라 여러 개의 쿠플이 각기 다른 모양으로 조화를 이루며 세워진다는 것인데, 쿠플의 수는 상직적인 의미를 함축하고 있다. 쿠플 2개는 그리스도 안의 신과 인간적인 속성을 담은 신인성, 3개는 삼위일체, 5개는 그리스도와 복음서를 쓴 4명의 사도를 상징하고 있다.

성 바실리 성당의 쿠플에는 러시아 전통 문양이 새겨져 러시아 문화를 흠뻑 느낄 수 있는데, 건축 뒷이야기를 들으면 오싹한 기분도 든다. 쿠플 성당은 폭군으로 알려진 이반 4세의 명령에 의해 건축가 바르마와 야코블레프가 설계하여 1561년 건설되었다. 이반 4세는 카잔 한국과 전투를 벌인 후 승리한 것을 기념하기 위해 8번의 전투를 상징하는 독특하면서도 아름다운 8개의 첨탑을 지으라고 명령했다. 성당이 완성되었다는 소식을 들은 영국의 엘리자베스 여왕이 건축가인 바르마와 야코블레프를 초대하려고 하자 이반 4세는 다시는 이렇게 아름다운 성당이 지어지지 못하도록 건축가들의 눈을 뽑아 버렸다는 섬뜩한 이야기가 전해진다. 이 이야기를 통해 공포 정치의 상징이라고 알려진 이반 4세의 포악성을 실감하게 되면서도 그만큼 이 성당의 아름다움에 대한 러시아의 자부심 또한 높았다는 것도 알 수 있다.

성 바실리 성당

붉은 광장에서는 붉은색 벽돌의 뾰족한 첨탑이 있는 국립 역사 박물관도 볼 수 있다. 1872년 알렉산드르 2세에 의해 건축되어 러시아 혁명 이후부터 대중들에게 개방되었다. 이 박물관에는 슬라브 민족의 역사를 들여다볼 수 있는 사료들부터 모스크바 공국 시대의 지질학 자료, 15세기의 이콘화, 고대 러시아의 화폐, 러시아 군복과 군대

국립 역사 박물관

휘장, 러시아 서민들의 전통 의복 등이 총 42개의 방에 전시되어 있다. 그뿐만 아니라 매달 다른 주제로 전시가 기획되고 있어 붉은 광장에 가게 된다면 한번쯤 가 볼 만하다.

1929년 붉은색 화강암 외벽으로 둘러싸인 레닌 묘는 일주일에 한 번 개방된다. 방부 처리된 레닌을 볼 수 있어 관광객의 행렬이 끊이지 않지만 소란스럽지 않다. 엄숙한 태도로 레닌의 묘를 둘러보며, 연간 200만 달러를 투자하며 이어진 러시아의 사체 보존력에 놀라기도 했다. 과거에 소련이 해체된 이후 막대한 비용이 소요되니 레닌을 땅에 묻자는 여론이 있었음에도 불구하고 공산

당의 반대로 무산되었다고 한다. 러시아 시민들의 경제적인 어려움 속에서도 보존되어 온 레닌의 묘는 묘한 신비감과 긴장감을 동시에 불러일으킨다.

모스크바 시내 남서부 여행

모스크바 시내 곳곳을 여행자가 아닌 듯, 일상을 걷다 보면 일정에 없었던 의외의 귀한 경관을 만나기도 한다. 그래서 모스크바 곳곳의 거리를 걷는 일은 매우 즐겁다.

크렘린 서쪽에서 모스크바 강변까지 넓게 뚫린 현대식 도로인 노브이 아르바트 길에서 만난 돔 크니기 서점은 처음 지나쳤을 때에는 서점인 줄 전혀 몰랐다. 건물 외벽에 커다란 조각상이 건물을 받치고 있듯 장식되어 있고, 모서리 부분의 화려한 장식과 돔은 구석진 느낌을 줄 수도 있었던 도로의 모퉁이 부분을 매우 빛나게 했다. 나중에 숙소에 들어와서 찾아보니 그 건물이 모스크바 최대의 서점인 돔 크니기 서점이라는 것을 알게 되었다. '책의 집'이라는 뜻을 가지고 있을 정도로 다양한 문학 서적, 영어권의 잡지들이 다양하게 판매되고 있다고 한다. 영어로 된 러시아 가이드 북과 코팅된 지도도 구할 수 있다고 한다. 무심코 지나쳤을 러시아의 건물 하나하나가 모두 이렇게 깊은 역사와 전통을 자랑하며, 현재를 살아가는 사람들의 필요에 맞게 실생활에서 건물로서의 제 쓰임을 다하고 있다는 사실에 매우 놀랐다. 러시아 사람들의 자국 역사와 전통 문화에 대한 자부심이 어디서 출발하게 되었는지를 조금은 이해할 수 있을 것 같았다.

'아르바트'는 '도시 근교'라는 뜻을 지니고 있다. 이름처럼 이 거리는 크렘린 궁전이 위치한 도시 중심보다 비교적 외곽에 위치해 있다. 길이는 1.25km, 폭은 20m 정도이고 보행자의 편의를 위해 차량의 통행을 제한한다. 이 거리는 1493년에 만들어졌는데, 당시 귀족부터 예술가를 찾는 후원자들, 노동자들, 지식인들이 이 거리를 오가면서 러시아의 산 역사를 만들어 냈다. 그래서인지 러시아의 대표 문인들이 살던 집들이 그대로 남아 있어 박물관으로 활용되기도 하며, 거리 곳곳에 음악 소리가 잔잔히 흘러나와 눈이 많이 온 추운 날씨였음에도 불구하고 활기가 넘쳤다.

❶ 돔 크니기 서점. 모스크바 도시 건물 전체에 러시아의 예술성과 역사가 담겨 있다.
❷ 눈이 내렸음에도 활기 넘치는 아르바트 거리

❶

❷

트레티야코프 미술관에서 엿보는 러시아인들의 삶

❶ 트레티야코프 미술관
❷ 미술관에서 어른들에게 작품 설명을 해 주는 여자아이

상트페테르부르크에 예르미타시 박물관이 있다면 모스크바에는 트레티야코프 미술관이 세계적인 규모를 자랑한다. 트레티야코프라는 19세기의 자본가가 기증한 5,000여 점의 미술품과 러시아 혁명 당시 귀족들에게 몰수한 그림 등 총 6만여 점이 넘는 미술품이 전시되고 있다. 전시된 방의 개수만 해도 무려 62개이며, 러시아 정교회의 이콘화는 물론이고 고전주의, 낭만주의, 아방가르드, 사회주의, 현실주의 등 시대의 변화에 따라 함께 변모한 러시아 회화 역사를 모두 관람할 수 있다. 방의 번호에 따라 시대별 또는 종류별로 구별이 되어 있어 관람의 편의성을 돕고 있는데, 여행 일정상 다 둘러볼 수 없다면 미리 사전에 몇 번 방에 어떤 작품이 유명한지 정보를 알아 두고, 대표작들만 둘러보고 오는 것도 좋은 방법이 될 것이다.

추천하는 방은 러시아의 대표 이콘화들이 전시되어 있는 47번 방, 이콘화와 귀족들의 보석류가 모여 있는 55~62번 방, 이바노프가 20년 동안이나 수정하여 완성되었다는 〈민중 앞에 나타닌 예수 그리스도〉가 있는 10번 방이다. 좀 더 자세한 설명과 함께 작품을 감상하고 싶다면 미술관 입구에서 영어 등의 언어로 해설을 제공하는 오디오 가이드를 준비해 가면 된다.

러시아 미술관에서 나의 시야에 포착된 문화를 즐기는 러시아 사람들의 삶은 매우 흥미로웠다. 초롱초롱한 눈빛으로 작품을 구경하는 아이, 같이 온 어머니에게 작품에 대해 질문하는 아이, 아이의 시선으로 눈을 맞추고 친절하게 작품을 설명해 주는 어머니, 인자한 표정으로 사람들에게 작품을 설명해 주는 봉사자 할머니, 손잡고 다정하게 미술관 데이트를 즐기는 남녀 커플, 모피 코트와 높은 하이힐을 신고 친구와 함께 관람하러 온 할머니 등 각양각색의 모습으로 그들의 삶 속에서 문화생활을 하는 그들은 어떤 생각을 하며 이곳에 왔을까 매우 궁금해졌다. 가장 흥미로웠던 모습은 오빠와 함께 관람을 하던 한 여자아이가 작품에 대해 궁금해하는 어른들에게 자신이 알고 있는 것을 신이 나서 설명하는 모습이었다. 여자아이 눈에 보인 저 작품은 어떤 해석을 거쳐 어른들에게 전달될까, 여자아이의 설명을 흐뭇하게 바라보기도, 진지한 표정으로 바라보는 어른들의 모습을 보니 꽤나 설명을 잘하고 있는 것 같다. 그런데 여자아이는 미술 작품에 대한 지식을 어떻게 알게 된 것일까? 학교 교육 과정 속에서 배운 것일까, 우연히 알고 있는 것일까, 아니면 자발적인 호기심이었을까. 어릴 때부터 이렇게나 다양한 미술 작품들을 실제로 보고, 체험하며 습득한 여자아이는 커서 러시아의 어떤 인재로 자라게 될까? 찰나의 순간에 많은 생각을 하게 되었다.

눈 내린 동화 마을, 세르기예프포사트

모스크바에서 북동부로 70km 떨어진 곳에 세르기예프포사트라는 작은 마을이 위치한다. 삼위일체와 성 세르기우스 수도원이 유명하여 규모가 작은 마을임에도 불구하고 관광객의 발길이 끊이지 않는다. 특히 이곳 수도원의 성수가 좋다는 소문이 있어서 사람들이 많이 찾는다. 그렇다고 해서 상업적인 관광지로 시끌벅적한 것은 아니다. 대부분의 마을 사람들이 농업, 칠기 상자나 마트료시카를 만드는 수공예품 제작으로 수입을 올리는 것 외에는 동화 속 마을처럼 소박한 삶을 살고 있다.

이곳을 가기 위해서는 모스크바의 캄사몰스카야 역에서 근교 열차를 타야 한다. 열차의 좌석은 금방이라도 삐걱거리는 소리를 낼 듯 딱딱한 나무 의자이며, 열차 내에는 좋지 않은 냄새도 조금 날 정도로 낡았다. 그동안 상트페테르부르크와 모스크바의 화려함만 보다가 기차를 타니 고즈넉한 멋이 느껴져 기차 안에서 나는 냄새조차 좋았다.

2시간 동안의 열차 여행이 지루하지 않게 열차 안에서는 어느 무명 가수가 노래를 부른 후 CD를 판매하기도 했으며, 차창 밖에는 자작나무가 우거진 울창한 숲들이 하얀 눈들에 뒤덮여 장관을 펼쳐 보였다. 광활한 대지를 가르는 열차 소리와 무명 가수가 부르는 러시아풍의 음악이 어우러져 시간이 어찌 가는지 확인할 겨를도 없이 어느새 세르기예프포사트에 도착했다.

동화 속의 한 장면 같은 삼위일체와 성 세르기우스 수도원

열차에서 내려 마을을 조금 걸으면 눈앞에 바로 성벽으로 둘러싸인 삼위일체와 성 세르기우스 수도원이 모습을 드러낸다. 유네스코 세계 문화유산으로 등록된 이 수도원은 1340년 성인 세르기우스에 의해 설립된 것이다. 성벽은 16세기에 만들어졌으며, 성벽 안에는 14~18세기에 세워진 많은 성당이 있다. 오랜 전통 속에 스며들어 있을 러시아 사람들의 문화가 새삼 숙연하게 느껴졌다. 과거에 이반 4세는 이 수도원에서 세례를 받아 이곳을 각별히 여겼으며, 그의 큰 아들이 죽은

삼위일체와 성 세르기우스 수도원

후에는 민무늬의 돌을 쌓아 보호벽을 두르고 12개의 감시
용 탑을 추가로 세웠다고 한다.

내부에는 유명한 삼위일체 성당, 성모승천 성당, 성 세르
기우스 교회, 종루(종탑), 박물관 등의 종교 시설이 있는데,
이콘화의 대가 안드레이 루블료프가 이곳에서 작품 활동에
전념했기 때문에 이콘화와 종교 관련 장서의 양이 러시아
에서 가장 많다. 1744년에는 러시아 정교회로부터 '라브라'
라는 칭호를 받았는데, 이는 '가장 중요한 수도원'이라는 뜻
으로 제정 러시아에서는 이곳을 포함한 4군데의 수도원만
이 '라브라' 칭호를 받고 있다.

성모승천 성당

성모승천 성당은 모스크바 크렘린에 있는 우스펜스키 성
당과 비슷하다. 그 이유는 1585년 이반 4세의 지시로 우스펜스키 성당을 바탕으로 지어졌기 때문
이다. 이 성당의 쿠플은 멀리서 동화 속 나라에 온 듯한 착각을 불러일으킬 정도로 독특하다. 금색
돔과 4개의 파란색 돔에 금색으로 별이 장식되어 있어 그동안 봤던 쿠플과 다른 느낌을 자아냈다.

동화 속에 온 듯한 생각을 하게 된 것은 건물의 독특함 때문은 아니었다. 수도원을 걷다 보면 수
도사들을 볼 수 있는데, 난생 처음 눈앞에서 푸른 눈에 검은 옷자락을 휘날리면서 어디론가 향하

는 수도사의 모습은 눈 내린 수도원의 엄숙함 속에서 반짝 빛나는 별 같았다.

성모승천 성당 내부에는 17세기의 프레스코화들이 많으며, 지하에는 대주교들의 납골당이 있다. 건물의 왼쪽에는 성수대가 마련되어 있는데, 핑크빛 물은 소원을 이루어 주고 병을 치유해 준다는 소문이 전해지고 있다.

1686년부터 1692년까지 6년에 걸쳐 건설된 성 세르기우스 교회는 내부 인테리어가 매우 화려하며 많은 벽화로 가득 차 있다. 과거에 수도사들의 식당으로 사용되었다가 현재는 겨울철 아침에 예배를 드리는 제2예배당의 역할을 하고 있다.

러시아 추위의 진수를 맛보다, 이즈마일롭스키 시장

이즈마일롭스키 시장

여행 막바지가 되니 그동안 견딜만 했던 날씨가 극도의 추위로 변하며 러시아 추위의 진수를 맛보게 해 주었다. 영하 20도를 훌쩍 내려간 추위는 손끝이 저리다 못해 엘 정도로 기승을 부렸다. 털장갑을 두 개나 꼈지만 주머니에서 손을 빼는 순간 견디기 힘든 냉기가 느껴졌다. 그렇게 추운 날, 표트르 대제가 어린 시절 뛰어놀았다는 이즈마일롭스키 공원에 위치한 시장에 갔다.

러시아 시장답게 매우 다양한 종류의 전통 수공예품과 마트료시카 인형이 판매되고 있었다. 마트료시카는 러시아 기념품의 대표라고 해도 과언이 아닐 정도로 매우 유명하다. 나무로 만들어진 인형 뚜껑을 열면 그 안에서 같은 모양의 작은 인형이 계속 나온다. 마트료시카를 만들기 위해서는 봄에 나무껍질을 벗기고 밖에서 말린 뒤, 크기에 맞게 잘라서 작은 것부터 순서대로 만드는 등 많은 과정을 거치게 된다. 대부분 강렬한 색상으로 칠해지며, 그 디자인은 만드는 사람의 솜씨에 따라 가격도 천차만별이다. 안에 들어 있는 인형의 개수가 3~10여 개 들어 있는 것이 보편적이지만, 70여 개가 들어가는 높이 1m가 넘는 마트료시카도 있다.

각양각색의 마트료시카   이즈마일롭스키 시장에서 판매되는 기념품들

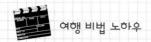 여행 비법 노하우

날씨

러시아에서 11월부터 2~3월까지를 겨울이라고 말하지만 10월 말 첫눈이 내리기 시작해 이듬해 4월 초까지는 햇살을 거의 보지 못하는 상태가 지속된다. 눈이 내리는 날의 평균 기온은 −15~20℃ 선으로 모스크바는 시베리아에 비하면 극심하게 춥지는 않았다. 겨울에 여행을 한다면 겹쳐서 입을 수 있는 옷을 여러 벌 가지고 가는 것이 좋다. 실외가 추운 반면 실내에는 난방 시설이 잘 갖추어 있기 때문이다. 박물관, 공연장에는 두꺼운 코트를 맡길 수 있는 옷 보관소가 따로 마련되어 있다.

안전하게 여행하기

안타깝게도 동양인 남자, 특히 한국인을 겨냥한 스킨헤드의 무차별적인 폭행 사건이 종종 발생한다. 스킨헤드란 슬라브 민족주의와 네오나치즘을 혼합한 백인 우월주의를 내세우는 무리들을 지칭한다. 주로 머리를 밀고 다니기 때문에 스킨헤드라는 이름이 붙었다. 이들은 주로 지하철역, 골목 어귀에서 출몰하는데, 사람들이 밀집한 지역이라도 방심해서는 안 된다. 혼자 여행하는 것을 피하고, 지하철역에서 소란스럽게 사진을 찍고 큰 소리로 말하는 것을 금하며, 스킨헤드족을 보면 눈을 마주치지 말고 피하는 것이 좋다.

이곳도 함께 방문해 보세요

톨스토이 박물관, 톨스토이의 집
모스크바 시내 남서부에 자리한 톨스토이 박물관은 1910년 톨스토이가 사망한 후 열린 전시회에 참석한 레닌의 명령에 의해 1939년 박물관으로 개관했다. 이곳에는 톨스토이의 친필 원고, 편지가 전시되어 있으며, 그의 육성이 녹음된 레코드판도 볼 수 있다. 또한 그가 찍은 영화 필름도 전시되어 있다. 톨스토이의 초상화, 유명 문인들과 함께 찍은 톨스토이의 사진도 전시되어 있으니 그의 작품을 한 번쯤 접해 본 사람이라면 가 보는 것도 좋다.
톨스토이 박물관에서 멀지 않은 곳에 톨스토이의 집도 있다. 톨스토이는 1901년 이 집에서 소설 『부활』 등의 작품을 집필했다고 한다. 현재 총 16개의 방에 톨스토이가 쓰던 책상, 펜을 비롯한 4,000여 점의 개인 소장품이 전시되어 있다.

국립 모스크바 대학교(엠게우)
모스크바 남서부 외곽 우니베르시테츠카야 광장에 위치한 36층짜리 커다란 건물이 바로 국립 모스크바 대학교이다. '엠게우'라고 알려진 이 대학의 실제 명칭은 '라마노사프 기념 국립 모스크바 대학교'이다. 강의실과 세미나실의 개수만 45,000개에 이르는데 신기한 것은 건물 전체를 고속 엘리베이터가 횡으로 연결해 준다는 것. 학교 건물을 배경으로 사진을 찍으려면 건물 뒤쪽의 라마노사프의 동상을 찾아 찍으면 된다. 외부인의 출입이 원칙적으로는 통제되지만 재학생과 동행하면 출입이 가능하다.

 참고문헌

· 김광범, 2005, 러시아(알짜배기 세계여행 시리즈), 성하출판.
· 원학희, 2002, 러시아의 지리, 아카넷.
· 이영범 외, 2008, 러시아 문화와 예술, 보고사.

다양성의 매력이 넘치는 나라

터키

　여기저기서 "안녕하세요."라는 말이 들린다. 분명 생김새는 서양인인데 그 입에서 나오는 말은 유창한 한국말이다. 세계 곳곳을 여행해 봤지만 한글과 한국 음식을 가장 쉽게 접할 수 있었던 곳이 터키였다. 터키인들은 한국인을 참 좋아한다. 어디를 가든지 'Korean'이라고 하면 "Oh~Brother"라며 웃으면서 환대해 준다. 궁금해서 그 이유를 물어봤다. 우선 자신의 삼촌이 한국 전쟁에 참전을 했으며, 2002 한일 월드컵 준결승전에 감동을 받았다고 한다. 또 어떤 사람은 한국인의 좋은 인격에 감동받았다고 한다. 다른 나라 사람들과는 달리 한국인들은 인사를 잘 받아 주고 약속을 잘 지키기 때문이라고 한다. 이유야 어찌 되었건, 누군가에게 따스한 눈빛으로 환대받는 것에 대한 보답으로 나도 무한한 감사의 눈빛을 보낸다.

　터키는 다양성이 공존하는 나라이다. 그것이 세계 곳곳의 여행자들을 터키로 끌어들이는 매력 요인이 아닐까. 그 단면을 잘 나타내 주는 대표적인 도시는 단연 터키 제1의 도시로 꼽히는 이스탄불이다. 아시아와 유럽 대륙이 만나는 곳에 위치한 이스탄불은 동양과 서양, 과거와 현재, 이슬람교와 기독교가 자연스럽게 어우러져 있다. 하지만 터키 하면 이스탄불이 떠오를 정도로 '이스탄불=터키'라는 생각을 지니고 있다면 큰 오산이다. 터키에는 이스탄불 외에도 본유의 매력을 뽐내며 독특한 색깔을 지닌 도시들이 너무나도 많다. 이동하면서 만나는 터키의 도시들마다 '과연 같은 나라에 존재하는 도시들인가?'라는 생각이 들 정도였다. 기암괴석으로 즐비한 자연 속에서

블루모스크   파묵칼레

아픔의 역사를 느낄 수 있는 카파도키아, 반짝반짝 햇살에 빛나는 지중해를 만날 수 있는 안탈리아, '목화의 성'이라 불릴 정도로 온통 하얀색으로 뒤덮인 마을 파묵칼레, 고대로 타임머신을 타고 온 것과 같은 착각을 불러일으키는 셀추크의 에페수스, 터키 곳곳에 숨겨져 있는 독특한 색깔을 지닌 매력적인 도시들을 보물찾기 하듯 하나하나 찾아가는 것, 그것이 터키 여행의 묘미이다.

터키 여행, 시계 방향? 반시계 방향?

대다수의 사람들이 이스탄불 IN/OUT 항공권을 발권하기 때문에 터키 여행은 이스탄불을 중심으로 시계 방향 또는 반시계 방향으로 도시 간의 이동이 이루어진다. 나는 이스탄불을 중심으로 시계 방향으로 도는 코스를 선택했다. 이스탄불 → (2) 카파도키아 → (3) 안탈리아 → (4) 파묵칼레 → (5) 셀추크 → (1) 이스탄불로 이동했다.

터키의 국토 면적은 한반도의 약 4배, 남한의 약 8배로 매우 넓기 때문에 도시 간을 이동할 때 야간 버스를 이용하거나 국내 항공을 이용해야 한다.

터키 버스 내 승무원

터키의 버스 시스템은 독특하다. 우리나라와 달리 같은 구간임에도 불구하고 여러 개의 사설 버스 회사가 있고, 버스 회사, 판매처마다 가격, 출발 시각이 다르다. 버스 회사에 직접 찾아가서 가격과 출발 시각을 알아보고 비교한 뒤에 구입하는 편이 낫다.

버스에는 승무원이 있다. 이 승무원의 역할은 생각보다 많다. 우선 승객들의 짐에 짐표를 붙여 목적지별로 짐칸에 정리해 놓는다. 탑승한 승객들의 목적지를 물어 좌석에 따라 차트에 정리해 놓고, 목적지를 일일이 챙겨 준다. 또한 중간중간에

간단한 스낵, 샌드위치 등의 간식과 음료수를 나눠 주는데, 흔들리는 버스 안에서도 능숙하게 서
빙하는 모습이 항공기의 승무원보다 더 낫다는 느낌이 들었다.

터키의 버스 시스템은 다른 어느 선진국과 비교해도 절대 뒤지지 않는다. 차내에서 무료로 와이
파이를 사용할 수 있으며, 비행기와 비슷한 개인 모니터가 좌석 앞에 설치되어 있어 영화나 만화
등을 시청할 수 있고 음악도 들을 수 있다. 또한 휴대 전화 충전도 가능하다. 장거리 버스의 특성
상 2~3시간에 한 번씩은 휴게소에 들르는데, 화장실을 이용하기 위해서는 사용료를 지불해야 하
므로 미리 잔돈을 준비하는 것이 좋다.

터키는 이슬람 국가

터키는 인구의 약 98%가 이슬람교를 믿는 이슬람 국가이다. 낯선 문화를 가진 곳이었기 때문
일까. 마음 한 켠에서 '터키도 종교적인 측면에서 무언가 강압적인 태도를 지니고 있을 거야.'라는
막연한 생각을 지니고 있었다. 하지만 헌법 제19조에 '모든 개인은 양심과 종교적 신앙과 의견의
자유를 가지며 모든 종류의 예배나 종교행사 및 의식은 도덕 및 법률에 저촉되지 않는 한 자유다'
라고 명시되어 있을 정도로 터키는 종교의 자유가 있는 나라다. '터키의 아버지'라고 불리며 아직
까지도 터키 국민들에게 최고의 지도자로 추앙받는 케말 파샤(아타튀르크) 대통령이 이슬람 국교
를 폐지하고, 정치와 종교를 분리시켰다. 또한 공공기관에서 여성의 히잡 착용을 금지하였으며,
일부다처제, 여성 차별 등 이슬람의 문화를 개혁하였다.

터키에 처음 도착해서 가장 눈에 띈 것은 세계지리 시간에 사진이나 영상으로 보던 모스크와 첨

탑(미너렛)이었다. 터키의 어느 곳에 가서도 주변을 돌아보면 이슬람교의 종교 경관인 모스크와 첨탑을 볼 수 있다. 높은 곳에 올라가서 전경을 바라볼 때, 그 수를 헤아리다 지칠 정도로 많은 수의 이슬람 사원인 자미가 있다.

해가 뜨기 전, 해가 뜬 후, 정오, 해가 지기 전, 해가 진 후, 이렇게 하루에 다섯 번씩 아잔 소리가 온 동네를 뒤덮는다. 아잔은 이슬람 신도들에게 예배 시간을 알려 주는 소리이다. 우리나라의 창 소리와 비슷한 음악 소리가 울려 퍼지는데, 자미마다 각각 내보내기 때문에 때론 메들리처럼 들리기도 한다. 터키에서 해가 뜨기 전 울리는 아잔 소리는 단잠을 깨우기 일수였지만, '터키인들에게는 이슬람교가 하나의 종교가 아니라 생활과 문화구나'라는 생각을 하게 했다.

아타튀르크 국제공항에서 숙소가 있는 구시가지 중심지로 가는 방법은 세 가지가 있다. 첫 번째는 메트로와 트램을 이용하는 방법, 두 번째는 공항 버스를 타고 신시가지로 간 다음 구시가지로 다시 이동하는 방법, 세 번째는 간편하지만 비용이 다소 비싼 택시를 이용하는 방법이다. 그중에 나는 첫 번째 방법을 선택했다.

메트로를 타고 제이틴부르누 역에서 내렸다. 곧바로 트램 연결 통로가 있어 환승이 편리했다. 메트로까지는 앉아서 비교적 빠르게 왔는데, 트램을 타고 난 이후 고난의 연속이었다. 사람도 많을뿐더러 속도는 느리고 정류장마다 간격이 어찌나 좁은지 끊임없이 가다 서다를 반복했다. 나의 인내심이 한계에 다다를 무렵 술탄아흐메트 역에 도착했다. TV나 사진으로 보았던 블루모스크와 아야소피아 박물관이 눈앞에 펼쳐지자 번거로움 따윈 잊혀지고 감탄사만 연발했다.

이스탄불 파헤치기 - 구시가지

이스탄불은 '공존'이라는 한 단어로 표현할 수 있는 도시이다. 보스포루스 해협을 중심으로 유럽과 아시아 대륙이 맞붙어 있으며, 유럽 지역은 다시 골든혼을 중심으로 구시가지와 신시가지가 나누어져 과거와 현재가 공존한다. 대부분의 관광객들이 즐겨 찾는 곳은 아야소피아 박물관, 블루모스크, 예레바탄 지하저수지, 톱카프 궁전 등이 위치한 유럽 지역의 구시가지이다. 구시가지 내 주요 관광지는 한곳에 옹기종기 모여 있어 대부분 도보로 이동할 수 있다.

아야소피아 박물관

아야소피아 박물관이란 명칭보다 나에게는 '성 소피아 성당'이라는 명칭이 더 익숙하다. 건축, 소실, 재건이라는 과정을 거친 아야소피아 박물관은 비잔틴 시대 유스티니아누스 1세 때 5년 10개월 만인 537년에 완공된 성당이다. 헌당식에 임한 황제는 "오, 솔로몬이여! 나는 그대에게 이겼

아야소피아 박물관 외부

아야소피아 박물관 내부 모습

도다!"를 외칠 정도로 성당의 아름다움에 감탄했다고 한다. 이후 오스만 제국으로 시대가 바뀌면서 한때 헐릴 위기까지 처했으나, 술탄 메흐메트 2세에 의해 이슬람 사원으로 개조되었다.

건물 주위에는 이슬람의 상징이라고 할 수 있는 첨탑이 건축되었고, 설교단인 밈베르, 메카를 향한 미흐라브가 생겼으며, 내부의 화려한 모자이크화는 회칠로 덮일 수밖에 없었다. 그 후 회칠을 벗겨 내는 복원 작업을 통해 점차 성당으로서의 느낌이 되살아나고 있으며 현재까지도 이 작업은 진행 중이다. 이런 역사 때문인지 아야소피아 박물관에 들어가면 묘한 느낌이 든다. 알라와 마호메트를 비롯한 4대 초대 칼리프의 이름이 이슬람 문자로 새겨진 커다란 원판, 메카의 방향을 나타내기 위해서 중앙에서 옆으로 벗어나 위치한 미흐라브, 설교단인 밈베르와 천장에 위치한 4명의 천사, 예수와 성모 마리아 등의 화려한 모자이크화…. 역사의 소용돌이에서 성당에서 이슬람 사원으로 다시 박물관으로 바뀌며, 꿋꿋이 버티고 있을 수밖에 없었던 아야소피아 박물관의 눈물에 대해 생각해 본다. 이슬람교와 기독교의 공존, 아야소피아 박물관이다.

블루모스크

블루모스크 야경 모습

정식 명칭인 술탄 아흐메트 1세 자미보다 관광객들 사이에서는 블루모스크라는 별칭으로 불리는 것이 더 일반적이다. 블루모스크라는 별칭은 건물 내부 푸른빛이 도는 타일에서 비롯된 것이다. 이런 건물 내부를 살펴보려면 입장 시간을 잘 고려해야 한다. 블루모스크는 현지인들에게는 이슬람 사원으로서의 역할을 감당하고 있기에 하루에 5번 있는 기도 시간에는 신자들만 입장이 가능하며 관광객들은 입장이 불가능하다.

비잔틴 제국 최고의 건축물이라 꼽히는 성 소피아 성당 바로 맞은편에 오스만 제국의 위엄을 나타내는 건축물을 지으라는 술탄 아흐메트 1세의 명으로 지어졌다. 1609년에 착공하여 1616년에 완공되었다. 건축 당시 자미는 2~4개의 첨탑이 일반적이었던 것과는 달리, 술탄 아흐메트 1세 자미는 첨탑의 개수가 6개나 된다. 첨탑을 메카와 같은 6개로 짓고 싶어 했다는 술탄 아흐메트의 욕심이라는 설도 있고, 터키어로 '황금'을 '숫자 6'으로 잘못 알아듣고 지었다는 설도 있다. 결국 술탄 아흐메트 1세는 메카에 이곳보다 하나 더 많은 7번째 첨탑을 세우는 비용을 모두 감당하고 나서야 비난에서 벗어났다고 한다.

그랜드 바자르와 이집션 바자르

그랜드 바자르 내부 모습

그랜드 바자르는 1461년 술탄 메흐메트 2세에 의해 만들어졌으니 그 역사가 꽤 깊다. 터키어로 '지붕이 있는 시장'이란 뜻을 지니고 있는 그랜드 바자르는 말 그대로 실내에 있고 구역별로 나누어져 있어 잘 정돈된 재래시장의 느낌을 준다. 터키 최대의 시장답게 향신료, 도자기, 그릇, 음식료 등 없는 물품이 없을 정도로 쇼핑의 천국이다. 한국인임을 한눈에 알아채고 '언니', '여기 싸요', '환영합니다' 등 다양한 한국어로 환심을 사려는 상인들로 있지만, 이곳저곳을 구경하며 흥정을 하다 보면 시간 가는 줄 모른다. 미로 같은 내부를 돌아다니다 길을 잃고 헤맬 수 있으니 조심해야 한다.

이집션 바자르는 옛날 이집트에서 온 물품의 집산지였기 때문에 '이집션'이라는 이름이 붙여졌다. 이집션 바자르는 그랜드 바자르보다 상대적으로 규모가 작지만 빠른 시간 내에 둘러보고 물건을 구입하기에 좋다. 현지인들이 주로 이용해서인지 물건값도 저렴한 편이다.

갈라타 다리에서의 고등어 케밥

갈라타 다리는 이스탄불의 구시가지와 신시가지를 연결해 주는 통로 역할을 한다. 갈라타 다리 위는 한가롭게 낚시를 즐기는 낚시꾼들로 북적인다. 갈라타 다리 밑 선착장에서부터 아시아 지역으로 분주하게 다니는 페리들, 출퇴근길로 바쁘게 움직이는 사람들과 대조적이다. 이들의 삶 속으로 들어간 느낌이 들어 몸짓, 행동 하나하나에 눈을 떼지 못한다.

고등어 케밥을 만드는 모습

갈라타 다리 밑에는 다양한 레스토랑과 술집들이 위치하고 있다. 나는 오로지 고등어 케밥을 먹겠다는 일념으로 갈라타 다리에 갔다. 가이드북에 나와 있는 '발릭 에크멕'이라는 철자를 되뇌며 음식점 간판을 살펴본다. 그런데 이상하게도 간판을 보고 음식점 안으로 들어갔는데 여기저기 발릭 에크멕이라는 간판이 보인다. 들어갔다 나오기를 반복하다 발릭 에크멕은 음식점 간판 이름이 아니라 단순히 고등어 케밥 샌드위치를 부르는 말일 뿐이라는 걸 깨달았다. 결국 갈라타 다리 옆의 흔들리는 배 위에서 구워 주는 발릭 에크멕, 고등어 케밥을 먹었다. 고등어를 떠올리면 비릿한 냄새 때문에 빵과 잘 어울리지 않을 것 같지만 테이블마다 놓여 있는 레몬 소스를 듬뿍 뿌려 먹으면 담백하면서도 고소한 맛이 난다.

이스탄불 파헤치기-신시가지

구시가지에서 신시가지로 가는 일반적인 방법은 트램 종점 카바타쉬 역에서 튀넬로 갈아타는 것이다. 신시가지는 산 중턱에 위치하고 있다는 생각이 들 정도로 경사가 매우 급한 곳에 위치해 있다. 혹여 단순히 지도상의 거리만을 보고 신시가지까지 걸어가겠다는 생각을 한다면 다시 한번 생각해 볼 것을 충고한다. 완벽한 급경사 구간으로 웬만한 산을 타는 것보다 힘들다는 이야기가 있다. 이 급경사 구간을 운행하는 튀넬은 전체 길이가 세계에서 가장 짧으며, 런던 지하철 다음으로 세계에서 오래된 지하철로 의미가 깊다.

탁심 광장   이스티클랄 거리

구시가지가 오랜 역사의 터키의 찬란한 문명과 과거를 볼 수 있다면 신시가지는 발전하고 있는 현재의 터키를 느낄 수 있다. 가장 높은 곳에 위치한 탁심 광장을 출발점으로 우리나라의 명동거리라 불리는 이스티클랄 거리를 걸어 본다. 우리나라의 명동 거리에 빗대어 말할 만큼 음식점, 카페, 영사관, 브랜드숍, 예쁜 소품들을 파는 다양한 가게들이 즐비해 있어 시간 가는 줄 모를 정도다. 빈손으로 갔으나 나올 땐 내 손에 한가득 짐이 들려 있었다.

아나돌루 카바으로 가는 길

사람들이 잘 가지 않은 곳에 흥미를 느끼는 탓에 보스포루스 해협의 끝자락에 위치한 '아나돌루 카바으'라는 아시아 지역에 가기로 한다. 호스텔 도미토리에서 급히 결성한 든든한 동행자들도 두 명이나 생겼다. 이런 게 여행의 묘미가 아닐까?

아나돌루 카바으에 가는 길은 생각보다 복잡하다. 트램을 타고 카바타쉬 역에서 내린 뒤 그 옆 버스 정류장에 25E 버스를 우선 타야 한다. 버스로 사르예르 선착장까지 가는 데는 한 시간 남짓 걸리는데, 보스포루스 해협을 따라 해안 도로를 달리는 버스 안에서 보는 풍경을 감상하다 보면 금새 선착장에 도착한다. 한국인들 사이에서 풍경이 좋기로 유명한 베벡과 오르타쾨이 지역을 지나가니, 아나돌루 카바으로 가는 길은 일석삼조의 효과를 누릴 수 있다. 유럽 지역인 사르예르 선착장에서 아시아 지역인 아나돌루 카바으로 가기 위해서는 배를 타고 보스포루스 해협을 건너야만 한다. 이 보스포루스 해협을 가운데에 두고 유럽 지역과 아시아 지역으로 구분된 것이다. 아나돌루 카바으 마을은 흑해에서 보스포루스 해협으로 들어가는 전략적 요충지로서 중요한 역할을 담당했으며, 현재에도 곳곳에 군사 지역으로 출입을 금지하는 표지판이 있다. 아나돌루 카바으에 도착해 요로스 성채 유적까지 올라가는 길은 가파르고 힘이 들지만 올라가는 순간 모든 것을 잊게 해 준다. 정상에서 보는 보스포루스 해협과 멀리 보이는 흑해는 날아갈 듯한 시원함을 선사한다. 흑해를 내 눈에 담았다는 이 뿌듯함은 지리 교사인 나만이 가질 수 있는 감동이다.

아나돌루 카바으 마을   요로스 성채

루멜리 히사르

돌마바흐체 궁전을 방문하기로 계획한 날이다. 국제 교사증을 가져가면 돌마바흐체 궁전을 저렴한 가격에 관람할 수 있기에 괜시리 뿌듯함을 느낀다. 당당하게 입장! 그런데 오늘은 휴관일이란다. 월, 목 일주일에 두 번 쉰다. 오늘이 이스탄불 마지막 날인데… 시간이 없다. 어제의 감동을 잊지 못해 다시 보스포루스 해협을 따라 루멜리 히사르로 향한다.

루멜리 히사르는 1452년 술탄 메흐메트 2세가 콘스탄티노플 공략을 위해 건설한 요새로 탑과 성벽으로 구성되어 있다. 높은 성벽에 올라가면 보스포루스 제2대교와 해협, 성벽이 조화를 이룬 아름다운 광경이 눈앞에 펼쳐진다. 과거와 현재, 자연과 문명의 아름다운 조화에 감탄을 금치 못할 것이다. 높은 성벽을 올라갈 때 조심해야 할 것은 옆에 아무런 안전장치가 되어 있지 않다는 점이다. 비나 눈이 와서 미끄러울 때에는 특히나 조심해야 한다.

루멜리 히사르에서 보이는 전경

이스탄불에서 카파도키아로

이스탄불에서 카파도키아로 이동하는 방법은 11~12시간 동안 야간 버스를 타거나 1시간 반 정도 걸리는 항공을 이용하는 방법이 있다. 항공을 이용해 카파도키아로 가려면 카이세리 공항이나 네브쉐히르 공항으로 도착지를 정하면 되는데, 나는 전자를 택했다. 네브쉐히르 공항은 카파도키아의 주요 관광 도시인 괴뢰메 마을과 거리상으로 가깝다는 장점을 지니고 있었지만, 항공편이 많지 않아 시간 선택의 어려움이 있었고 가격이 다소 비쌌기 때문이다. 카이세리 공항에서 숙소로 이동하면서 창밖으로 카파도키아에서 가장 높은 곳에 위치한 우치히사르 마을에서 멋진 야경을 볼 수 있었다. '달나라에 온 것 같은, 여기가 과연 지구인가?'라는 착각이 들 정도 신세계와 마주친 순간, 카파도키아에 도착했다.

이러한 카파도키아의 지형은 에르지예스산과 핫산산에서 화산 분출로 유출된 용암과 응회암으로 형성되었다. 수백만 년 전부터 오랜 세월 동안 풍화 작용과 차별 침식을 받아 기암괴석이 즐비한 카파도키아 지형이 만들어졌다. 또한 응회암층은 상대적으로 무르고 부드러운 특성을 지니고 있어 굴을 만들거나 지하 도시를 건설하기에 유리하다.

이스탄불에서 카파도키아에 도착했을 때에는 어두컴컴한 밤이었다. 카파도키아에는 괴뢰메, 위르귑, 우치히사르, 네브쉐히르, 아바노스 마을이 있다. 대부분의 관광객들이 가는 마을은 카파도키아의 괴뢰메이다. 카파도키아의 괴뢰메 마을은 작은 시골 마을이었기에 환한 가로수 등이나 불빛을 기대하기 어렵다. 이 어두컴컴함 속에서 경사가 급하고 구불구불하고 좁은 돌길을 운전하는 운전사가 존경스러울 정도였다. 운전 콘테스트가 있다면 카파도키아 운전수들이 단연 1등이 아닐까 생각해 본다.

벌룬 투어, 로즈 투어

언젠가 잡지에서 하늘 위로 벌룬이 둥둥 떠다니는 광경을 본 적이 있다. '우아! 멋있다. 저기는 꼭 가 봐야지'라고 생각했던 꿈의 여행지 카파도키아에 내가 있다.

대학생 때 스위스 여행 중 패러글라이딩을 할까 말까 고민했던 적이 있다. 가난한 배낭여행자에게 30분에 17만 원은 너무나 큰 돈이었기 때문이다. 하지만 하늘 위를 자유자재로 날며 스위스의 아름다운 경치가 발 아래 있던 그때의 감동은 10년이 지난 지금도 잊지 못한다. 벌룬 투어의 비용 또한 만만치 않다. 하지만 혹여 비용 때문에 망설이는 사람이 있다면 주저 없이 하라고 추천해 주고 싶다. 그린 투어, 로즈 투어가 땅을 밟으며 느끼는 미시적 체험이라면 분명 벌룬 투어는 하늘에

벌룬 투어

암석에 구멍을 뚫어 만든 문과 창문(괴뢰메 마을)

서 보는 거시적 체험이 될 것이기 때문이다. 벌룬 투어는 회사별로 95유로부터 150유로까지 다양하다. 성수기에는 가격이 다소 올라간다고 한다. 가격이 비싸질수록 벌룬 바구니 안에 적은 인원 수가 타고 파일럿의 경력이 많고 비행 거리가 길다는 설명을 들었다. 얼마 전 카파도키아에서 벌룬 추락 사고가 나 여행객들이 사망했다는 소식을 듣고 벌룬 투어를 할 때 많은 고민을 했지만, 다행히 안전하게 벌룬 투어를 마칠 수 있었다.

하늘 위에서 본 카파도키아는 환상적이었다. 카메라로 어느 곳을 찍어도 명품 사진이 담긴다. 인간의 손때가 전혀 묻지 않은 원시 자연 그대로의 모습을 보는 것 같았다. 무한한 자연 속에 장난감처럼 작게 보이는 괴뢰메 마을을 보며 인간은 하염없이 작은 존재일 수밖에 없다는 것을 느낄수 있었던 귀한 시간이었다.

로즈밸리를 돌아보는 코스로 이름에서 알 수 있듯이 카파도키아의 붉게 물든 석양을 볼 수 있는 것이 로즈 투어 코스의 핵심이다. 2시간 반 정도의 시간이 소요되며, 해 질 무렵에 투어가 이루어지므로 여름철, 겨울철 시간이 유동적이다. 15리라는 저렴한 가격에 효율적인 코스이다. 카파도키아의 계곡에서 얼마 전 일본인 여성이 괴한에 의해 사망한 경우가 있는 만큼 인적이 드문 계곡을 개별적으로 다니는 것보다 가이드의 안내에 따라 단체로 다니는 것이 보다 안전하다.

그린 투어

카파도키아의 주요 관광지는 뿔뿔이 흩어져 있기 때문에 개별적으로 관광하기 힘들다. 그래서 괴뢰메 파노라마, 데린쿠유 지하 도시, 셀리메 수도원, 으흘랄라 계곡 트레킹 코스를 포함한 그린 투어를 신청했다. 영어 가이드, 점심 식사, 입장료까지 모두 포함한 가격은 100리라였다. 아침 9시 30분부터 저녁 7시까지 하루 종일 진행된 그린 투어는 체력적으로는 약간 힘들었지만 만족도가 높은 투어 중 하나였다.

데린쿠유 지하 도시 외부와 내부 모습

데린쿠유 지하 도시와 셀리메 수도원

셀리메 수도원

사람 한 명이 겨우 왔다 갔다할 수 있는 좁은 통로로 들어갔다. 수많은 미로와 같은 계단을 지나면 부엌, 신학교, 교회, 창고, 포도주 양조장, 방앗간 등 모든 시설이 완벽히 갖춰진, 생각보다 아주 넓은 지하 도시와 만날 수 있다. 그 깊이가 85m나 되고 3~5만 명 정도를 수용할 수 있는 규모라고 하니 그 규모가 얼마나 대단한지 짐작이 간다. 로마의 종교적 압제와 이슬람 세력을 피해 카파도키아로 숨어든 기독교인들은 바위를 깎아 거대한 지하 도시를 건설했다. 무른 암석인 응회암으로 이루어진 카파도키아는 이들에게 더없이 좋은 환경을 제공해 주었을 것이다. 가이드의 목소리에 귀 기울이며, 이곳에서 지냈던 옛사람들의 생활을 상상해 보았다.

다시 버스를 타고 셀리메 수도원으로 이동했다. 셀리메 수도원도 데린쿠유 지하 도시와 마찬가지로 기독교인들의 피난처 역할을 했다. 데린쿠유 지하 도시의 땅속 깊이에 놀랐다면 셀리메 수도원을 보는 순간 지상의 웅장함에 놀라게 된다.

으흐랄라 계곡 트레킹 코스

웅장한 계곡을 옆에 두고 숲길 사이로 걷는 으흐랄라 계곡 트레킹 코스는 자연을 만끽할 수 있는 코스이다. 더군다나 이곳 곳곳에는 은둔 생활을 하던 기독교인들에 의해 만들어진 수십 개의 동굴 교회와 벽화가 있다.

하나라도 더 알려 주려고 열심히 노력하며 열정적인 가이드 덕분에 유익한 시간이었다. 자신의 조국, 터키를 너무나 사랑한다는 마음이 말과 행동으로 뿜어져 나왔다. 우리나라를 너무나도 사

으흐랄라 계곡   항아리 케밥

랑한다고 자신 있게 말할 수 있는 우리나라 국민은 과연 몇 명이나 될까?

항아리 케밥과 동굴 호텔

카파도키아의 명물 항아리 케밥! 익히 듣고 있어서 그만큼 기대도 컸던 음식이다. 항아리 안에
닭고기, 양고기, 새우와 야채를 넣고 푹 끓여서 나오는 음식이다. 항아리 입구를 도구를 사용해서
톡톡톡 깨면 그 안에 따뜻한 국물 요리가 나왔다. 우리나라 음식으로 치면 덜 매운 육개장 같은 맛
이 났다. 한국 음식과 비슷한 느낌이 들어 그리움도 달랠 수 있고 겨울철 따뜻하게 몸을 녹여 주기
에도 적격인 음식이다.

카파도키아에는 Cave Hotel, Cave Pension, Cave Dorm 등 숙소 이름에 'Cave'라는 단어가 많
이 들어가 있는 것을 볼 수 있다. 동굴 호텔! 머릿속에 떠올려 보기만 해도 다른 곳에서는 경험해
보지 못한 색다른 체험이 될 것 같은 설렘으로 가득하다. 동굴 호텔은 카파도키아 지형 특색을 잘
살린 숙소로 하룻밤 정도는 꼭 묵어 보는 것을 추천한다. 하지만 실제의 동굴 모습을 상상했다면
다소 실망이 클지 모른다. 동굴 호텔은 기존의 동굴 집들을 확장하거나 새로 건축하여 만든다고
한다. 바닥에 돌가루 같은 분진이 쌓여 있고, 돌로 되어 있는 벽과 바닥은 동굴 속 분위기를 내기
에 충분하지만, 카메라와 휴대 전화를 무심코 바닥에 떨어뜨렸다간 엄청난 흠집을 감당할 각오를
해야 한다.

구시가지(칼레이치)와 안탈리아 박물관

안탈리아는 지중해 제1의 관광지인 만큼 휴양 도시로서의 위용을 뽐낸다. 마리나 항구를 중심
으로 카라알리올루 공원, 차이 공원 등 곳곳에서 지중해를 쉽게 볼 수 있다. 130년 로마 황제 하드

하드리아누스 문

카라알리올루 공원

리아누스의 안탈리아 방문을 기념으로 건설한 하드리아누스 문이 구시가지로 들어가는 입구 역할을 한다. 이 입구로 들어가면 구시가지 좁은 골목길 옆으로 가죽, 음식점 등 다양한 가게들이 옹기종기 모여 있다.

위츠카플라르 역에서 트램을 타고 안탈리아 박물관로 향했다. 이곳은 터키에서 매우 중요한 고고학 박물관 중의 하나이다. 로마 황제와 그리스 신들의 석상들이 어찌나 정교하고 화려한지 살아서 움직이는 듯한 착각을 불러일으킬 정도였다.

파묵칼레와 히에라폴리스

파묵칼레는 시골 마을이기 때문에 안탈리아에서 파묵칼레까지 한 번에 가는 버스는 없다. 파묵칼레까지 가기 위해서는 우선 데니즐리라는 대도시에 가야 하고, 데니즐리에서 미니버스를 타고 파묵칼레까지 가야 한다. 파묵칼레까지 한 번에 가는 버스가 있다고 한다면 숙소의 호객꾼이 아닌지 의심해 봐야만 한다. 하지만 나는 다행히 비수기 기간에 여행을 해서인지 호객꾼을 만나기는커녕 너무나도 좋은 터키인을 만나 무사히 파묵칼레에 도착할 수 있었고, 좋은 숙소에서 기분 좋은 파묵칼레 여행을 시작할 수 있었다.

파묵칼레는 눈이 소복히 쌓인 산처럼 하얗다. 이러한 지형을 형성하는 데에는 온천수가 지대한 역할을 하였다. 온천수에 용해된 탄산칼슘이 침전되면서 림스톤, 림스톤 폰드, 석회화단구 등 다

안탈리아 박물관 외부 모습

히에라폴리스의 원형 극장

양한 석회 지형을 형성하였다.

　신발을 벗고 따뜻한 온천수에 발을 담그며 위쪽으로 올라갔다. 하얀 석회층을 밟고 올라가면 또 다른 세계인 히에라폴리스와 만난다. 히에라폴리스는 기원전 190년경 페르가몬의 왕 에우메네스 2세가 온천수를 활용한 질병 치료와 휴양을 목적으로 건설한 고대 도시이다. 비록 1354년 대지진으로 인해 역사 속으로 사라졌지만 온천, 원형극장, 아폴로 신전, 성 빌립 순교 기념당, 도미티아누스 문, 로마 욕탕, 공동 묘지인 네크로폴리스 등 그 흔적들을 볼 수 있었다.

셀추크

　아침 일찍 에페수스 유적을 보기 위해 셀추크로 향했다. 대다수 관광객들이 셀추크를 들르는 가장 큰 이유이기도 하다. 고대 로마의 유적을 볼 수 있는 에페수스, 지금은 그 흔적만이 과거 소아시아 최고의 도시였음을 짐작케 해 준다. 끊임없이 번성할 것만 같았던 에페수스도 자연에 의해 몰락의 길로 들어갔다. 잦은 홍수로 인해 강바닥에 토사가 퇴적되었고, 항구 도시로서의 기능을 상실하였으며, 모기와 말라리아가 급증하면서 인구가 급감하였다고 한다.

　에페수스 유적 관람에 이어 셀추크 시내 관광에 나섰다. 셀추크는 작은 도시이기 때문에 시내를 둘러보는 데 그리 많은 시간이 소요되지 않았다. 성 요한 교회는 이름에서도 알 수 있듯이 사도 요한을 기념하기 위한 교회로 요한의 무덤 위에 세워졌다. 사도 요한은 37~48년 사이에 성모 마리아와 함께 이곳 셀추크에 와서 남은 여생을 보냈다고 한다. 셀추크에는 성모 마리아가 생애 마지막을 보냈다는 성모 마리아 집도 있다. 성지순례라는 기독교의 의미를 굳이 찾지 않더라도, 성 요한 교회는 아야술룩 언덕 위에 위치하여 셀추크를 한눈에 둘러볼 수 있어 한 번쯤 방문하는 것도 괜찮다. 단, 아야술룩 언덕 주변은 집시촌이 형성되어 있어 인적이 드문 곳으로 가는 것은 주의해야 한다.

　토요일마다 셀추크 오토가르(버스 정류장) 옆에서 대규모로 토요 장터가 열린다. 현지인들이

켈수스 도서관

아르카디안 거리

많이 찾아오는 만큼 생활 필수품인 과일, 채소, 꿀 등의 식료품, 옷, 신발 등을 주로 구입할 수 있다. 우리나라와 다른 물품으로 가득한 색다른 시장 구경에 시간 가는 줄 몰랐다. 사람들로 북적이는 시장 속에서 그들과 같은 현지인이 된 듯한 느낌이 들기도 하고, 그들의 삶을 엿볼 수 있어 시장 구경은 언제나 흥미롭다.

셀추크에서 다시 이스탄불로

이즈미르에서 이스탄불까지 버스로는 10~11시간, 비행기로는 1시간 정도의 시간이 소요된다. 야간 버스로 인한 누적된 피로나 촉박한 일정 때문에 고민이라면 항공을 통해 이동하는 것도 좋은 방법이다. 유럽은 저가 항공이 발달했기 때문에 때로는 버스값보다 더 저렴한 항공권이 나오기도 한다. 저렴한 가격의 표부터 먼저 소진되므로 일찍 구매할수록 저렴한 표 구입에 유리하다. 나도 출발 한 달 전에 저가 항공 홈페이지를 통해 이즈미르-이스탄불 구간의 항공권을 1인당 20달러에 구매했다.

셀추크에서 이스탄불로 이동하는 아침이다. 동생과 나는 셀추크 역에서 기차를 타고 셀추크에서 1시간 정도의 거리에 있는 이즈미르 공항까지 가기로 결정했다. 터키 기차는 자주 연착한다는 소리를 들었는데 다행히 정각에 출발했다. 그런데 기차가 갑자기 멈추었고 알아듣지 못하는 터키어가 계속 나온다. 점점 초조해지는 마음에 어쩔 줄 몰라 물어보지만 터키 사람들은 고개를 갸우뚱하며 빙그레 웃기만 할 뿐이다. 10분, 20분, 30분 어느새 40분을 넘긴다. 무거운 캐리어를 끌고 초인적인 힘을 내 공항 입구로 전력 질주했지만 출발 15분 전이다.

공항에 도착하자마자 다시 멘붕 상태에 빠진다. 'DLAYED' 전광판의 대부분을 차지하는 글자이다. 길게는 8시간이나 연착된 경우까지 있다. 내 비행기는… 'CANCELED'. 순간 난 내 눈을 의심한다. 이리저리 돌아다니며 인포메이션에 물어봐도 기다리라는 말뿐이다. 결국 난 항공사 카운터 앞, 이미 길게 서 있는 줄 뒤에서 언제 열릴지 모르는 카운터만을 바라보며 서 있었다. 2시간이

대극장. 파묵칼레의 히에라폴리스의 것보다 규모가 더 크다　　　　　　　　　　　성 요한 교회

나 줄을 서서 얻은 결과는 11시 15분 비행기를 저녁 7시 15분 비행기로 바꿔 준 것. 조금 더 이른 시간으로 바꿔 줄 수 없겠냐는 내 물음에 돌아온 것은 짜증을 온몸으로 표출하는 직원의 매서운 눈빛과 땅바닥에 내던져 버린 내 비행기표뿐이었다. 순간 '우리나라였으면 어땠을까'라는 생각을 해 봤다. 하지만 여긴 터키다. 모두들 조용히 아무런 항의 없이 표를 바꿨다. 이날의 모든 일정은 꼬이고 공항에서 꼬박 하루 종일을 보낸 최악의 하루였지만 분노로 가득 찼던 내 마음이 저녁 늦게라도 무사히 이스탄불에 도착했다는 감사로 바뀐 하루이기도 했다.

대학생 때부터 교사가 된 지금까지 난 한 번도 쉬지 않고 방학이면 여행을 떠났다. 여행 마니아인 나를 보고 우리 학교 학생들 사이에는 우스갯소리로 갑부설이 퍼져 있지만, 있으면 있는 대로 없으면 없는 대로 대학생인 예전이나 직장인이 된 지금이나 여행 그대로를 즐길 뿐이다. 여행은 항상 나를 설레게 한다. 물론 여행 도중에 여러 가지 어려움이 닥쳐 나를 좌절시키지만, 더군다나 이번 터키 여행은 허접의 극치를 달렸지만, 온전히 나만을 바라볼 수 있고 성장시키는 밑바탕이 되는 여행이었다. 그리고 그것은 분명 아련한 추억으로 남는다.

여행을 다닐 수 있는 방학 때문에 교사가 된 것이 아니냐며 혹자는 핀잔을 주기도 하지만 난 세계지리를 가르치는 지리 교사다. 내가 보고 경험한 것만큼 좋은 수업 자료는 없다고 생각한다. 또한 그것이 살아 있는 지리라고 믿고 싶다.

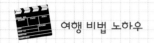 여행 비법 노하우

교통·숙박·음식

☞ 항공...직항으로는 국적기인 대한항공, 아시아나 항공이 있으며 터키 항공이 있다. 경유로는 카트르 항공, 에미리트 항공, 러시아 항공 등이 있다. 직항에 비해 가격이 저렴하다는 장점이 있지만 경유지에서의 대기 시간 등 시간적인 소모가 많다. 출발하기 2~3개월 전 할인 항공권을 구입하면 저렴한 가격에 구입할 수 있다.

☞ 숙박...금전적으로 여유가 있고 독립적인 공간이 필요하다면 호텔, 비교적 저렴한 가격에 다양한 국적의 동행자를 만들고 싶으면 호스텔을 선택하면 된다. 물론 가격에 따라 시설적인 면에서는 큰 차이가 있다.

☞ 음식...중국, 프랑스와 함께 터키 요리는 세계 3대 요리에 속한다. 우리가 일반적으로 생각하는 항아리 케밥, 고등어 케밥, 시시(꼬치) 케밥, 괴프테 등 케밥의 종류만 해도 무궁무진하다. 모든 음식과 곁들여 나오는 에크멕(빵), 터키식 피자인 피데, 쫀득쫀득한 아이스크림인 돈두르마, 짭짤한 요구르트 맛이 나는 아이란, 터키시 딜라이트인 달콤한 로쿰, 차이, 애플티, 터키식 커피, 에페수스 등의 음료가 유명하다.

주요 체험 명소

1. 이스탄불: 세계 문화유산 지역으로 지정되어 있는 구시가지(블루모스크, 아야소피아 박물관, 톱카프 궁전, 그랜드 앤드 이집션 바자르)와 신시가지(탁심 광장, 이스티클랄 거리)
2. 카파도키아: 벌룬 투어와 각종 그린, 레드, 로즈 투어
3. 파묵칼레: 파묵칼레와 히에라폴리스
4. 셀추크: 고대 도시 에페소의 유적

주요 축제

라마단 축제
이슬람교인들은 한 달 동안 일출부터 일몰 시간 동안 금식을 해야 한다. 이 라마단 기간이 끝나고 3일 동안 라마단 축제가 이루어지는데, 이때 금식으로 인한 영양 보충을 한다.

셀추크의 근교 도시

아기자기한 동화 속 마을, 시린제 마을

셀추크에서 미니버스로 30분 거리에 있는 작은 마을로, 에페소 지역에 거주하던 그리스인들이 15세기 무렵 이곳으로 이주해 형성한 마을이다. 언덕 위 하얀 집들이 옹기종기 모여 있어 동화 속 예쁜 마을을 연상케 한다. 블루베리, 딸기, 석류, 복숭아, 복분자 등 다양한 과일로 담근 와인이 유명하며, 직접 시음도 해 볼 수 있다. 이 외에도 올리브오일, 로즈 오일, 수제 비누 등 기념품으로 구입하기에 적당한 것들이 많다.

에게 해의 최대 도시, 이즈미르

많은 관광객들이 이즈미르를 단순한 항공의 기종점으로 생각하지만, 이즈미르는 터키에서 세 번째로 큰 대도시이다. 그 규모에 걸맞은 큰 바자르가 형성되어 있으며, 해안가 옆의 이즈미르의 마스코트인 코낙 광장, 사도 요한의 제자였던 폴리캅을 기리기 위한 초대 교회인 성 폴리캅 교회(서머나 교회)가 있다.

 참고문헌

· 박진주, 2013, 7박 8일 이스탄불, 올.
· 장은정, 2013, 언젠가는 터키, 리스컴.
· 전혜진·김준현, 2013, 터키 100배 즐기기, 알에이치코리아.
· 주종원·채미정, 2013, 프렌즈 터키, 중앙books.
· 한국지리정보연구회, 2004, 자연지리학사전, 한울아카데미.